示范院校国家级重点建设专业

■ 建筑工程技术专业课程改革系列教材

——学习领域七

# 土石方工程施工与组织

主　编　张小林

## 内 容 提 要

本教材是示范院校国家级重点建设专业——建筑工程技术专业课程改革系列教材之一。本教材是借鉴德国先进的“基于工作过程教学设计”职业教育理念，对原建筑工程技术专业的学科体系进行较大改革而设置的一个学习领域，是以土方工程的主要施工过程为主线，将原学科体系下的《建筑工程测量》、《地基与基础》、《建筑识图》、《建筑构造》、《建筑施工技术》、《建筑机械》等课程相关知识按照土方工程的施工过程进行重构而成，重点突出土方工程施工中实际问题的探讨，通过大量的现场参观，实训项目的操作，提高学生解决实际问题的能力。

本书可作为高职高专建筑工程、道路与桥梁、水利工程等土木工程类专业的教材，也可作为相关专业工程技术人员的参考书。

**图书在版编目（CIP）数据**

土石方工程施工与组织/张小林主编．—北京：中国水利水电出版社，2009（2013.8 重印）
（示范院校国家级重点建设专业、建筑工程技术专业课程改革系列教材．学习领域七）
ISBN 978-7-5084-6783-2

Ⅰ．土…　Ⅱ．张…　Ⅲ．①土方工程-工程施工-高等学校-教材②石方工程-工程施工-高等学校-教材③土方工程-施工组织-高等学校-教材④石方工程-施工组织-高等学校-教材　Ⅳ．TU751

中国版本图书馆 CIP 数据核字（2009）第 148606 号

| | |
|---|---|
| 书　　名 | 示范院校国家级重点建设专业<br>建筑工程技术专业课程改革系列教材——学习领域七<br>**土石方工程施工与组织** |
| 作　　者 | 主编　张小林 |
| 出版发行 | 中国水利水电出版社<br>（北京市海淀区玉渊潭南路 1 号 D 座　100038）<br>网址：www.waterpub.com.cn<br>E-mail：sales@waterpub.com.cn<br>电话：（010）68367658（发行部） |
| 经　　售 | 北京科水图书销售中心（零售）<br>电话：（010）88383994、63202643、68545874<br>全国各地新华书店和相关出版物销售网点 |
| 排　　版 | 中国水利水电出版社微机排版中心 |
| 印　　刷 | 北京瑞斯通印务发展有限公司 |
| 规　　格 | 184mm×260mm　16 开本　14 印张　332 千字 |
| 版　　次 | 2009 年 8 月第 1 版　2013 年 8 月第 4 次印刷 |
| 印　　数 | 4301—7300 册 |
| 定　　价 | **32.00** 元 |

# 前言

本教材是借鉴德国先进的“基于工作过程教学设计”职业教育理念，对原建筑工程技术专业的学科体系进行较大改革而设置的一个学习领域，是以土方工程的主要施工过程（识读施工图→图纸交底→施工测量放线→土方开挖及边坡支护→地基处理→土方回填→质量评定等）为主线，将原学科体系下的《建筑工程测量》、《地基与基础》、《建筑识图》、《建筑构造》、《建筑施工技术》、《建筑机械》等课程相关知识按照土方工程的施工过程进行重构而成，重点突出土方工程施工中实际问题的探讨，通过大量的现场参观，实训项目的操作，提高学生解决实际问题的能力。通过本“学习领域”的学习，学生应具备土方工程施工所需的专业知识，具备相应的专业操作技能。

本学习领域基本学时 195 学时，其中：理论 105 学时、校内实训 75 学时、企业实训 15 学时。本书在编写时，取材上力图能反映不同地区、不同种类土方工程施工的先进技术水平，内容上尽量符合土方工程的实际施工过程，文字上深入浅出，通俗易懂，但由于施工现场经验的限制，书中难免有不少缺点、错误和不足之处，真诚地希望读者提出宝贵意见，给予批评指正。

本学习领域由杨凌职业技术学院张小林任主编，申永康与陕西玉祥房地产开发公司总工程师宋�任副主编，由黄河职业技术学院王付全主审。杨凌职业技术学院的王稳江（学习情境 1），鲁有柱（学习情境 2、学习情境 3），张小林（学习情境 4），申永康（学习情境 5），陕西方元建设工程有限公司总工程师宋勖（学习情境 6）负责各学习情境的编写任务。

本教材在编写过程中，专业建设团队的领导和学院老师提出了许多宝贵意见，学院及教务处领导也给予了大力支持，同时得到陕西省第六建筑工程公司及陕西恒业建设集团的积极参与和大力帮助，在此一并谨向他们表示衷心的感谢。

本教材在编写中引用了大量的规范、专业文献和资料，恕未在书中一一注明。在此，对有关作者表示诚挚的谢意。

本教材内容体系的设计在国内首次尝试，加上作者水平有限，书中不足之处恳请广大师生和读者提出批评指正，编者不胜感激。

**编者**

2009 年 4 月

# 课 程 描 述 表

学习领域七：土石方工程施工与组织　　第一学年　　基本学时：195学时

其中：理论105学时、校内实训75学时、企业实训15学时

学习目标

- ● 熟练水准仪、经纬仪、全站仪等仪器的操作与使用；
- ● 运用工程测量的基本原理，进行小区域地形测绘、高程控制测量；
- ● 运用测量知识进行一般建筑施工测量放线；
- ● 运用土工实验设备进行土工的工程实验及评价；
- ● 运用勘测资料和地基的基本知识进行地基处理设计；
- ● 熟练识读基础和地基工程图；
- ● 能依据图纸进行土石方工程量计算；
- ● 运用测量知识进行土石方工程的施工放线；
- ● 编制土方工程施工实施方案；
- ● 组织土石方施工、进行质量检测；
- ● 编制地基处理实施方案

内容

- ◆ 测量仪器设备；
- ◆ 应力与应变、强度承载力与稳定性；
- ◆ 塑限与流限、击实曲线与密实度；
- ◆ 地基的处理方案；
- ◆ 用方格网计算土石方量的计算；
- ◆ 基础的放线；
- ◆ 边坡系数、土坡稳定、边坡支护；
- ◆ 施工现场的建立、施工准备；
- ◆ 机械设备、劳动力、材料方案；
- ◆ 地基施工；
- ◆ 控制测量；
- ◆ 地基检测；
- ◆ 场地平整；
- ◆ 设施及文物保护；
- ◆ 施工方案、进度计划；
- ◆ 材料质量鉴定；
- ◆ 地基验收及土方回填

方法

- ◆ 讨论；
- ◆ 演讲；
- ◆ 练习；
- ◆ 小组工作；
- ◆ 媒体；
- ◆ 现场教学；
- ◆ 实验；
- ◆ 仪器操作演练；
- ◆ 任务教学；
- ◆ 模拟工作过程；
- ◆ 企业实训

媒体

- ■ 测量练习页；
- ■ 基础工程图；
- ■ 材料实物；
- ■ 工作页；
- ■ 录像、多媒体；
- ■ 质检表格页；
- ■ 土工实验表

学生需要的技能

- ■ 基本计算能力；
- ■ 施工方案编制能力；
- ■ 使用实验设备能力；
- ■ 建筑制图与识图能力；
- ■ 现场组织能力

教师需要的技能

- ■ 土方工程现场施工经验；
- ■ 组织教学能力；
- ■ 正确使用设备能力；
- ■ 使用施工规范与操作规程能力；
- ■ 处理突发问题的能力

# 目录

# 学习情境1 水 准 测 量

## 学习单元1.1 水准仪与水准测量的基本知识

### 1.1.1 学习目标

（1）会识别不同类型水准仪及其构造。

（2）会操作水准仪测高差、算高程。

（3）会按任务选择合适的水准路线。

### 1.1.2 学习任务

（1）能够按水准仪各部件的作用规范操作水准仪。

（2）能根据前后视读数正确计算两点间高差和高程。

（3）能按任务合理的布设水准路线。

（4）能使用自动安平水准仪。

### 1.1.3 学习内容

（1）水准测量的原理。

（2）水准仪的构造。

（3）水准尺读数和尺垫的使用。

（4）高差和高程的计算。

（5）水准路线的布设形式。

（6）自动安平水准仪。

### 1.1.4 任务描述

了解水准测量的原理和水准仪的类型，掌握水准仪各部件的名称及作用，掌握水准测量的方法、要领，掌握水准路线的形式、特征和运用特点。

### 1.1.5 任务实施

#### 1.1.5.1 高程测量概述

为了测绘地形图和建筑工程的设计与施工放样，必须测定一系列地面点的高程。高程测量按使用的仪器和方法分为水准测量、三角高程测量和GPS高程测量。本章中，主要将介绍水准测量的原理、仪器和方法。水准测量是用水准仪和水准尺根据水平视线测定点与点之间的高差，推算点的高程，是高程测量中最常用的方法，一般适用于平坦地区。

为了统一全国的高程系统，我国采用黄海平均海平面作为全国高程系统的基准面，即我国采用的大地水准面。在该面上的任一点，其高程为零。为确定这个基准面，在青岛设立验潮站和国家水准原点。根据青岛验潮站从1952～1979年的验潮资料，确定黄海平均海水面为高程零点，并据此测定青岛水准原点的高程为72.2604m，这个高程零点和原点高程称为“1985国家高程基准”。根据这个基准，测定全国各地的高程，例如，2005年国家测绘局测定珠穆朗玛峰巅的高程为8844.43m。

从青岛水准原点出发，用一等、二等水准测量在全国范围内沿一定的水准路线测定一系列“水准点”（Bench mark，缩写为BM）的高程，作为全国各地的高程基准。各地方按建设需要在国家一等、二等水准点的基础上，用二等、三等、四等水准测量布设更多的水准点，进行加密。为地形测量而进行的水准测量称为“图根水准测量”，为某项工程建设而进行的水准测量称为“工程水准测量”。

#### 1.1.5.2 水准测量的基本概念

1. 水准测量原理

水准测量的基本原理是：利用水准仪提供一条水平视线，对竖立在两地面点的水准尺上分别进行瞄准和读数，以测定两点间的高差；再根据已知点的高程，推算待定点的高程。如图1.1.1所示，设已知$A$点的高程为$H_A$，求$B$点的高程$H_B$；在$A$，$B$两点之间安置一架水准仪，并在$A$，$B$点上竖立水准尺（尺的零点在底端）；根据水准仪望远镜的水平视线，在$A$尺上读数为$a$，在$B$尺上读数为$b$，则$A$点至$B$点的高程为

$$h_{AB}=a-b \tag{1.1.1}$$

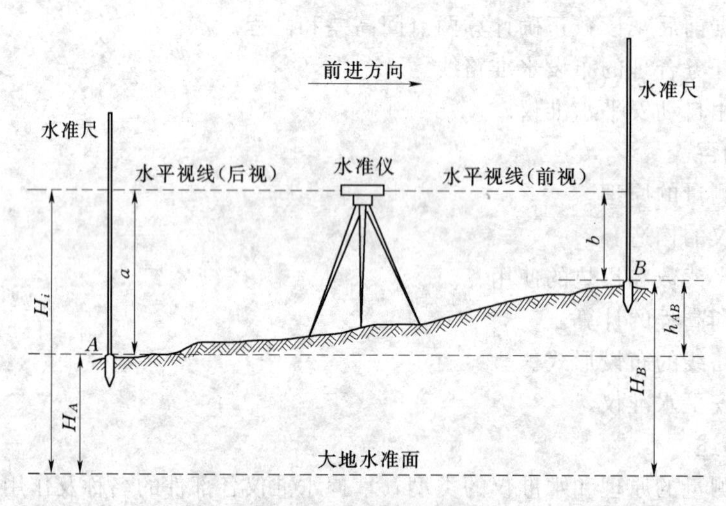


图1.1.1 水准测量原理

设水准测量是从$A$点向$B$点方向进行的，规定：称$A$点为后视点，其水准尺上读数$a$为“后视读数”；称$B$点为前视点，其水准尺上读数$b$为“前视读数”。由此可见，两点间的高差为“后视读数”减“前视读数”。如果后视读数大于前视读数，则高差为正，表示$B$点比$A$点高；如果后视读数小于前视读数，则高差为负，表示$B$点比$A$点低。为了避免将两点间高差的正负号搞错，规定高差$h$的写法为：$h_{AB}$为从$A$点至$B$点的高差，$h_{BA}$为从$B$点至$A$点的高差。两者的绝对值相等而符号相反。

如果$A$，$B$两点的距离不远，而且高差不大（小于一支水准尺的长度），则安置一次水准仪就能测定其高差，如图1.1.1所示，设已知$A$点的高程为$H_A$，则$B$点的高程为

$$H_B=H_A+h_{AB} \tag{1.1.2}$$

$B$点的高程也可以按水准仪的视线高程$H_i$（简称仪器高程）来计算，即

$$H_i=H_A+a \tag{1.1.3}$$

$$H_B=H_i-b \tag{1.1.4}$$

在一般情况下，用式（1.1.1）和式（1.1.2）计算待定点的高程。当安置一次水准仪需要测定若干前视点的高程时，则用式（1.1.3）和式（1.1.4）计算较为方便。

2. 水准面曲率对水准测量的影响

按照定义，两点间的高差是分别通过这两点的水准面之间的铅垂距离。因此，从理论上讲，用水准仪在水准尺上读数也应该是根据通过仪器的水准面，如图 1.1.2 所示，在 $A$，$B$ 水准尺上的应有读数为 $a'$ 和 $b'$。$A$，$B$ 两点的高差应为

$$h_{AB} = a' - b' = (a - aa') - (b - bb') \tag{1.1.5}$$

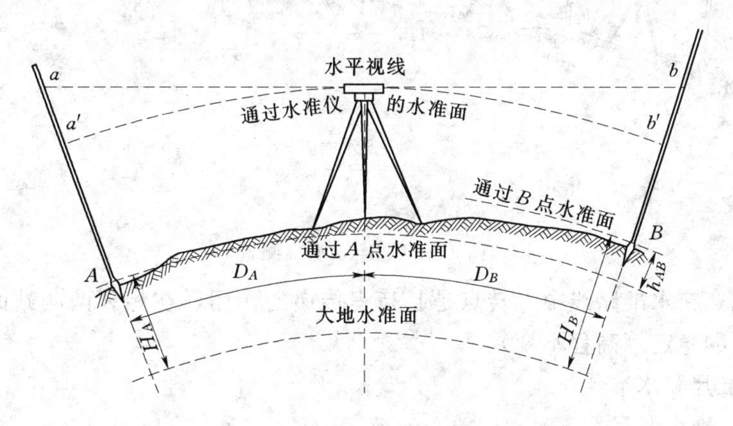


图 1.1.2　水准面曲率对水准测量的影响

$aa'$ 和 $bb'$ 是用仪器的水平视线代替通过仪器的水准面的读数差。设仪器至 $A$，$B$ 两点的距离分别为 $D_A$ 和 $D_B$，则按地球曲率影响的公式计算为

$$aa' = \frac{D_A^2}{2R};\ bb' = \frac{D_B^2}{2R}$$

如果水准测量时前视、后视的距离相等（即 $D_A = D_B$），则 $aa' - bb'$，则式（1.1.5）成为

$$h_{AB} = a' - b' = a - b \tag{1.1.6}$$

即此时按水平视线或按水准面测定高差已无区别。

虽然，水准面曲率对近距离的水准尺读数影响较小，但水准仪的轴系误差等在前视、后视距离不等时有较大的影响。因此，使前视、后视的距离保持大致相等，是水准测量的基本原则，称为“中间法水准测量”。每一测站容许的前视距、后视距差和各测站的前视距、后视距的积累差，在各种等级的水准测量中都有明确的规定。

3. 连续水准测量

设两点间的距离较远，或高差较大，或不能直接通视，不可能安置一次水准仪即测定其高差。此时，可沿一条路线进行水准测量，中间加设若干个临时立尺点，称为“转点”(Turningpoint，缩写为 TP)，依次安置水准仪，测定相邻点间的高差，最后取各高差的代数和，得到起、终两点间的高差。水准测量所进行的路线称为“水准路线”。

如图 1.1.3 所示，在 $A$，$B$ 两个水准点之间，由于距离较远或高差太大，在水准路线中间需设置 4 个转点（TP1～TP4。），在相邻两点间依次测定高差：

$$h_1 = a_1 - b_1, h_2 = a_2 - b_2, \cdots, h_5 = a_5 - b_5$$

$A$，$B$ 两点高差的一般计算公式为

$$h_{AB} = \sum_{i=1}^{n} h_i = \sum_{i=1}^{n}(a_i - b_i) \tag{1.1.7}$$

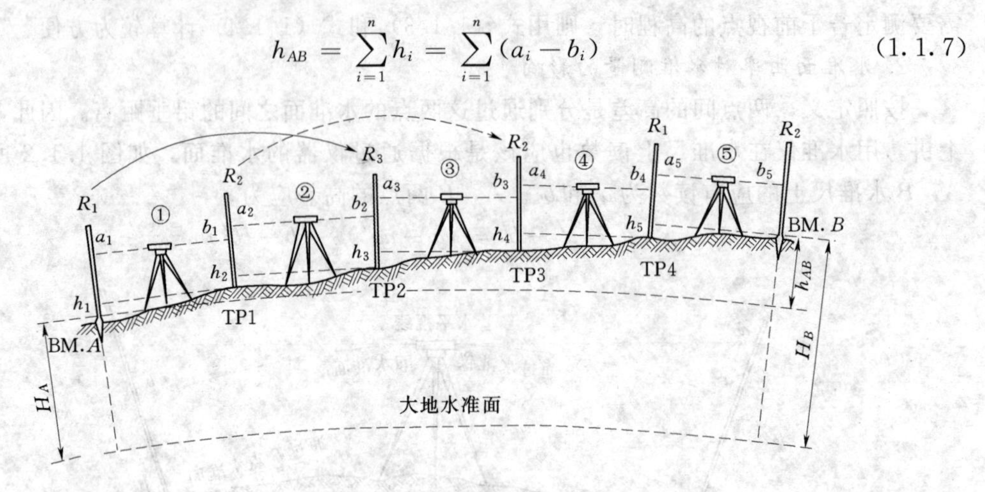


图 1.1.3 连续水准测量

由此可见，在水准路线中，转点是起高程传递的作用，在相邻两测站的观测过程中，必须保持转点的稳定（高程不变）。

### 1.1.5.3 水准尺和水准仪

#### 1.1.5.3.1 水准尺和尺垫

水准测量所使用的仪器为水准仪，与其配套的工具为水准尺和尺垫。水准尺是用干燥优质的木材、铝合金或玻璃钢等材料制成，长度有 2m、3m、5m 等，根据其构造，分为整尺和套尺（塔尺），如图 1.1.4 所示，其中，图 1.1.4（a）所示为整尺，图 1.1.4（b）所示为套尺。整尺和套尺中又分为单面分划（单面尺）和双面分划（双面尺）。

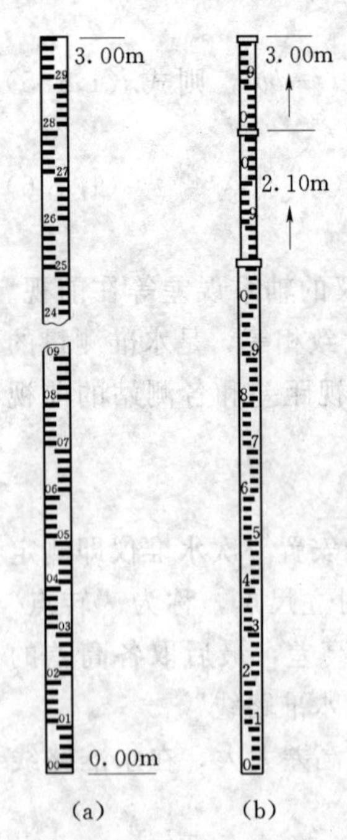


图 1.1.4 水准尺

水准尺的尺面上每隔 1cm 印刷有黑、白或红、白相间的分划，每分米处注有分米数，其数字有正和倒两种，分别与水准仪的正像望远镜或倒像望远镜相配合。双面水准尺的一面为黑白分划，称为黑色面；另一面为红白分划，称为红色面。双面尺的黑色面分划的零是从尺底开始，红色面的尺底是从某一数值（一般为 4687mm 或 4787mm）开始，称为零点差。水准仪的水平视线在同一根水准尺上的红、黑面读数差应等于双面尺的零点差，可作为水准测量时读数的检核。

套尺一般由三节尺管套接而成，长度可达 5m。不用时，可缩在最下一节的内部，长度不超过 2m，便于携带。但连接处易于产生长度误差，一般用于精度要求不高的水准测量。水准尺上一般装有圆水准器，据此可以使水准尺垂直竖立。

另外还有因瓦（Invar）合金带水准尺和条纹码水准尺，与“精密水准仪”和“电子水准仪”配合使用。

水准路线中需要设置转点之处，为防止观测过程中立尺点的

下沉而影响正确读数，应在转点处放一尺垫，如图 1.1.5 所示。尺垫由平面为三角形的铸铁制成，下面有三个脚尖，可以安置在任何不平的硬性地面上，或把脚尖踩入土中，使其稳定；尺垫上面有一突起的半球，水准尺立于尺垫上时，底面与球顶的最高点接触，当水准尺转动方向时，例如，由后视转为前视，尺底的高程不会改变。

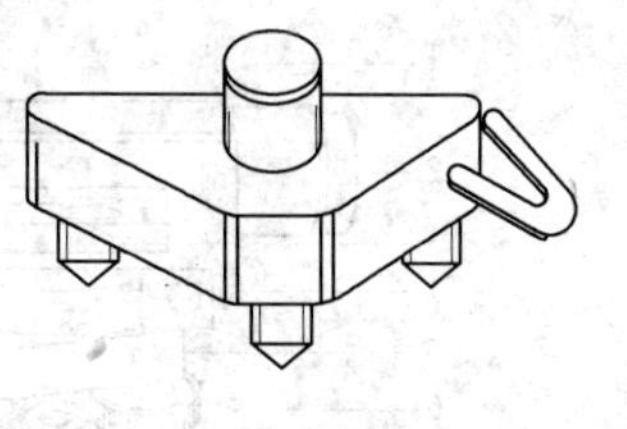

图 1.1.5 尺垫

**1.1.5.3.2** 水准仪及其构造

1. 水准仪的等级及用途

水准仪分为水准气泡式和自动安平式。前者完全根据水准管气泡安平仪器视线；后者先用水准气泡粗平，然后用水平补偿器自动安平视线。这类仪器均由人工通过望远镜对水准尺上分划进行读数和数据记录。现代的电子水准仪是利用条纹码水准尺和用仪器的光电扫描进行自动读数的水准仪，其置平方式也属于自动安平式。

水准仪按其高程测量精度分为 DS05、DS1、DS2、DS3、DS10 几种等级。“D”和“S”是“大地”和“水准仪”汉语拼音的第一个字母，后续的数字为每千米水准测量的高差中误差（单位：mm，05 代表 0.5mm，1 代表 1mm，等），DS05 和 DS1 级水准仪属于精密水准仪，DS2、DS3 和 DS10 属于普通水准仪。如果“DS”改为“DSZ”，则表示该仪器为自动安平水准仪。表 1.1.1 列出了各等级水准仪的主要技术参数和用途。本节介绍 DS3 和 DSZ2 级水准仪。

**表 1.1.1** **水准仪系列技术参数及用途**

| 参数名称 | 水准仪等级 | | | |
|---|---|---|---|---|
| | DS05 | DS1 | DS3 | DS10 |
| 每千米水准测量高差中误差（mm） | ±0.5 | ±1 | ±3 | ±10 |
| 望远镜放大倍率不小于（倍） | 42 | 38 | 28 | 20 |
| 水准管分划值［（″）/2mm］ | 10 | 10 | 20 | 20 |
| 自动安平精度［（″）/2mm］ | ±0.1 | ±0.2 | ±0.5 | ±2.0 |
| 圆水准器分划值 | 8 | 8 | 8 | 10 |
| 测微器格值（mm） | 0.05 | 0.05 | — | — |
| 主要用途 | 国家一等水准测量 | 国家二等水准测量及精密水准测量 | 国家三等、四等水准测量及工程测量 | 工程及图根水准测量 |

2. 水准仪的构造

水准仪主要由测量望远镜、水准管（或补偿器）、支架和基座四个部分组成。图 1.1.6 所示为属于 DS3 级的 S3 型水准仪的外形和外部构件。望远镜和水准管连接在一起，可以通过校正螺丝改变其相对位置；在靠近望远镜物镜一端用一弹簧片与支架相连，转动微倾螺旋，可以通过顶针升降望远镜的目镜一端，使水准管气泡居中，导致望远镜的视线水平；由于用微倾螺旋上、下转动望远镜的角度有限，因此，必须使支架先大致水平；支架的旋转轴即水准仪的纵轴，它插在基座的轴套中，转动基座的三个脚螺旋，使支架上的圆水准器气泡居中，放平支架；这样，微倾螺旋才能在它的调节范围内使水准管气泡居中。

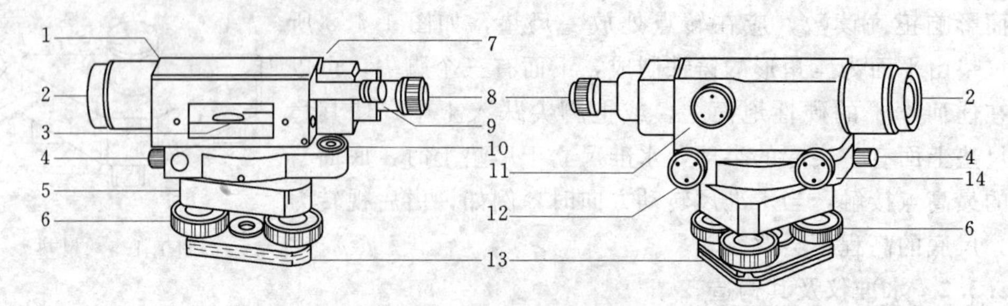


图 1.1.6 DS3 级水准仪

1—瞄准用准星；2—望远镜物镜；3—水准管；4—水平制动螺旋；5—基座；6—脚螺旋；
7—瞄准用缺口；8—望远镜目镜；9—水准管气泡观察镜；10—圆水准器；
11—物镜调焦螺旋；12—微倾螺旋；13—基座底板；14—水平微动螺旋

转动望远镜目镜调焦螺旋，可以使望远镜中的十字丝像清晰；转动望远镜物镜调焦螺旋，可以使目标（水准尺）的像清晰；从水准管气泡观察镜中，可以看出水准管气泡是否居中；水平制动螺旋能控制仪器在水平方向的转动，转紧它再旋转水平微动螺旋，可使望远镜在水平方向做微小的转动，便于精确瞄准目标；望远镜上方的缺口和准星，用于在望远镜外寻找目标。

3. 望远镜的构造及其成像和瞄准原理

测量仪器上的望远镜用于瞄准远处目标和读数，如图 1.1.7 所示。它主要由物镜、物镜调焦螺旋、物镜调焦透镜、十字丝分划板、目镜和目镜调焦螺旋所组成。图 1.1.7 中 6 是从目镜中看到的放大后的十字丝像；$CC_1$ 是物镜光心与十字丝中心交点的连线，称为“视准轴”；转动目镜调焦螺旋，可以按个人的视力使十字丝像最清晰；转动物镜调焦螺旋，可以使目标成像在十字丝平面上，与十字丝一起被目镜放大，并使其最清晰，这样才能精确地瞄准目标。

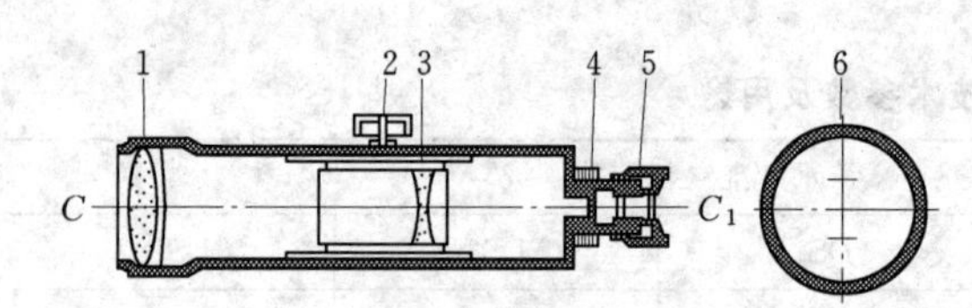


图 1.1.7 测量望远镜的构造

1—物镜；2—物镜调焦螺旋；3—物镜调焦透镜；
4—十字丝分划板；5—目镜及目镜调焦螺旋；
6—十字丝放大像

望远镜的目标成像原理如图 1.1.8 所示，远处目标 $AB$ 发出的光线经过物镜 1 及物镜调焦透镜 3（两者组成虚拟物镜 2）的折射后，在十字丝平面 4 上成一倒立的实像 $ab$. 经过目镜 5 的放大，成虚像 $a'b'$，十字丝也同时被放大；虚像 $a'b'$ 对观测者眼睛的

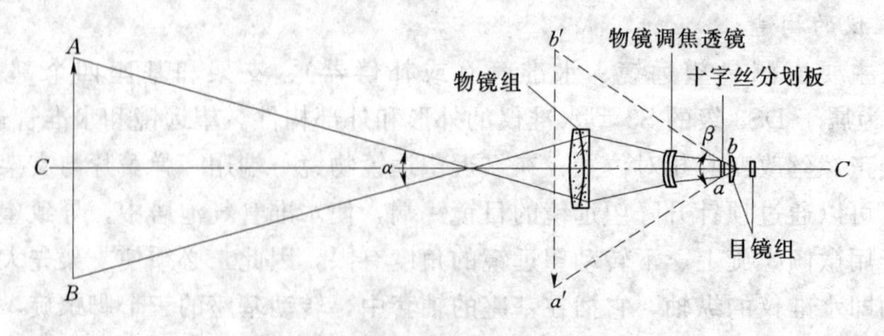


图 1.1.8 测量望远镜的成像和放大原理

视角为 $\beta$，不通过望远镜的目标 $AB$ 的视角为 $\alpha$。$\beta$ 角相对于 $\alpha$ 角的放大倍数，即望远镜的放大率：

$$V=\frac{\beta}{\alpha} \tag{1.1.8}$$

各等级水准仪的望远镜放大倍数（放大率）见表 1.1.1。

DS3 级水准仪望远镜中的十字丝分划为刻在玻璃板上的三根横丝和一根纵丝，如图 1.1.7 中的 6。中间的长横丝称为中丝，用于读出水准尺上的分划读数；上下两根较短的横丝分别称为上下视距丝，简称为视距丝。

物镜与十字丝分划板之间的距离是固定不变，而由目标发出的光线通过物镜后，在望远镜内所成实像的位置随目标离仪器的远近而改变。因此需要转动物镜调焦螺旋，使目标实像与十字丝平面重合，如图 1.1.9（a）所示。此时，若观测者的眼睛稍作上下（或左右）移动，如图中 1，2，3 的位置，不会发觉目标与十字丝有相对移动。如果目标与十字丝平面不重合，如图 1.1.9（b）所示，则观测者的眼睛稍作移动时，就会发觉目标像与十字丝之间有相对移动，这种现象称为“视差”。

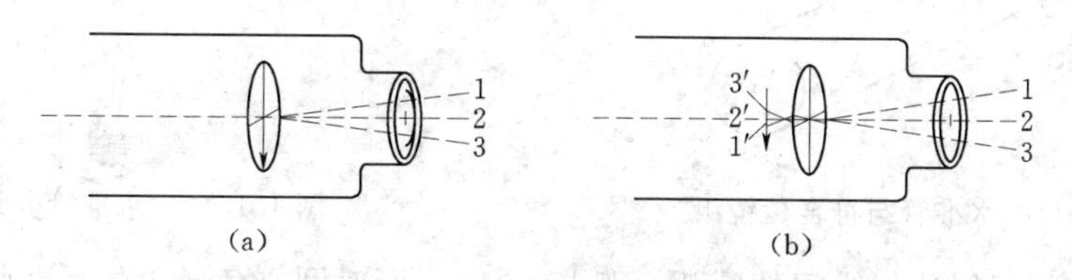


图 1.1.9　测量望远镜的瞄准目标与视差

目标成像如果有视差，就不可能对其进行精确的瞄准和读数，因此，必须消除视差。消除视差的方法如下：先转动目镜调焦螺旋，使十字丝最清晰，称为“目镜调焦”；然后转动物镜调焦螺旋，使目标像（水准测量时，为水准尺的分划和注字）最清晰，称为“物镜调焦”；眼睛上下或左右稍作移动，如果没有发现目标和十字丝之间有相对移动，则视差已消除；否则重复以上操作，直至完全清除视差。

4. 水准器及其分划值

根据水准器置平仪器。水准器分为水准管和圆水准器两种。前者精度较高，用于精确置平仪器，称为“精平”；后者精度较低，用于粗略置平仪器，称为“粗平”。

（1）水准管。水准管是由玻璃圆管制成，其内壁磨成一定半径的圆弧，如图 1.1.10（a）所示。管内注满酒精或乙醇，玻璃管加热、密闭、冷却后，管内形成内隙为液体的蒸气所充满，即为水准气泡。气体比重小于液体，受地球重力影响，气泡恒居于水准管内壁圆弧的最高部位。

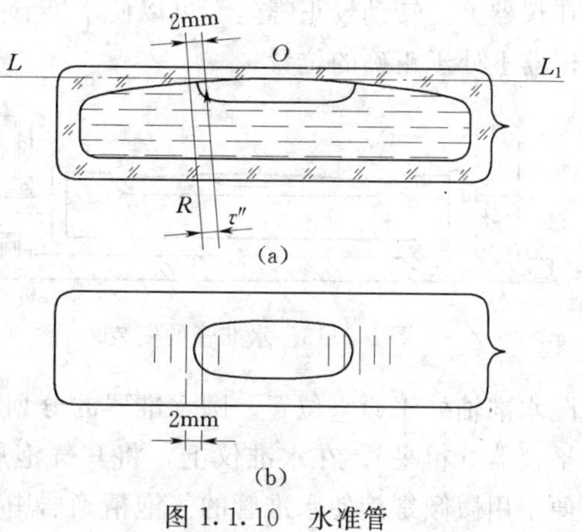


图 1.1.10　水准管

在水准管外表面刻有 2mm 间距的分划线，如图 1.1.10（b）所示。分划线排列与

圆弧中点 $O$ 对称。通过 $O$ 点作圆弧的切线 $LL_1$，称为“水准管轴”。当水准管气泡两端相对于分划线读数对称时，称为“气泡居中”。由于重力作用，气泡居中时，水准管轴处于水平位置。

为了提高判断水准管气泡居中的精度，在水准管的上方装有符合棱镜组，如图1.1.11所示，通过棱镜组的反射，气泡两端的影像（半边圆弧）符合成一个圆弧时，表示气泡居中。

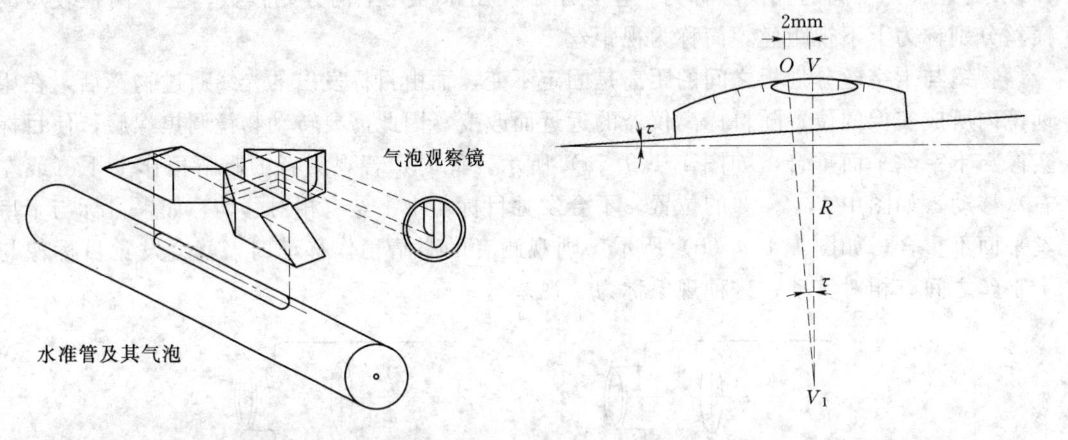


图1.1.11 水准管与符合棱镜组　　图1.1.12 水准管分划值

水准管上两相邻分划线间的圆弧（弧长2mm）所对圆心角 $\tau$。称为“水准管分划值”，又称“灵敏度”。水准管分划值的实际意义可以理解为：当气泡移动2mm时水准管所倾斜的角度，如图1.1.12所示。设水准管内壁圆弧的曲率半径为 $R$（单位：mm），则水准管分划值［单位：(″)/2mm］为

$$\tau'' = \frac{2}{R}\rho'' \tag{1.1.9}$$

水准管的分划值越小，则灵敏度越高，置平仪器的精度也越高，因此，它是水准仪等级的一个主要指标（表1.1.1）。测量仪器上的水准管一般是安装在圆柱形的、上面开有窗口的金属管内，如图1.1.13所示，一端用球形支点、另一端用校正螺丝将金属管固定在仪器上。转动校正螺丝，可以使水准管一端做微小的升降，用来校正水准管轴，使它在仪器上处于正确的位置。

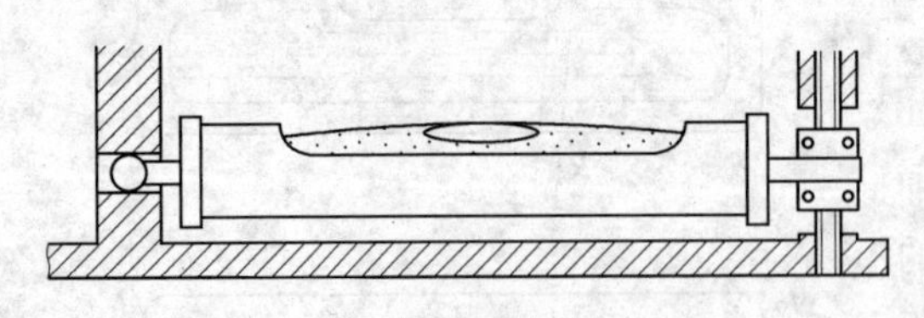

图1.1.13 水准管的安装

（2）圆水准器。圆水准器是将一圆柱形的玻璃盒装在金属框内，顶面内壁磨成球面，盒内装有酒精或乙醚，并形成气泡，如图1.1.14所示。圆水准器顶面外部刻有小圆圈，通过其圆心的球面法线称为“圆水准轴”。由于重力作用，当气泡居中时，圆水准轴处于铅垂位置。圆水准器的分划值一般为8′/2mm，其灵敏度较低，用于初步整平仪器（粗平）。在水准仪上，将其气泡居中，可以使水准仪的纵轴大致处于铅垂位置，便于用微倾螺旋使水准管的气泡精确居中。圆水准器还用于其他各种测量仪器。

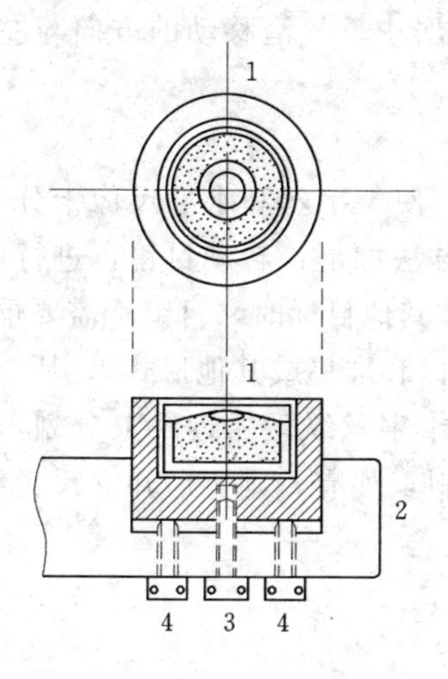


图 1.1.14　圆水准器及其安装

1—圆水准器；2—仪器支架；3—固定螺丝；4—校正螺丝

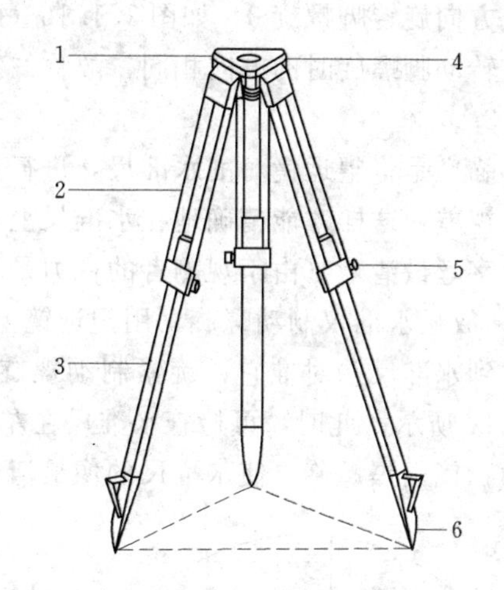


图 1.1.15　水准仪的三脚架

1—架头；2—架腿；3—伸缩腿；4—连接螺旋；5—伸缩制动螺旋；6—脚尖

**1.1.5.3.3**　水准仪的使用

用水准仪进行水准测量的操作程序为：安置—粗平—瞄准—精平—读数。

1. 安置

在安置水准仪之前，应放好仪器的三脚架（图 1.1.15）。松开架腿上的制动螺旋，伸缩架腿，使三脚架头的安置高度约在观测者的胸颈部，旋紧制动螺旋。三脚等距分开，使架头大致水平。三个脚尖在地面的位置，大致成等边三角形。在泥土地面上，应将三脚架的三个脚尖踩入土中，使脚架稳定；在硬性地面上，也应将三个脚尖与地面踩实。然后从仪器箱中取出水准仪，放到三脚架头上，一手握住仪器，一手将三脚架上的连接螺旋转入仪器基座的中心螺孔内，使仪器与三脚架连接牢固。

2. 粗平

粗平即粗略地置平仪器。具体操作方法如下：图 1.1.16 中，外围圆圈为三个脚螺旋，中间为圆水准器，虚线圆圈代表水准气泡所在位置。首先用双手按箭头所指方向转动脚螺旋 1、2，使气泡移到这两个脚螺旋方向的中间，如图 1.1.16（a）所示；然后再用左手按

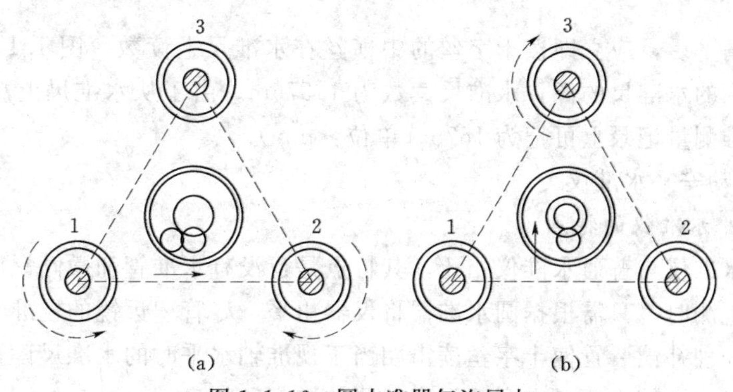


图 1.1.16　圆水准器气泡居中

箭头方向旋转脚螺旋3，如图1.1.16（b）所示，使气泡居中。气泡移动的方向与左手大拇指转动脚螺旋时的方向相同，故称“左手大拇指规则”。

3. 瞄准

瞄准是将望远镜对准水准尺，进行目镜和物镜调焦，使十字丝和水准尺像十分清晰，消除视差，这样才能精确地在水准尺上读数。具体操作方法如下：转动目镜，进行调焦，使十字丝最清晰（由于观测者的视力是不变的，以后瞄准其他目标时，目镜不需要重新调焦）；放松水准仪制动螺旋，用望远镜上的粗瞄准器（缺口和准星或其他形式），从望远镜外找到水准尺并对准它，旋紧制动螺旋；用微动螺旋使十字丝纵丝靠近尺上分划，如图1.1.17所示；此时，可检查水准尺在左右方向是否有倾斜，如有，则要通知立尺者纠正；转动物镜调焦螺旋，使水准尺的像最清晰，以消除视差。

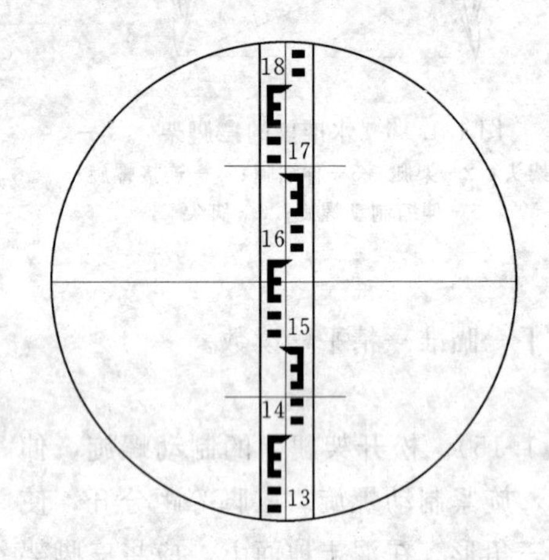


图1.1.17　瞄准水准尺与读数

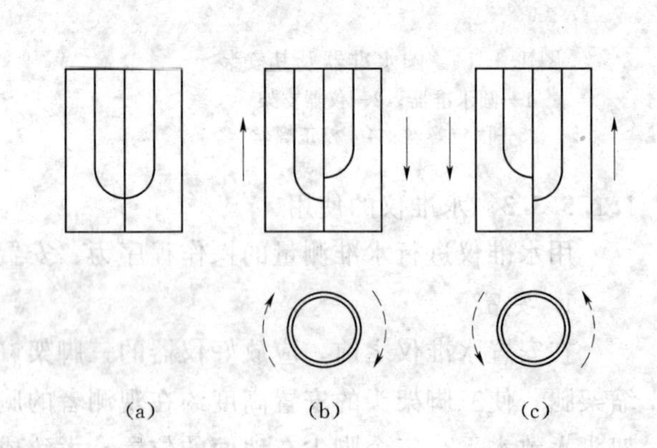


图1.1.18　符合水准管气泡居中

4. 精平

精平是转动水准仪的微倾螺旋，使水准管气泡严格居中，从而使望远镜的视准轴处于精确的水平位置。有符合棱镜的水准管，可以在水准管气泡观察镜中看到气泡两端的半边影像，如图1.1.18所示，其中，图1.1.18（a）为气泡居中（符合）；图1.1.18（b）、（c）为气泡不居中，此时，可按图中虚线箭头方向转动微倾螺旋，使气泡两端的像符合。

有水平补偿器的自动安平水准仪不需这项操作。

5. 读数

使水准仪精平后，应立即按十字丝的中横丝在水准尺上读数。图1.1.17所示为正像望远镜中所看到的水准尺的像，水准尺读数为1.575m。由于从水准尺上总是需要读4位数，因此，水准测量记录上可记为1575（单位：mm）。

**1.1.5.3.4**　自动安平水准仪

1. 自动安平水准仪的特点

自动安平水准仪与普通水准仪相比，其特点是：没有水准管和微倾螺旋，望远镜和支架连成一体；观测时，只需根据圆水准器将仪器粗平，尽管望远镜的视准轴还有微小的倾斜，但可借助一种补偿装置使十字丝读出相当于视准轴水平时的水准尺读数。因此，自动安平水准仪的操作比较方便，有利于提高观测的速度和精度。

2. 自动安平水准仪的基本原理

自动安平水准仪的望远镜光路系统中，设置利用地球重力作用的补偿器，以改变光路，使视准轴略有倾斜时在十字丝中心仍能接受到水平光线。如图 1.1.19 所示的望远镜光路中，补偿器由一个屋脊棱镜 $b$（它起三次全反射的作用）和两个直角棱镜 $c$（各起一次全反射作用）组成。屋脊棱镜与望远镜筒固连在一起，它随望远镜一起转动；直角棱镜与重锤固连在一起，用金属簧片悬吊于仪器内，它受重力作用可改变与屋脊棱镜的位置关系。当视准轴水平时，光线通过补偿器不改变原来的方向，根据十字丝在水准尺上的读数为 $a$，如图 1.1.19（a）所示。当望远镜和视准轴倾斜了一个小角度 $\alpha$ 时，如图 1.1.19（b）所示，假定仍按视准轴（物镜光心与十字丝中心连线）方向读数为 $\alpha'$；而实际上从水准尺上 $\alpha$ 发出的光线（图中用实线表示）通过望远镜物镜光心不改变其方向，因而与视准轴相交为 $\alpha$ 角；通过补偿器后，水平光线转折一个 $\beta$ 角，而仍然到达十字丝中心，即视准轴虽有微小的倾斜，但仍能读得相当于它水平时的读数。

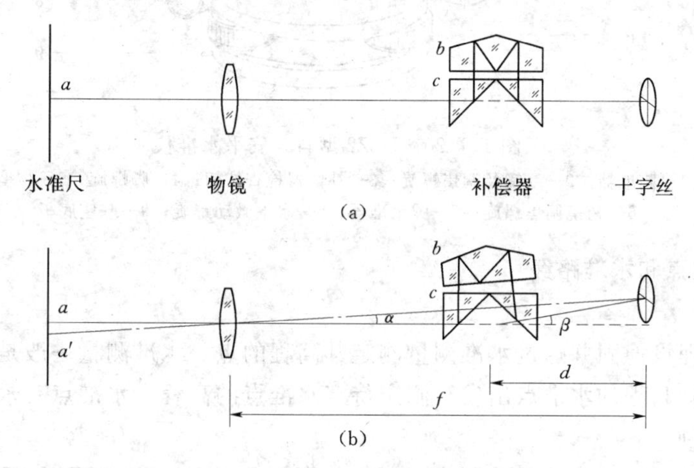


图 1.1.19　自动安平水准仪的基本原理

自动安平的基本原理是：设计补偿器时，应使其满足下列条件：

$$f\alpha = d\beta \tag{1.1.10}$$

式中：$f$ 为物镜焦距；$d$ 为补偿器中心至十字丝的距离。

因此，自动安平水准仪的工作原理为：通过圆水准器气泡居中，使水准仪纵轴大致铅垂，视准轴大致水平；通过补偿器，使瞄准水准尺的视线严格水平。

3. 自动安平水准仪的使用

自动安平水准仪的使用与一般水准仪的不同之处为不需要“精平”这项操作。这种水准仪的圆水准器的灵敏度为 $8'\sim10'/2\text{mm}$，其补偿器的作用范围约为 $\pm15'$，因此，整平圆水准气泡后，补偿器能自动将视线导致水平，即可对水准尺进行读数。

由于补偿器相当于一个重摆，只有在自由悬挂时才能起补偿作用。如果由于仪器故障或操作不当，例如，圆水准气泡未按规定要求整平或圆水准器未校正好等原因使补偿器搁住，则观测结果将是错误的。因此，这类仪器一般设有补偿器检查按钮，使能轻触补偿摆，在目镜中观察水准尺分划像与十字丝是否有相对浮动。由于有阻尼器对自由悬挂的重摆在起作用，所以，这种阻尼浮动会在 1～2s 内静止下来，说明补偿器的状态正常。否则

应检查原因，使其恢复正常功能。

图 1.1.20 所示为 DSZ2 型自动安平水准仪。使用时，转动脚螺旋，使圆水准的气泡居中；用瞄准器将仪器对准水准尺；转动目镜调焦螺旋，使十字丝最清晰；旋转物镜调焦螺旋，使水准尺分划像最清晰，检查视差；用水平微动螺旋使十字丝纵丝靠近尺上读数分划；轻按补偿器检查按钮，验证其功能正常，然后根据横丝在水准尺上读数。

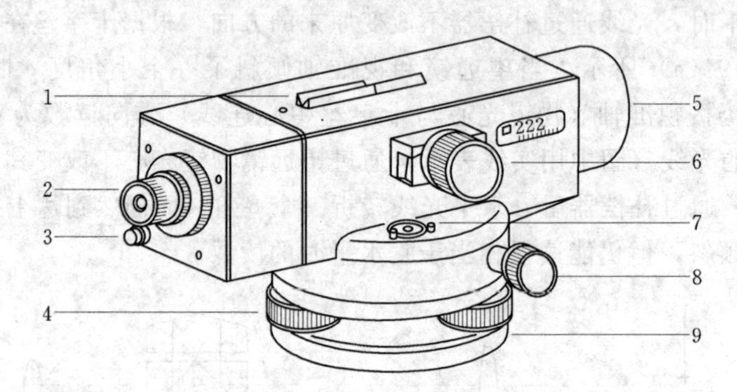


图 1.1.20　DSZ2 型自动安平水准仪

1—瞄准器；2—目镜及调焦螺旋；3—补偿器检查按钮；4—脚螺旋；5—物镜；6—物镜调焦螺旋；7—圆水准器；8—水平微动螺旋；9—基座底板

### 1.1.5.4　水准点和水准路线

1. 水准点

水准点是埋设稳固并通过水准测量测定其高程的点。水准测量一般是在两个水准点之间进行，从已知高程的水准点出发，测定待定水准点的高程。水准点有永久性水准点和临时性水准点两种。

永久性水准点一般用混凝土制成标石，如图 1.1.21 所示，标石顶部嵌有半球形的耐腐蚀金属或其他材料制成的标芯，其顶部高程即代表该点的高程。水准点标石的埋设地点应选在地基稳固、地点隐蔽、能长期保存而又便于观测之处。标石有顶盖，一般露出地表；但等级较高的水准点应埋设于地表之下，使用时，按指示标记开挖，用后再盖土。永久性水准点的金属标心也可直接埋设在坚固稳定的永久性建筑物的墙脚上，称为墙上水准点。图 1.1.22 所示为其中的一种，其金属标芯为螺栓形式，使用时，旋入基座螺母中；不用时，旋出并加盖以保护螺母孔。

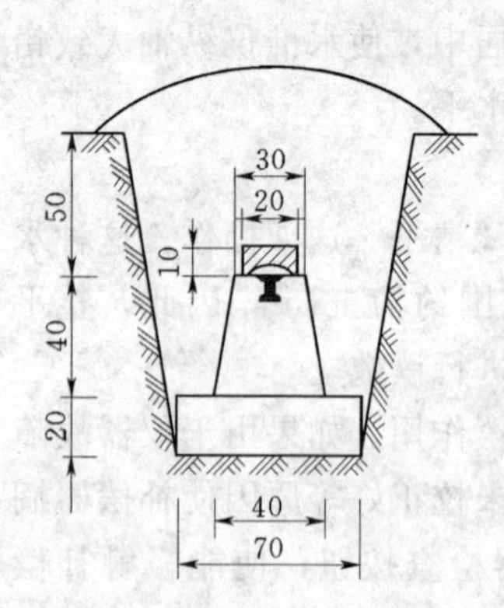


图 1.1.21　水准点标石埋设（单位：cm）

2. 水准路线

在水准点之间进行水准测量所经过的路线称为“水准路线”，两个水准点之间的一段路线称为“测段”。按照已知高程水准点及待定点的分布情况和实际需要，水准路线有以下几种形式。

(1) 闭合水准路线。例如，从某一已知高程的水准点 BM.A 出发，沿高程待定的水准点 1，2，3，4 进行水准测

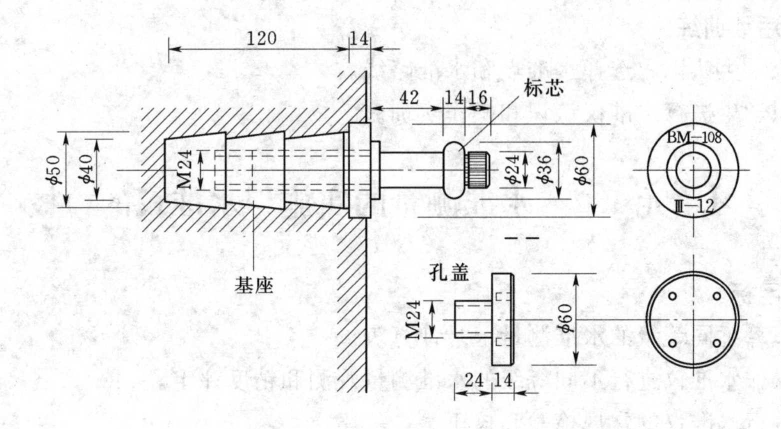


图 1.1.22　墙上水准点埋设（单位：cm）

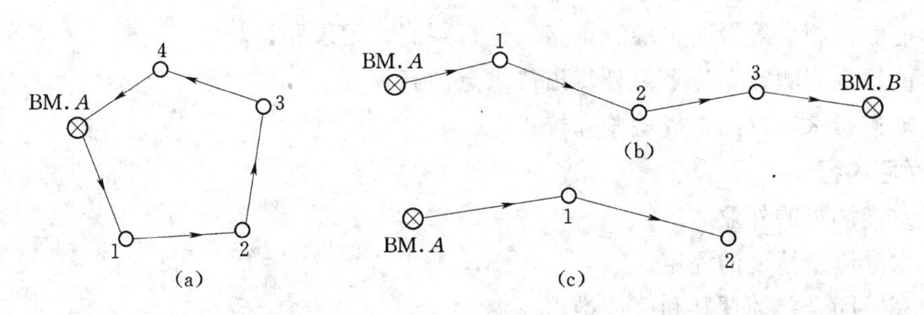


图 1.1.23　水准路线

⊗—高程已知点；○—高程待定点；→—测量进行方向

量，最后仍回到 BM. $A$，称为“闭合水准路线”，如图 1.1.23（a）所示。沿这种路线进行水准测量，测得各相邻水准点之间的测段高差的总和在理论上应等于零，可以作为观测正确性的检核。

即闭合水准路线的高差观测值应满足下列条件：

$$\sum h_{理} = 0 \tag{1.1.11}$$

（2）附合水准路线。例如，从一已知高程的水准点 BM. $A$ 出发，沿高程待定水准点 1，2，3 的路线进行水准测量，最后附合到另一高程已知的水准点 BM. $B$，称为“附合水准路线”，如图 1.1.23（b）所示。沿这种路线进行的水准测量所测得各相邻水准点间的测段高差总和，应等于两端已知点的高差，可以作为观测正确性的检核。即附合水准路线的高差观测值应满足下列条件：

$$\sum h_{理} = H_{终} - H_{始} \tag{1.1.12}$$

（3）支水准路线。例如，从一个已知高程的水准点 BM. $A$ 出发，沿各高程待定的水准点 1，2 进行水准测量，其路线既不闭合，又不附合，称为“支水准路线”，如图 1.1.23（c）所示。支水准路线因为缺少检核，水准测量需要进行往返观测，则往测高差总和与返测高差总和在理论上其绝对值应该相等而符号相反，可以作为观测正确性的检核。即支水准路线往、返测高差总和应满足下列条件：

$$\sum h_{往} + \sum h_{返} = 0 \tag{1.1.13}$$

**1.1.6 职业活动训练**

(1) 组织学生认识、选择水准点和水准路线。

(2) 组织学生进行水准仪认识和操作实训。

# 学习单元1.2 水准测量的实施与水准仪的检校

**1.2.1 学习目标**

(1) 会填算不同等级的水准测量记录计算表。

(2) 会操作水准仪进行不同等级的水准测量观测和精度评定。

(3) 会进行水准仪的常规检验和校正。

**1.2.2 学习任务**

(1) 能够按相应等级的水准测量路线进行观测、记录和计算。

(2) 能根据观测数据经平差计算出待求点的高程。

(3) 能进行水准仪的常规检验和校正。

**1.2.3 学习内容**

(1) 水准测量的外业。

(2) 水准测量精度的评定。

(3) 高差闭合差的调整和高程推求。

(4) 水准仪的检验和校正。

**1.2.4 任务描述**

熟悉水准测量规范规定的外业工作步骤和测站检核的方法，掌握水准路线测量的观测、记录和计算，掌握水准测量的精度评定和平差方法，了解水准仪检验和校正的方法步骤。

**1.2.5 任务实施**

**1.2.5.1** 水准测量方法

水准点之间有一定距离，例如，城市三等、四等水准点的间距一般为2～4km。因此，从一个已知高程的水准点出发，必须用“连续水准测量”的方法，才能测定另一个待定水准点的高程。在进行连续水准测量时，若在其中任何一个测站上仪器操作有失误，或任何一次前视或后视水准尺上读数有错误，都会影响高差观测值的正确性。因此，在每一个测站的观测中，为了能及时发现观测中的错误，通常用“两次仪器高法”或“双面尺法”进行水准测量。

**1.2.5.1.1** 两次仪器高法

在连续水准测量中，每一测站上用两次不同的高度安置水准仪来测定前视、后视两点间的高差，据此检查观测和读数是否正确。

图1.2.1所示为两次仪器高法进行水准测量的观测实例示意图。设已知水准点BM.$A$的高程$H_A=13.428$，需要测定BM.$B$的高程$H_B$。观测数据的记录和计算见表1.2.1。

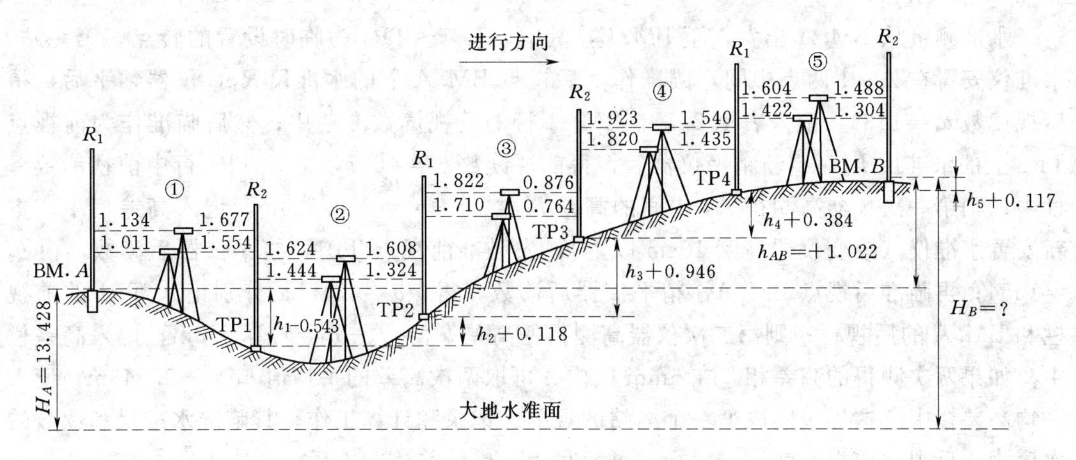


图 1.2.1　两次仪器高法水准测量

**表 1.2.1　水准测量记录（两次仪器高法）**

| 测站 | 点号 | 水准尺读数 | | 高差 | 平均高差 | 改正后高差 | 高程 |
|---|---|---|---|---|---|---|---|
| | | 后视 | 前视 | | | | |
| ① | BM. A | 1134 | | | | | |
| | | 1011 | | | | | |
| | TP1 | | 1677 | −0.543 | | | |
| | | | 1554 | −0.543 | −0.543 | | |
| ② | TP1 | 1444 | | | | | |
| | | 1624 | | | | | |
| | TP2 | | 1324 | +0.120 | | | |
| | | | 1508 | +0.116 | +0.118 | | |
| ③ | TP2 | 1822 | | | | | |
| | | 1710 | | | | | |
| | TP3 | | 0876 | +0.946 | | | |
| | | | 0764 | +0.946 | +0.946 | | |
| ④ | TP3 | 1820 | | | | | |
| | | 1923 | | | | | |
| | TP4 | | 1435 | +0.385 | | | |
| | | | 1540 | +0.383 | +0.384 | | |
| ⑤ | TP4 | 1422 | | | | | |
| | | 1604 | | | | | |
| | BM. B | | 1304 | +0.118 | | | |
| | | | 1488 | +0.116 | +0.117 | | 14.450 |
| $\sum$后$=15.514$<br>$\sum$前$=13.470$<br>$\sum$后$-\sum$前$=+2.044$<br>$\frac{\sum后-\sum前}{2}=+1.022$ | | | | $\sum h=$<br>$+2.044$ | $\frac{\sum h}{2}=$<br>$+1.022$ | | |

水准测量从 BM. $A$ 出发，至 BM. $B$，其中，TP1～TP4 为临时设置的转点。第一站，水准仪安置在 $A$，1 两点中间，瞄准作为后视点 BM. $A$ 上的水准尺 $R_1$，仪器精平后，得后视读数 $a_1=1134$，记入表 1.2.1 中 BM. $A$ 行的后视读数一栏中；然后瞄准作为前视点 TP1 上的水准尺 $R_2$，重新精平仪器后，得前视读数 $b_1=1677$，记入 TP1 行中前视读数一栏中；则第一次仪器高测得 $A$，1 间的高差 $h'_1=a_1-b_1=-0.543\text{m}$，记入高差栏中。重新安置水准仪（改变仪器高度 10cm 以上）；先瞄准前视点 TP1，精平仪器后读数，得 $b_2=1554$；再瞄准后视点 BM. $A$，精平仪器后读数，得：$a_2=1011$；分别记入 TP1 的前视栏和 BM. $A$ 的后视栏；则第二次仪器高测得的高差 $h''_1=a_2-b_2=-0.543\text{m}$，记入高差栏中。如果两次测得的高差相差在 5mm 以内，可取两次高差的平均值 $h_1=-0.543\text{m}$，记入平均高差栏中。这样，完成第一个测站的观测、记录和计算工作。其瞄准水准尺和读数的次序为：后视—前视—前视—后视，可简写为：后—前—前—后。

在第二测站，安置水准仪于 TP1 和 TP2 的中间，并将水准尺 $R_1$ 移置于 TP2 上；而在 TP1 上的水准尺 $R_2$ 仍留原处，但将尺面转向第二站的水准仪。观测程序与第一站完全相同。依次观测，直至最后一站（本例为第 5 站）。

进行水准测量时，要求每一页记录纸都要进行检核计算，如表 1.2.1 中最下一行中的以下两式成立，说明计算正确：

$$\sum 后-\sum 前=\sum h=+2.044(\text{m})$$
$$\frac{\sum 后-\sum 前}{2}=\frac{\sum h}{2}=+1.022(\text{m})$$

最后按式（1.1.2）计算 BM. $B$ 的高程：

$$H_B=13.428+1.022=14.450(\text{m})$$

**1.2.5.1.2** 双面尺法

用双面尺法进行水准测量时，需用有红、黑两面分划的水准尺，在每一测站上需要观测后视和前视水准尺的红、黑面读数，并需通过规定的检核。在每一测站上，仪器经过粗平后的观测程序如下：

（1）瞄准后视点水准尺黑面分划—精平—读数。

（2）瞄准前视点水准尺黑面分划—精平—读数。

（3）瞄准前视点水准尺红面分划—精平—读数。

（4）瞄准后视点水准尺红面分划—精平—读数。

对于立尺点而言，其观测程序为“后—前—前—后”；对于尺面而言，其观测程序为“黑—黑—红—红”。每支双面水准尺的红面与黑面分划注字有一个零点差，对于后视读数或前视读数都可以进行一次检核，允许差数为±3mm。根据前、后视尺的红、黑面读数，分别计算红面高差和黑面高差，两个高差的允许差数为±5mm，这也是一次检核。

表 1.2.2 是用双面尺法进行一条支水准路线的往、返水准测量的记录。从已知水准点 BM. $A$ 测至待定水准点 BM. $B$，所用双面水准尺的零点差为 4787mm。通过测站检核，取往、返测高差总和的平均值，最后计算待定点的高程。

表 1.2.2　　水准测量记录（双面尺法）

| 测站 | 点号 | 水准尺读数 | | 高差 | 平距高差 | 改正后高差 | 高程 |
|---|---|---|---|---|---|---|---|
| | | 后视 | 前视 | | | | |
| ① | BM. $A$ | 1125 | | | | | |
| | | 5911 | (4785) | | | | |
| | TP1 | (4786) | 0876 | +0.249 | | | |
| | | | 5661 | +0.250 | +0.250 | | |
| ② | TP1 | 1318 | | | | | |
| | | 6103 | (4786) | | | | |
| | BM. $B$ | (4785) | 1006 | +0.312 | | | |
| | | | 5792 | +0.311 | +0.312 | +0.565 | 4.253 |
| ③ | BM. $B$ | 0.938 | | | | | |
| | | 5724 | (4786) | | | | |
| | TP2 | (4786) | 1410 | −0.472 | | | |
| | | | 6196 | −0.472 | −0.472 | | |
| ④ | TP2 | 1234 | | | | | |
| | | 6023 | (4790) | | | | |
| | BM. $A$ | (47890) | 1329 | −0.095 | | | |
| | | | 6119 | −0.096 | −0.096 | −0.565 | 3.688 |
| $\sum$后=28.376<br>$\sum$前=28.389<br>$\sum$后−$\sum$前=−0.013<br>$\frac{\sum后-\sum前}{2}$=−0.006 | | | | $\sum h$=<br>−0.013 | $\frac{\sum h}{2}$=<br>−0.006 | | |

### 1.2.5.1.3　水准测量成果整理

水准测量的观测记录需要按水准路线进行成果整理，包括：测量记录和计算的复核，高差闭合差的计算，高差的改正和待定点的高程计算。

1. 高差闭合差计算

(1) 闭合水准路线。如图 1.1.23 (a) 所示，起点和终点为同一水准点（BM. $A$），路线的高差总和理论上应等于零，因此，高差闭合差为

$$f_h = \sum h_{测} \tag{1.2.1}$$

(2) 附合水准路线。如图 1.1.23 (b) 所示，附合水准路线的起点和终点水准点（BM. $A$、BM. $B$）的高程（$H_{始}$、$H_{终}$）为已知，则水准测量的高差总和应等于两个已知点的高差，故其闭合差为

$$f_h = \sum h_{测} - (H_{终} - H_{始}) \tag{1.2.2}$$

(3) 支水准路线。如图 1.1.23 (c) 所示，支水准路线一般需要往返观测，往测高差和返测高差应绝对值相等而符号相反，故支水准路线往、返观测的高差闭合差为

$$f_h = \sum h_{往} + \sum h_{返} \tag{1.2.3}$$

由于测量仪器的精密程度和观测者的分辨能力都有一定的限制，同时还受观测环境的影响，观测值中含有一定范围内的误差是不可避免的。各种水准路线的高差闭合差是水准测量存在观测误差的反映，如果在规定范围内，则认为精度合格，水准测量成果可用；否则，应返工重测，直至符合要求为止。允许的高差闭合差是根据研究误差产生的规律和实际工作需要而制订的。普通水准测量允许的高差闭合差规定为

$$f_{h_{允}}=\pm 40\sqrt{L}(\mathrm{mm}) \tag{1.2.4}$$

式中：$L$ 为水准路线长度，km。

在山地或丘陵地区，当每公里水准路线中安置水准仪的测站数超过 16 站时，允许的高差闭合差可改用下式计算：

$$f_{h_{允}}=\pm 12\sqrt{n}(\mathrm{mm}) \tag{1.2.5}$$

式中：$n$ 为水准路线中的测站数。

2. 高差闭合差的分配和高程计算

当水准路线中的高差闭合差小于允许值时，可以进行高差闭合差的分配、高差改正和高程计算。对于闭合水准路线或附合水准路线，按与距离（或测站数）成正比的原则，将高差闭合差反其符号进行分配，以改正各水准点间的测段的高差，使各测段的高差总和满足理论值，然后按改正后的测段高差计算各待定水准点的高程。对于支水准路线，则取往、返测高差绝对值的平均值，而正负号则取往测高差的符号，作为改正后的高差，见表 1.2.3 中的计算。

图 1.2.2 为某附合水准路线观测成果略图，BM. $A$ 和 BM. $B$ 为高程已知的水准点，BM. 1，BM. 2 和 BM. 3 为高程待定的水准点，箭头线表示水准测量进行的方向，路线上方的数字为观测的测段高差，下方的数字为测段长度。该水准路线的成果整理在表 1.2.3 中进行。按式（1.2.4）计算的高差闭合差为＋37mm，按式（1.2.5）计算的允许高差闭合差为±109mm，闭合差在允许范围内可以进行闭合差的分配；按路线的高差闭合差（反其符号）除以路线总长，得到每公里的高差改正值－5mm/km，乘以各测段长度，得到各测段的高差改正值；按改正后的高差计算各待定水准点的高程。

**表 1.2.3**　　**水准测量成果整理**

| 点号 | 距离（km） | 测段观测高差（km） | 高差改正值（m） | 改正后高差（m） | 高程（m） |
|---|---|---|---|---|---|
| BM. $A$ | | | | | 45.286 |
| | 1.6 | ＋2.331 | －0.008 | ＋2.323 | |
| BM. 1 | | | | | 47.609 |
| | 2.1 | ＋2.813 | －0.011 | ＋2.802 | |
| BM. 2 | | | | | 50.411 |
| | 1.7 | －2.244 | －0.008 | －2.252 | |
| BM. 3 | | | | | 48.159 |
| | 2.0 | ＋1.430 | －0.010 | ＋1.420 | |
| BM. $B$ | | | | | 49.579 |
| Σ | 7.4 | ＋4.430 | －0.037 | ＋4.293 | |

$$\sum h_{理}=H_B-H_A=49.579-45.286=+4.293\ (\mathrm{m})$$

$$f_h=\sum h-(H_B-H_A)=+4.330-4.293=+0.037\mathrm{m}=+37\ (\mathrm{mm})$$

$$f_{h_{允}}=\pm 40\sqrt{L}=\pm 40\sqrt{7.4}=\pm 109\ (\mathrm{mm})$$

$$每公里路线高改正值=\frac{f_h}{L}=\frac{-37}{7.4}=-5\ (\mathrm{mm/km})$$

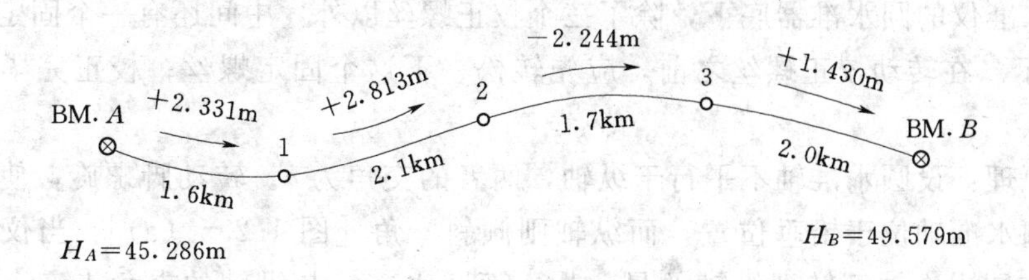


图 1.2.2　附合水准路线观测成果略图

## 1.2.5.2　水准仪的检验和校正

### 1.2.5.2.1　水准仪的轴线及其应满足的条件

水准仪的轴线如图 1.2.3 所示，$CC_1$ 为视准轴，$LL_1$ 为水准管轴，$L'L_1$ 为圆水准轴，$VV_1$ 为仪器旋转轴（纵轴）。进行水准测量时，水准仪的视准轴必须水平，据此在水准尺上读数，才能正确测定两点间的高差，而视准轴的水平是根据水准管气泡居中来判断的。因此，水准仪在装配上应满足水准管轴平行于视准轴这个主要条件。仪器的粗平（纵轴铅垂）是根据圆水准器的气泡居中而判断的，因此，圆水准轴应平行于纵轴。此外，为了能按十字丝的横丝在水准尺上正确读数，横丝应水平，即横丝应垂直于纵轴。

综合以上所述，水准仪的轴线应满足下列条件：

(1) 圆水准轴平行于纵轴（$L'$∥$V$）。

(2) 横丝垂直于纵轴。

(3) 水准管轴平行于视准轴（$L$∥$C$）。

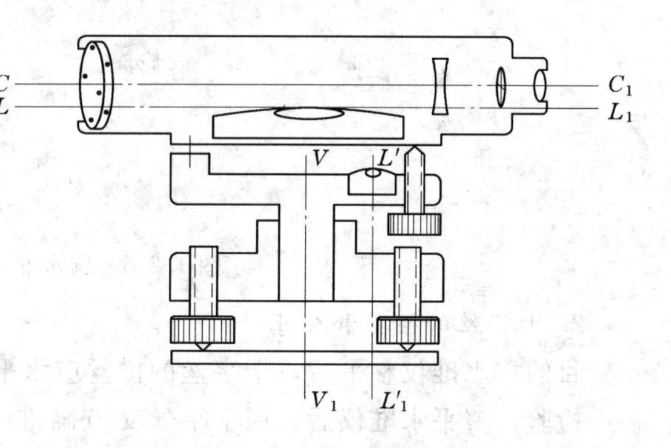


图 1.2.3　水准仪的轴线

### 1.2.5.2.2　水准仪的检验和校正

1. 圆水准器的检验和校正

目的：使圆水准轴平行于纵轴（$L'$∥$V$）。

检验：旋转脚螺旋使圆水准气泡居中［图 1.2.4（a)］，然后将仪器绕纵轴转 180°，如果气泡偏于一边［图 1.2.4（b)］，说明 $L'$不平行于 $V$，需要校正。

校正：转动脚螺旋，使气泡向圆水准中心移动偏距的一半［图 1.2.4（c)］，然后用校正针拨转圆水准底下的三个校正螺丝，使气泡居中［图 1.2.4（d)］。

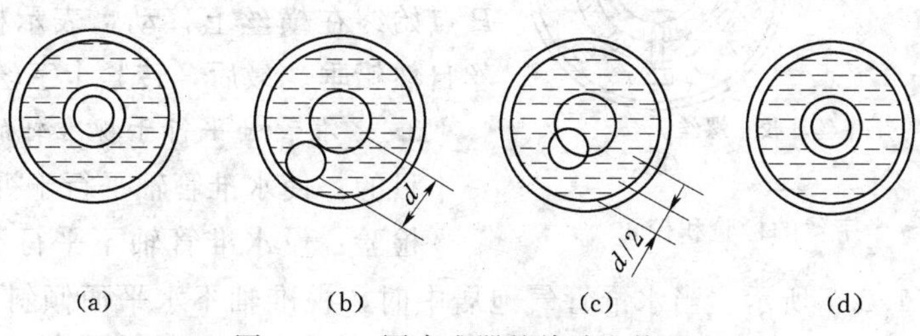


图 1.2.4　圆水准器的检验和校正

某些水准仪的圆水准器底下，除了三个校正螺丝以外，中间还有一个固定螺丝，如图1.1.14所示。在转动校正螺丝之前，应先转松一下这个固定螺丝；校正完毕，再转紧固定螺丝。

校正原理：设圆水准轴不平行于纵轴，两者的交角为$\alpha$。转动脚螺旋，使圆水准气泡居中，则圆水准轴位于铅垂位置，而纵轴则倾斜$\alpha$角［图1.2.5（a）］。当仪器绕纵轴旋转180°后，圆水准轴已转到纵轴的另一边，而圆水准轴与纵轴的夹角未变，故此时圆水准轴相对于铅垂线就倾斜$2\alpha$角［图1.2.5（b）］，气泡偏离中心的距离相应于$2\alpha$的倾角。因为仪器的纵轴相对于铅垂线仅倾斜一个$\alpha$角，所以，旋转脚螺旋使气泡向中心移动偏距的一半，纵轴即处于铅垂位置［图1.2.5（c）］。最后，拨转圆水准器校正螺丝，使气泡居中，则圆水准轴也处于铅垂位置［图1.2.5（d）］，从而达到使圆水准轴平行于纵轴的目的。

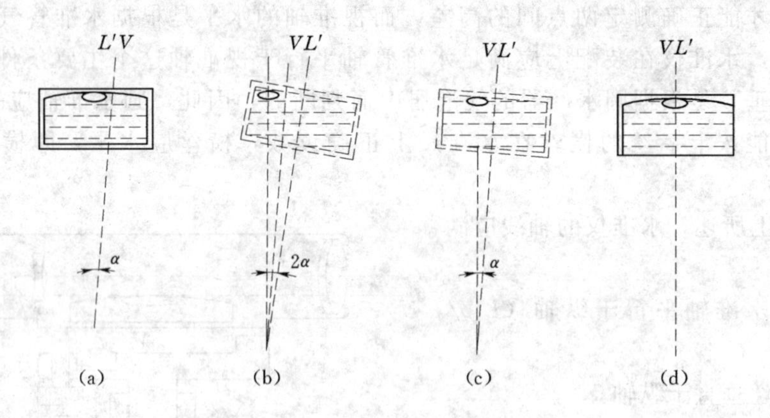


图1.2.5 圆水准器的校正原理

2. 十字丝的检验和校正

目的：水准仪整平后，十字丝的横丝应水平，纵丝应铅垂，即横丝应垂直于纵轴。

检验：整平水准仪后，用十字丝交点瞄准一个清晰目标点$P$［图1.2.6（a）］，转动水平微动螺旋，如果$P$点离开横丝，表示纵轴铅垂时横丝不水平，十字丝的位置需要校正。

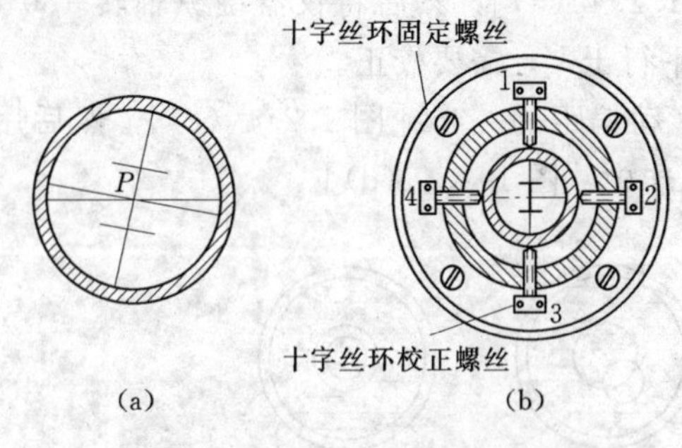


图1.2.6 十字丝的检验和校正

校正：旋下目镜处的十字丝环外罩，用螺丝刀旋松开十字丝环的4个固定螺丝［图1.2.6（b）］，按横丝倾斜的反方向转动十字丝环，再进行检验。如果转动水平微动螺旋时，$P$点始终在横丝上移动，表示横丝已水平，纵丝自然铅垂。最后，转紧十字丝环固定螺丝。

3. 水准管轴平行于视准轴的检验和校正

目的：使水准管轴平行于视准轴（$L/\!/C$）。

检验：设水准管轴不平行于视准轴，两者交角为$i$，如图1.2.7所示。当水准管气泡居中时，视准轴不水平而倾斜$i$角。由此在水准尺上引起的读数误差与距离成正比。当仪器至前、后视距离相等时，则在两支尺上的读

数误差 $z$ 也相等，因此，对两点间的高差计算无影响。前、后视距离相差越大，则 $i$ 角影响也越大。水准管轴不平行于视准轴的误差称为水准仪的“$i$ 角误差”。

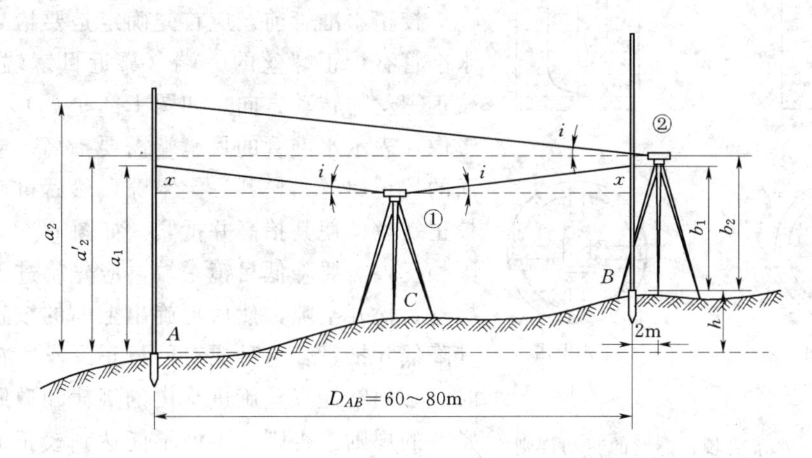


图 1.2.7　水准管轴平行于视准轴的检验

检验时，在平坦地面上选定相距约 60～80m 的 $A$，$B$ 两点，打木桩或放置尺垫，竖立水准尺。在第一个测站，将水准仪安置于 $A$，$B$ 的中点 $C$，精平仪器后，分别读取 $A$，$B$ 点上水准尺的读数 $a'_1$ 和 $b'_1$；改变水准仪高度 10cm 以上，再次读取两水准尺的读数 $a''_1$ 和 $b''_1$。两次计算 $A$，$B$ 的高差，对于 DS3 级水准仪，其差值如果不大于 5mm，则取其平均值，作为 $A$，$B$ 两点间不受 $i$ 角影响的正确高差：

$$h_1=\frac{1}{2}[(a'_1-b'_1)+(a''_1-b''_1)] \tag{1.2.6}$$

将仪器搬到离 $B$ 点相距约 2m 处的第二个测站，精平仪器后，分别读取 $A$，$B$ 点水准尺的读数 $a_2$ 和 $b_2$，再次测得 $A$，$B$ 间高差 $h_2=a_2-b_2$。对于 DS3 级水准仪，如果 $h_2$ 与 $h_1$ 的差值不大于 5mm，则可以认为水准管轴平行于视准轴。否则，按下列算式计算第二个测站上视准轴水平时的 $A$ 尺应有读数 $a'_2$ 及水准管轴与视准轴的交角 $i$：

$$a'_2=h_1+b_2$$

$$i=\frac{|a_2-a'_2|}{D_{AB}}\rho'' \tag{1.2.7}$$

式中：$D_{AB}$ 为 $A$，$B$ 两点的距离。

校正：对于 DS3 级水准仪，当 $i>20''$ 时，需要进行水准管轴平行于视准轴的校正。校正的方法有以下两种：

(1) 校正水准管。在第二个测站上，转动微倾螺旋，使横丝在 $A$ 尺上的读数从 $a_2$ 移到 $a'_2$，此时，视准轴已水平，而水准管气泡不居中。用校正针拨转水准管位于目镜一端的上、下两个校正螺丝，如图 1.2.8 所示，使水准管气泡两端的影像符

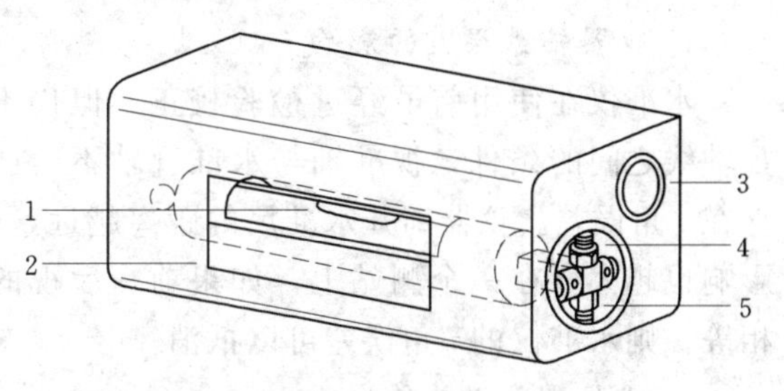


图 1.2.8　水准管校正螺丝

1—水准管；2—水准管照明窗；3—气泡观察窗；4—上校正螺丝；5—下校正螺丝

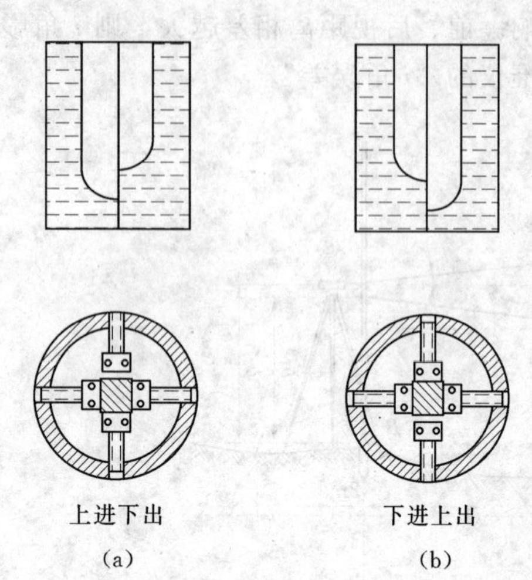

图 1.2.9 水准管校正螺丝的转动规则

合（居中）。此时，水准管轴也处于水平位置，满足 $L/\!/C$ 的条件。

校正水准管前，应首先确定是要抬高还是降低水准管有校正螺丝的一端（靠近目镜端），以决定校正螺丝的转动方向。如图 1.2.9（a）所示的气泡影像，表示水准管的目镜端需要抬高；应先旋进上面的校正螺丝，松开一定空隙，然后再旋出下面的校正螺丝，使其抬高并抵紧。如图 1.2.9（b）所示则相反，需要降低目镜一端，应先旋进下面的校正螺丝，松开空隙，然后再旋出上面的校正螺丝，使其降低并抵紧。这种成对的校正螺丝，在进行校正时，必须掌握螺丝旋进旋出的规律和遵照“先松后紧”的规则。否则，不但不能达到校正的目的，而且容易损坏校正螺丝。

（2）校正十字丝。在第二个测站上，使水准管气泡保持居中，水准管轴水平。旋下十字丝环外罩，转动十字丝环的上、下两个校正螺丝（图 1.2.6 中之 1 和 3），十字丝就会上、下移动，使横丝对准 $A$ 尺上的正确读数 $a'_2$，使视准轴水平，满足 $L/\!/C$ 的条件。

用校正针转动十字丝校正螺丝前，必须先看清是需要抬高横丝还是降低横丝，并遵照“先松后紧”的规则转动校正螺丝。例如，如需要抬高横丝，则先旋出上面的校正螺丝松开一定空隙，然后旋进下面的校正螺丝，使十字丝环抬高并抵紧。

对于自动安平水准仪，检验的方法是相同的，但目的和条件应该为：“水准仪粗平，瞄准视线应水平”。但不能校正补偿器而只能校正构成视准轴的十字丝。一种自动安平水准仪的十字丝校正设备如图 1.2.10 所示，靠近目镜端的望远镜筒内装有十字丝环，下面有一弹簧筒，上面的校正螺丝将十字丝环压紧。转动校正螺丝，就可以使十字丝环上下移动，对准 $A$ 尺上的应有读数，以达到仪器粗平后视准轴水平的目的。

不论用哪一种方法校正，校正后还必须进行一次检验，以保证水准仪这一主要轴线条件得到满足。同时应注意：校正完毕，校正螺丝不应松动，而应处于旋紧状态。

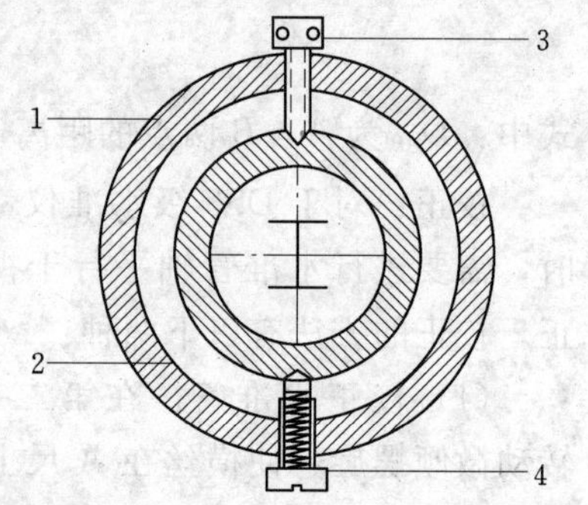

图 1.2.10 自动安平水准仪的十字丝校正设备

1—望远镜筒；2—十字丝环；3—十字丝校正螺丝；4—弹簧筒

**1.2.5.3** 水准测量的误差分析

1. 仪器轴系误差的影响

水准仪在使用前虽经过检验校正，但仍不能严格满足轴线之间的条件，视准轴与水准管轴不会严格平行而存在 $i$ 角误差。仪器离开水准尺的距离越远，$i$ 角误差的影响也越大。在一个测站上，如果前、后视的距离大致相等，则水准仪的 $i$ 角误差可以抵消。

2. 仪器置平误差的影响

在水准尺上读数时，水准仪的视准轴应处于水平位置。如果精平仪器时水准管气泡没有精确居中，则视准

轴有一个微小的倾角，从而引起读数误差；这种误差是偶然性的，在前、后视读数中不会相同，因此，这种误差在高差计算中不可能抵消。

设水准管分划值 $\tau=20''/2\text{mm}$，水准尺离仪器100m，如果水准管气泡偏离居中0.5格，则由于气泡不居中而引起的读数误差为

$$\frac{0.5\times 20}{206265}\times 100\times 10^{3}=5(\text{mm})$$

限制这种误差的方法只能是在每次读尺前仔细进行精平操作，使水准管气泡严格居中。自动安平水准仪不仅操作方便，在避免仪器置平误差方面也有其优点。

3. 仪器下沉的影响

水准仪的下沉由于安置仪器处的地面土壤松软，或三脚架未与地面踩实，使仪器在测站上随安置时间的增加而下沉。水准仪下沉使在水准尺上的读数偏小。消除这种误差的方法是：将水准仪安置在较坚实的地面上，并将脚架踩实；加快一测站的观测速度，尽量缩短前、后视读尺的时间；在每一测站上两次测定高差时，瞄准和读数的次序采用“后—前—前—后”的观测次序。

4. 水准尺倾斜和下沉的影响

在水准仪瞄准水准尺进行读数时，水准尺必须竖直。如果水准尺在仪器视线方向倾斜，则观测者不容易发觉。水准尺的倾斜总是使读数增大，视线越高，水准尺倾斜对读数的影响越大。在水准尺上安装圆水准器，立尺时，保持气泡居中，可以保证水准尺的竖直，如果尺上没有安装圆水准器，可以采用“摇尺法”：在对水准尺读数时，将尺子缓缓向前后作少许摇动，尺上读数也回缓缓改变，观测者读取最小读数，即为尺子竖直时的读数。

水准尺的下沉使读数增大。下沉发生在临时性的转点上，一般由于地面松软而不用尺垫或虽用尺垫而未将地面踩实。注意到这些情况，可以避免水准尺的下沉。

5. 外界环境的影响

(1) 日光和风力影响。当日光照射到水准仪时，由于仪器各部件受热不均匀，引起不规则的膨胀，影响到仪器轴线的正确关系，使产生仪器误差。因此，要求较高的水准测量，对水准仪应撑伞防晒。在风力大至影响水准仪的安置稳定时，例如，水准管气泡不能精平或水准尺成像晃动时，应停止观测。

(2) 大气折光影响。在日光照射下，地面温度较高，靠近地面的空气温度也相应较高。其密度较上层为稀，空气上下对流加剧，光线通过时产生折射，在望远镜中影响对水准尺的读数。越靠近地面，其影响也越大。普通水准测量规定，瞄准水准尺的视线必须高出地面0.2m以上，就是为了减少大气折光的影响。

### 1.2.6　职业活动训练

(1) 组织学生利用附合水准路线、闭合水准路线进行待求点高程测量实训。

(2) 组织学生进行水准仪检验、校正实训。

# 学习情境2　角　度　测　量

## 学习单元2.1　角度测量的基本知识与经纬仪

### 2.1.1　学习目标

（1）会识别不同类型经纬仪及其构造。

（2）会识读水平角和竖直角。

（3）会操作经纬仪。

### 2.1.2　学习任务

（1）能正确的描绘水平角和竖直角。

（2）能够按经纬仪各部件的作用规范操作经纬仪。

### 2.1.3　学习内容

（1）水平角和竖直角的概念。

（2）经纬仪的构造。

（3）经纬仪对中整平的方法、要求与注意事项。

### 2.1.4　任务描述

了解角度测量的原理和经纬仪的类型，掌握经纬仪各部件的名称及作用，掌握经纬仪安置的方法与要领。

### 2.1.5　任务实施

#### 2.1.5.1　水平角和竖直角观测原理

角度测量是确定地面点位时的基本测量工作之一，分为水平角观测和竖直角观测。前者用于测定平面点位，后者用于测定高程或将倾斜距离化为水平距离，角度测量的仪器是经纬仪，它可以用于测量水平角和竖直角。

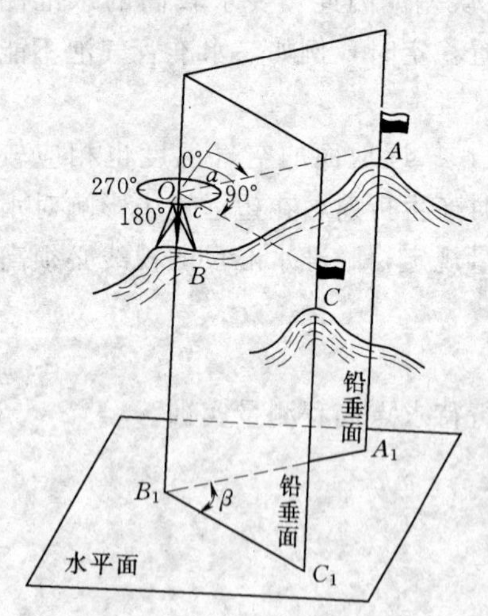

图2.1.1　地面点间的水平角

1. 水平角观测原理

水平角是空间两相交直线在水平面上的投影所构成的角度。如图2.1.1所示，$A$、$B$、$C$为地面上任意三点，连线$BA$、$BC$沿铅垂线方向投影到水平面$H$上，得到相应的$A_1$、$B_1$、$C_1$点，则$B_1A_1$与$B_1C_1$的夹角$\beta$即为地面$A$、$B$、$C$三点在$B$点的水平角。也就是分别包含$BA$、$BC$方向的两铅垂面之间的两面角。

为了测定水平角，在角顶点$B$的铅垂线上安置一架经纬仪。仪器有一个能水平安置的刻度圆盘——水平度盘，度盘上有0°～360°的刻度，其中心位于测站的铅垂线上。经纬仪的望远镜不但可以在水平方向旋转，还可以在铅垂面内旋转，通过望远镜分别瞄准高低不同的

目标 $A$ 和 $C$，在水平度盘上的读数分别为 $a$ 和 $c$，则水平角 $\beta$ 为这两个读数之差，即

$$\beta = c - a \tag{2.1.1}$$

2. 竖直角观测原理

在同一铅垂面内，某方向的视线与水平线的夹角称为竖直角 $\alpha$（又称为竖直角或高度角），角值范围为 0°～±90°，0°为水平线。瞄准目标的视线在水平线之上称为仰角，角值为正；瞄准目标的视线在水平线之下称为俯角，角值为负，如图 2.1.2 所示，视线与向上的铅垂线之间的夹角 $z$ 称为天顶距，角值范围为 0°～180°。$Z$=90°为水平线，$Z$<90°为仰角，$Z$>90°为俯角。竖直角与天顶距的关系为

$$\alpha = 90° - Z \tag{2.1.2}$$

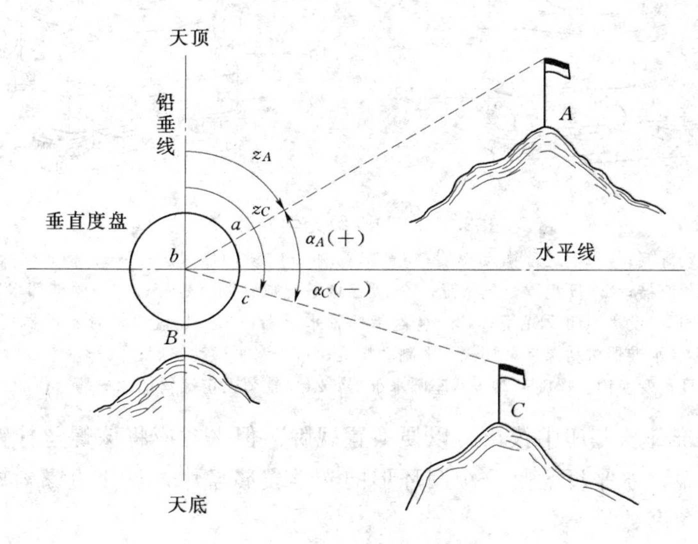


图 2.1.2 竖直角

为了测定竖直角或天顶距，经纬仪还需要在铅垂面内装有垂直度盘（简称竖盘），望远镜瞄准目标后，可以在竖盘上读数。竖直角（或天顶距）的角值也应是两个方向在度盘上的读数之差，但其中一个是水平（或铅垂）方向，其应有读数为 0°或 90°的倍数，因此观测竖直角或天顶距时，只要瞄准目标，读出竖盘读数，即可算出竖直角度值。

**2.1.5.2 DJ6 级光学经纬仪的结构与度盘读数**

国产光学经纬仪按精度划分的型号有：DJ07、DJ1、DJ2、DJ6、DJ30，其中 D、J 分别为“大地测量”和“经纬仪”汉语拼音的第一个字母，07、1、2、6、30 分别为该仪器一个测回方向观测中误差的秒数。

1. DJ6 级光学经纬仪的结构

根据控制水平度盘转动方式的不同，DJ6 级光学经纬仪又分为方向经纬仪和复测经纬仪。地表测量中常使用方向经纬仪，复测经纬仪主要应用于地下工程测量，图 2.1.3 是西安光学仪器厂生产的 DJ6 级方向光学经纬仪，各部件名称见图中的注记。一般将光学经纬仪分解为基座、水平度盘和照准部三部分，如图 2.1.4 所示。

（1）基座。基座上有三个脚螺旋，一个圆水准气泡，用来粗平仪器。水平度盘旋转轴套在竖轴套外围，拧紧轴套固定螺丝，可将仪器固定在基座上；旋松该螺旋，可将经纬仪

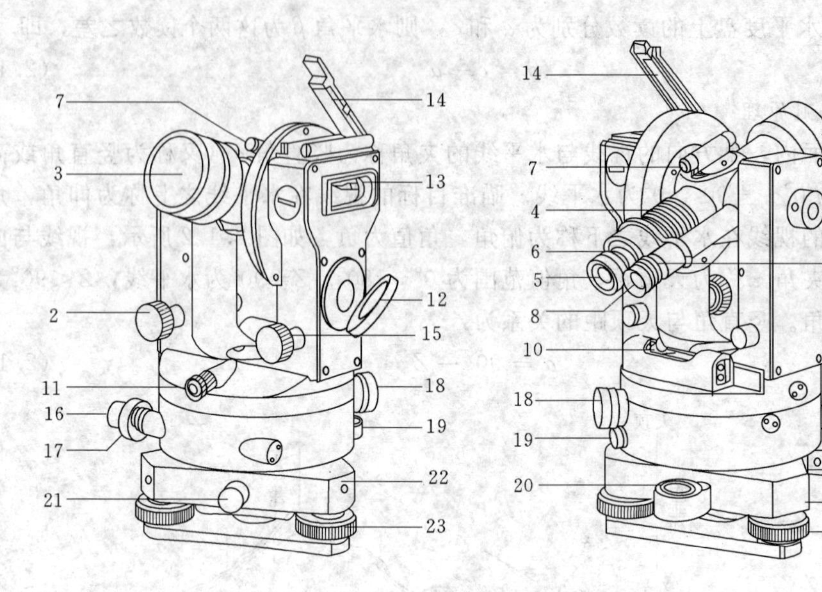


图 2.1.3 DJ6 级光学经纬仪

1—望远镜制动螺旋；2—望远镜微动螺旋；3—物镜；4—物镜调焦螺旋；5—目镜；6—目镜调焦螺旋；7—光学粗瞄器；8—度盘读数显微镜；9—度盘读数显微镜调焦螺旋；10—照准部水准器；11—光学对中器；12—度盘照明反光镜；13—竖盘指标管水准器；14—竖盘指标管水准器观察反射镜；15—竖盘指标管水准器微动螺旋；16—水平制动螺旋；17—水平微动螺旋；18—水平度盘变换螺旋；19—水平度盘变换锁止螺旋；20—基座圆水准器；21—轴套固定螺丝；22—基座；23—脚螺旋

水平度盘连同照准部从基座中拔出，以便换置觇牌。但平时应将该螺丝拧紧。

(2) 水平度盘。水平度盘是一个圆环形的光学玻璃盘片，盘片边缘刻划并按顺时针注记有 0°～360°的角度数值。

(3) 照准部。照准部是指水平度盘之上，能绕其旋转轴旋转的全部部件的总称，它包括竖轴、U 形支架、望远镜、横轴、竖盘、管水准器、竖盘指标管水准器和读数装置等。

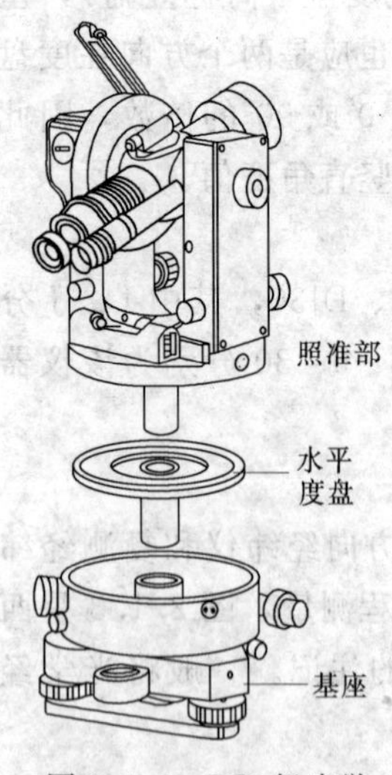


图 2.1.4 DJ6 级光学经纬仪的结构

照准部的旋转轴称为竖轴，竖轴插入基座内的竖轴轴套中旋转；照准部在水平方向的转动由水平制动、水平微动螺旋控制，望远镜在纵向的转动由望远镜制动及其微动螺旋控制；竖盘指标管水准器的微倾运动由竖盘指标管水准器微动螺旋控制；照准部上的管水准器，用于精平仪器。

水平角测量需要旋转照准部和望远镜依次瞄准不同方向的目标并读取水平度盘的读数，在一测回观测过程中，水平度盘是固定不动的。但为了角度计算的方便，在观测开始之前，通常将起始方向（称为零方向）的水平度盘读数配置为 0°左右，这就需要有控制水平度盘转动的部件。介绍以下两种控制水平度盘转动的结构：

1) 水平度盘变换螺旋；如图 2.1.3 所示，使用方向经纬仪时，先顺时针旋开水平度盘变换锁止螺旋，再将水平度盘变换螺

旋推压进去，旋转该螺旋即可带动水平度盘旋转。完成水平度盘配置后，松开手，螺旋自动弹出，逆时针旋关水平度盘变换锁止螺旋。

2）复测装置：如图2.1.5所示，复测经纬仪是用复测扳手代替水平度盘变换螺旋来控制水平度盘的转动。整个复测装置固定在照准部外壁上，复测盘与水平度盘连接在一起，转动复测盘可带动水平度盘旋转。

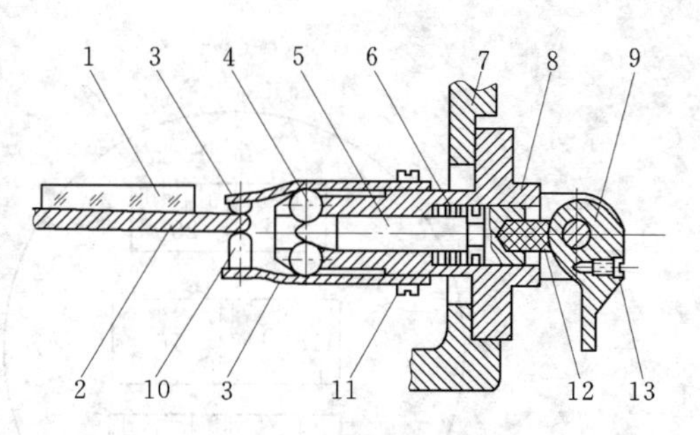


图2.1.5 水平度盘复测装置

1—水平度盘；2—复测盘；3—簧片；4—滚珠；5—顶轴；6—弹簧片；7—照准部外壁；8—复测卡座；9—复测扳手；10—铆钉；11—簧片固定螺丝；12—垫块；13—复测扳手紧固螺丝

复测扳手是一偏心凸轮，当拨下复测扳手时，顶轴向右弹出，簧片夹紧复测盘，此时，转动照准部将带动水平度盘一起旋转，照准部转动时，读数显微镜中的水平度盘读数不变；当拨上复测扳手时，顶轴向左推进，扩张簧片使其脱离复测盘，照准部转动时就不带动水平度盘一起旋转。

2. DJ6级光学经纬仪的读数装置和读数方法

光学经纬仪的水平度盘和竖直度盘分划线通过一系列棱镜和透镜，成像于望远镜旁的读数显微镜内，观测者用显微镜读取度盘上的读数。各种光学经纬仪因读数设备不同，读数方法也不一样，读数装置分为测微尺读数、单平板玻璃读数和附合读数。其中测微尺读数、单平板玻璃读数一般用于DJ6经纬仪，附合读数装置一般用于DJ2以上精度的经纬仪。

（1）测微尺读数装置及其读数法 如图2.1.6所示，在读数显微镜中可以看到两个读数窗：注有“H”（或“水平”）的是水平度盘读数窗；注有“V”（或“竖直”）的是竖直度盘读数窗。每个读数窗上刻有分成60小格的测微尺，其长度等于度盘间隔1°的两分划线之间的影像宽度，因此测微尺上一格的分划值为1′，可估读到0.1′。测微尺上的零分划线为读取度盘读数的指标线。

读数时，先调节读数显微镜目镜，使能清晰地看到读数窗内度盘的影像。然后读出位于测微尺中的度盘分划线的注记度数，再以度盘分划线为指标，在测微尺上读取不足度盘分划值的分数，并估读秒数，两者相加即得度盘读数。图2.1.6中，水平度盘读数为272°05′00″，竖直度盘读数为64°56′24″。

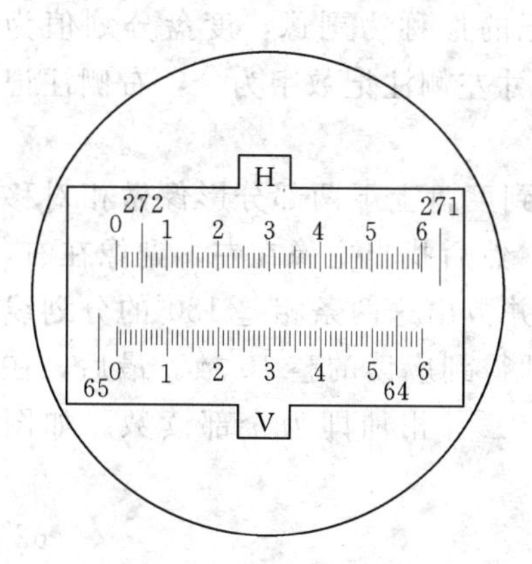


图2.1.6 测微尺读数装置

（2）单平板玻璃测微器及其读法。图2.1.7为单平板玻璃测微器读数窗的影像。下面为水平度盘读数窗，中间为竖直度盘读数窗，上面为两个度盘合用的测微尺读数窗，水平度盘与竖直度盘的分划值为30′，测微尺共分为30大格，一大格又分为三个小格，当度盘分划线影像移动30′间隔时，测微尺转动30大格，因此测微尺上每大格为1′，每小格为20″。

读数时，先要转动测微轮，使度盘分划线精确地移

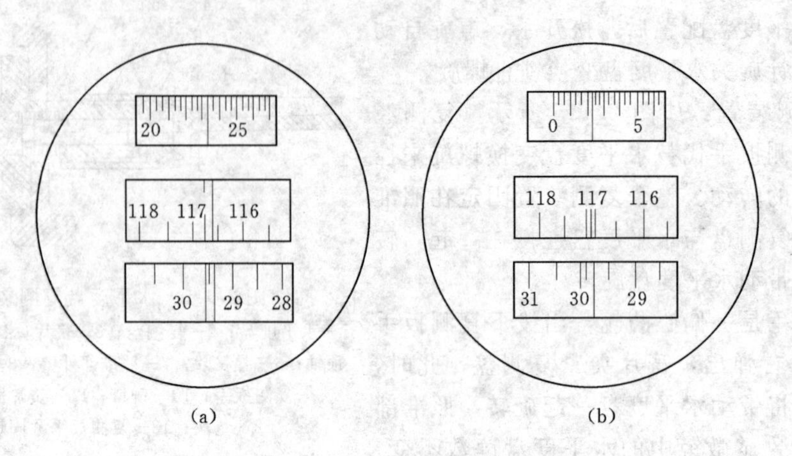


图 2.1.7 单平板玻璃测微器读数窗

动到双指标线的中间，然后读出该分划线的度数，再利用测微尺上的单指标线读出分数和秒数，两者相加即得度盘读数。图 2.1.7（a）中的水平度盘读数为 29°53′20″，图 2.1.7（b）中的竖直度盘读数为 117°02′10″。

（3）附合读数装置 DJ2。经纬仪一般采用附合读数装置，图 2.1.8 为其读数显微镜中所看到的影像。大读数窗为度盘读数窗，小读数窗为测微尺读数窗。

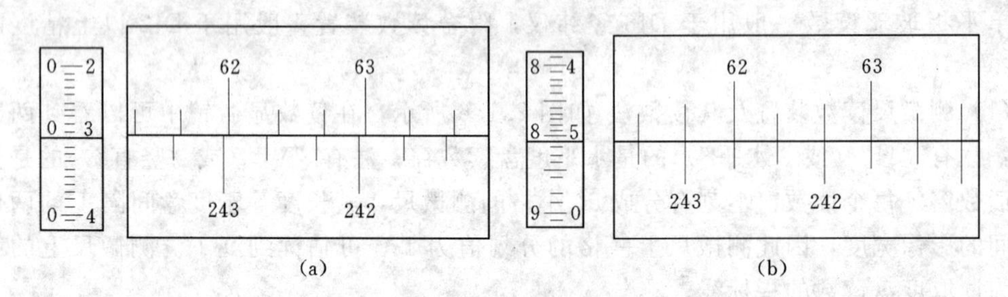


图 2.1.8 读数显微镜影像

这种读数装置，通过一系列光学部件的作用，将度盘直径两端分划线的影像同时反映到读数窗内，其中，正字注记的像称为主像，倒字注记的像称为副像，度盘分划值为 20′。小读数窗中间的横线为测微尺读数指标线，测微尺寸左侧注记数字为分，右侧注记数字为秒，可直接读到 1″。

读数时先转动测微轮，这时在读数显微镜中可以看到度盘上下两部分影像做相对移动，直至主、副像分划线精确地重合，如图 2.1.8（b），然后找出主像在左，副像在右，且度数相差 180°的一对度盘分划线，按主像读数度数，并数出这两条相差 180°的分划线之间的格数，将此格数乘上度盘分划值的一半（10′），即得到应读的整 10′数。最后，在小读数窗中，利用横指标线读取不足 10′的分、秒数，三者相加即为全部读数。如图 2.1.8（b）读数：

度盘读数　　62°

度盘的整 10′数　　2×10′=20′

测微尺的分秒数　　8′51″

全部读数　　62°28′51″

为了简化读数，目前生产的 DJ2 级光学经纬仪有的采用了数字化读数装置。如图 2.1.9 所示，上部读数窗中数字为度数，读数窗下突出小方框中所注数字为整 10′数，左下方为测微尺读数窗。

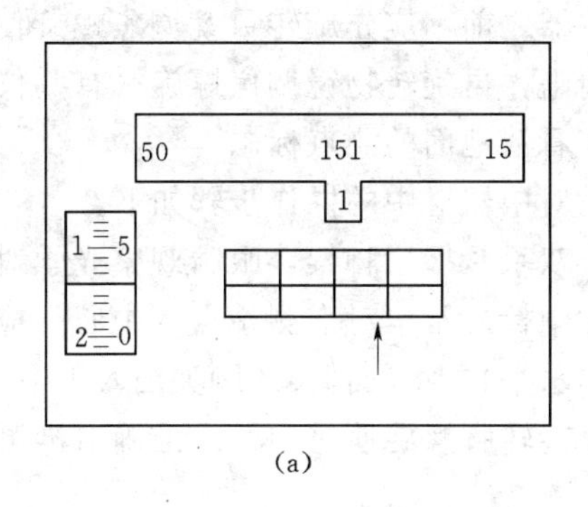


(a)

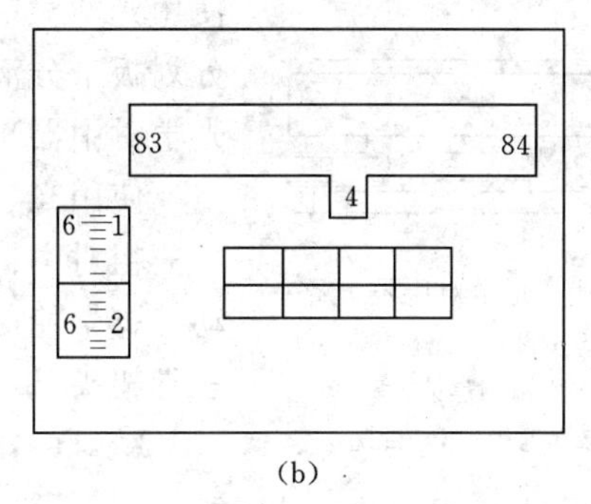


(b)

图 2.1.9　DJ2 级光学经纬仪数字化读数装置

读数时转动测微轮，使读数窗中的主、副像分划线重合，然后在上部读数窗中读出左方或中央的度数，在小方框中读出整 10′数，在测微尺读数窗内读出分、秒数。

图 2.1.9（a）中读数为 151°11′54″，图 2.1.9（b）中读数为 83°46′16″。

### 2.1.5.3　经纬仪的使用

1. 经纬仪的安置

经纬仪的安置包括对中和整平，其目的是使仪器竖轴位于过测站点的铅垂线上，水平度盘和横轴处于水平位置，竖盘位于铅垂面内。操作时要注意，对中影响整平，整平影响对中。

整平分粗平和精平。粗平是通过伸缩脚架腿或旋转脚螺旋使圆水准气泡居中，其规律是圆水准气泡向伸高脚架腿一侧移动，或圆水准气泡移动方向与用左手大拇指或右手食指旋转脚螺旋的方向一致；精平是通过旋转脚螺旋使水管水准气泡居中，要求将管水准器轴分别旋至相互垂直的两个方向上使气泡居中，其中一个方向应与任意两个脚螺旋中心连线方向平行。如图 2.1.10 所示，旋转照准部至图 2.1.10（a）的位置，旋转脚螺旋 1 或 2 使管水准气泡居中；然后旋转照准部至图 2.1.10（b）的位置，旋转脚螺旋 3 使管水准气泡居中，最后还要将照准部旋回至图 2.1.10（a）的位置，察看管水准气泡的偏离情况，如果仍然居中，则精平操作完成，否则还需按前面的步骤再操作一次。

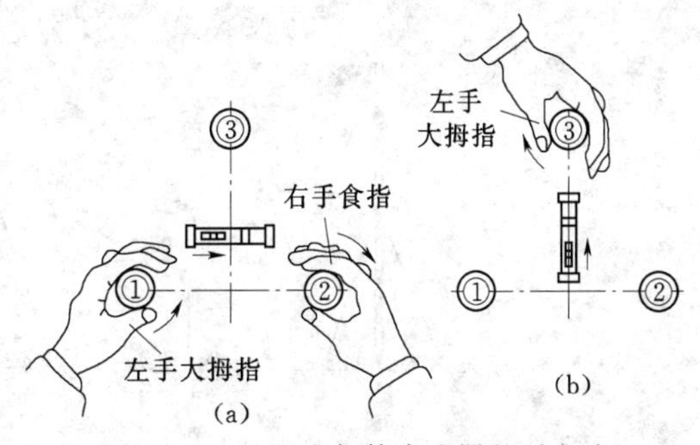


图 2.1.10　照准部管水准器整平方法

经纬仪安置的操作步骤是：打开三脚架腿，调整好其长度使脚架高度适合于观测者的高度，张开三脚架，将其安置在测站上，使架头大致水平，从仪器箱中取出经纬仪放置在三脚架头上，并使仪器基座中心基本对

齐三脚架头的中心，旋紧连接螺旋后，即可进行对中整平操作。

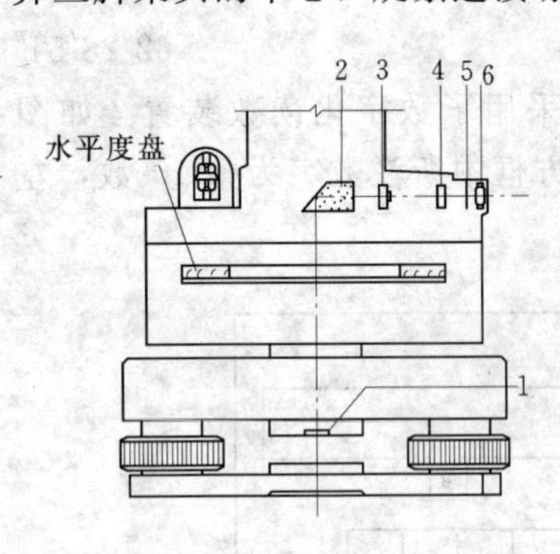


图 2.1.11　光学对中器光路

1—保护玻璃；2—反光棱镜；3—物镜；4—物镜调焦镜；5—对中标志分划板；6—目镜

对中分为光学对中和垂球对中，光学对中的精度比垂球对中的精度高，现在主要用光学对中。光学对中器也是一个小望远镜，如图 2.1.11 所示。它由保护玻璃、反光棱镜、物镜、物镜调焦镜、对中标志分划板和目镜组成，使用光学对中器之前，应先旋转目镜调焦螺旋使对中标志分划板十分清晰，再旋转物镜调焦螺旋（有些仪器是拉伸光学对中器）看清地面的测点标志。

使用光学对中器对中的操作步骤如下。

粗对中：双手紧握三脚架，眼睛观察光学对中器，移动三脚架使对中标志基本对准测站点的中心（应注意保持三脚架头基本水平），将三脚架的脚尖插入土中。

精对中：旋转脚螺旋使对中标志准确对准测站点的中心，光学对中的误差应小于 1mm。

粗平：伸缩脚架腿，使圆水准气泡居中。

精平：转动照准部，旋转脚螺旋，使管水准气泡在相互垂直的两个方向上居中，精平操作会略微破坏前已完成的对中关系。

再次精对中：旋松连接螺旋，眼睛观察光学对中器，平移仪器基座（注意，不要有旋转运动），使对中标志准确对准测站点标志，拧紧连接螺旋。旋转照准部，在相互垂直的两个方向检查照准部管水准气泡的居中情况。如果仍然居中，则仪器安置完成，否则应从上述的精平开始重复操作。

2. 瞄准和读数

测角时的照准标志，一般是竖立于测点的标杆、测钎、用三根竹杆悬吊垂球的线或觇牌，如图 2.1.12 所示，测量水平角时，以望远镜的十字丝竖丝瞄准照准标志。望远镜瞄准目标的操作步骤如下：

(1) 目镜对光：松开望远镜制动螺旋和水平制动螺旋，将望远镜对向明亮的背景（如白墙、天空等，注意不要对着太阳），转动目镜使十字丝清晰。

(2) 粗瞄目标：用望远镜上的粗瞄器瞄准目标，旋紧制动螺旋，转动物镜调焦螺旋使目标清晰，旋转水平微动螺旋和望远镜微动螺旋，精确瞄准目标。可用十字丝纵丝的单线

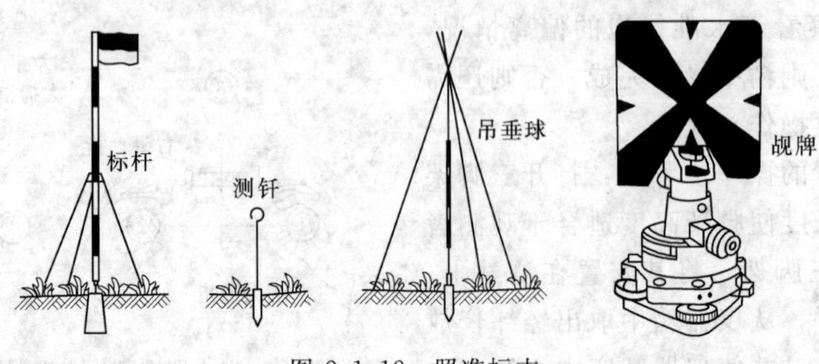


图 2.1.12　照准标志

平分目标，也可用双线夹住目标，如图 2.1.13 所示。

（3）读数：读数时先打开度盘照明反光镜，调整反光镜的开度和方向，使读数窗亮度适中，旋转读数显微镜的目镜使刻划线清晰，然后读数。

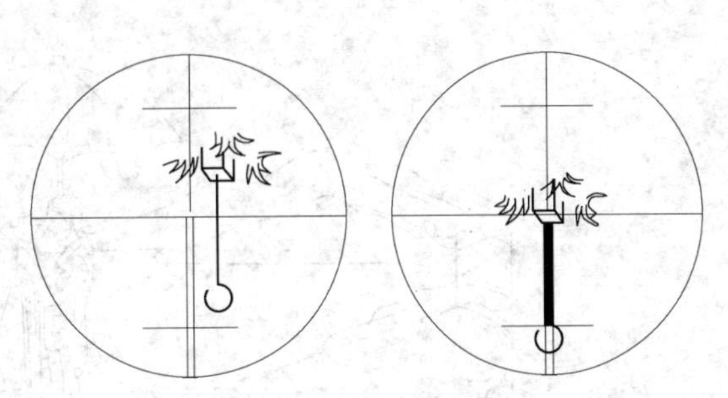

图 2.1.13　水平角测量瞄准照准标志的方法

### 2.1.6　职业活动训练

（1）组织学生认识经纬仪的构造。

（2）组织学生进行经纬仪操作方法实训。

## 学习单元 2.2　角度测量方法和注意事项

### 2.2.1　学习目标

（1）会识读和填算角度测量的表格。

（2）会操作经纬仪测水平角和竖直角。

（3）会判别角度测量的精度。

（4）会检校经纬仪。

### 2.2.2　学习任务

（1）能规范的使用经纬仪测水平角和竖直角。

（2）能规范的填算角度测量表格。

（3）能按规范评价角度测量的精度。

（4）能进行经纬仪的常规检校。

### 2.2.3　学习内容

（1）测回法和方向观测法观测水平角。

（2）竖直角的观测与计算。

（3）经纬仪的常规检验与校正。

（4）角度测量的误差来源与注意事项。

### 2.2.4　任务描述

了解水平角和竖直角观测与仪器构造之间的关系，掌握水平角和竖直角测量的方法步骤和要求，掌握角度测量的精度评定，掌握经纬仪的常规检校方法，理解角度测量的误差源与注意事项。

### 2.2.5　任务实施

#### 2.2.5.1　水平角测量方法

常用水平角观测方法有测回法和方向观测法。

1. 测回法

测回法用于观测两个方向之间的单角。如图 2.2.1 所示，在测量 $BA$、$BC$ 两方向间的水平角 $\beta$，在 $B$ 点安置好经纬仪后，观测 $\angle ABC$ 一测回的操作步骤如下：

图 2.2.1　测回法观测水平角

(1) 盘左（竖盘在望远镜的左边，也称正镜）瞄准目标点 $A$，旋开水平度盘变换锁止螺旋，将水平度盘读数配置在0°左右，检查瞄准情况后读取水平度盘读数如 0°06′24″，记入表 2.2.1 的相应栏内。

$A$ 点方向称为零方向，由于水平度盘是顺时针注记，因此选取零方向时，一般应使另一个观测方向的水平度盘读数大于零方向的读数。

(2) 旋转照准部，瞄准目标点 $C$，读取水平度盘读数如 111°46′18″记入表 2.2.1 的相应栏内。计算正镜观测的角度值为 111°46′18″－0°06′24″＝111°39′54″，称为上半测回角值。

(3) 纵转望远镜为盘右位置（竖盘在望远镜的右边，也称倒镜）旋转照准部，瞄准目标点 $C$，读取水平度盘读数如 291°46′36″，计入表 2.2.1 的相应栏内。

**表 2.2.1**　　**水平角读数观测记录（测回法）**

| 测站 | 目标 | 竖盘位置 | 水平度盘读数（°　′　″） | 半测回角值（°　′　″） | 一测回角值（°　′　″） | 各测回平均角值（°　′　″） |
|---|---|---|---|---|---|---|
| 一测回 $B$ | $A$ | 左 | 0　06　24 | 111　39　54 | 111　39　51 | 111　39　52 |
| | $C$ | | 111　46　18 | | | |
| | $A$ | 右 | 180　06　48 | 111　39　48 | | |
| | $C$ | | 291　46　36 | | | |
| 二测回 $B$ | $A$ | 左 | 90　06　18 | 111　39　48 | 111　39　54 | |
| | $C$ | | 201　46　06 | | | |
| | $A$ | 右 | 270　06　30 | 111　40　00 | | |
| | $C$ | | 21　46　30 | | | |

(4) 旋转照准部瞄准目标点 $A$，读取水平度盘读数如 180°06′48″，计入表 2.2.1 的相应栏内，计算倒镜观测的角度值为 291°46′36″－180°06′48″＝111°39′48″，称为下半测回角值。

(5) 计算检核：计算出上、下半测回角度值之差为 111°39′54″－111°39′48″＝6″，小于限差值±40″时取上下半测回角度值的平均值作为一测回角度值。

《城市测量规范》没有给出测回法半测回角差的容许值，根据图根控制测量的测角中

误差为±20″，一般取中误差的两倍作为限差，即为±40″。

当测角精度要求较高时，一般需要观测几个测回，为了减小水平度盘分划误差的影响，各测回间应根据测回数 $n$，以 $180°/n$ 为增量配置水平度盘。

表 2.2.1 为观测两测回，第二测回观测时，$A$ 方向的水平度盘应配置为 90°左右。如果第二测回的半测回角差符合要求，则取两测回角值的平均值作为最后结果。

2. 方向观测法

当测站上的方向观测数不小于 3 时，一般采用方向观测法。如图 2.2.2 所示，测站点为 $O$，观测方向有 $A$、$B$、$C$、$D$ 4 个。在 $O$ 点安置仪器，在 $A$、$B$、$C$、$D$ 4 个目标中选择一个标志十分清晰的点作为零方向。以点 $A$ 为零方向时的一测回观测操作步骤如下。

(1) 上半测回操作：盘左瞄准 $A$ 点的照准标志，将水平度盘读数配置在 0°左右（称 $A$ 点方向为零方向），检查瞄准情况后读取水平度盘读数并记录。松开制动螺旋，顺时针转动照准部，依次瞄准 $B$、$C$、$D$ 点的照准标志进行观测，其观测顺序是 $A \to B \to C \to D \to A$，最后返回到零方向 $A$ 的操作称为上半测回归零，两次观测零方向 $A$ 的读数之差称为归零差。规范规定，对于 DJ6 经纬仪，归零差不应大于 18″。

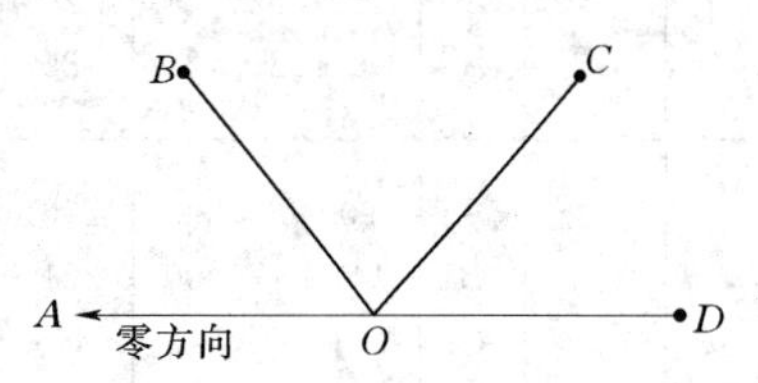


图 2.2.2　方向观测法观测水平角

(2) 下半测回操作：纵转望远镜，盘左瞄准 $A$ 点的照准标志，读数并记录，松开制动螺旋，逆时针转动照准部，依次瞄准 $D$、$C$、$B$、$A$ 点的照准标志进行观测，其观测顺序是 $A \to D \to C \to B \to A$，最后返回到零方向 $A$ 的操作称为下半测回归零，至此，一测回操作完成。如需观测几个测回，各测回零方向应以 $180°/n$ 为增量配置水平度盘。

(3) 计算步骤。

1) 计算 $2C$ 值（又称两倍照准差）。理论上，相同方向的盘左、盘右观测值应相差 180°，如果不是，其偏差值称 $2C$，计算公式为：

$$2C = \text{盘左读数} - (\text{盘右读数} \pm 180°) \tag{2.2.1}$$

式（2.2.1）中，盘右读数大于 180°时，取“－”号，盘右读数小于 180°时，取“＋”号，计算结果填入表 2.2.2 的第 6 栏。

2) 计算方向观测的平均值。

$$\text{平均读数} = \frac{1}{2} \times [\text{盘左读数} + (\text{盘右读数} \pm 180°)] \tag{2.2.2}$$

使用式（2.2.2）计算时，最后的平均读数为换算到盘左读数的平均值，即盘右读数通过加减 180°后，应基本等盘左读数，计算结果填入表 2.2.2 第 7 栏。

3) 计算归零后的方向观测值。先计算零方向两个方向值的平均值（见表 2.2.2 中括号内的数值），再将各方向值的平均值均减去括号内的零方向值的平均值，计算结果填入第 8 栏。

4) 计算各测回归零后方向值的平均值。取各测回同一方向归零后方向值的平均值，计算结果填入第 9 栏。

5) 计算各目标间的水平夹角。根据第 9 栏的各测回归零后方向值的平均值，可以计算出任意两个方向之间的水平夹角。

表 2.2.2　　方向观测法观测手簿

| 测站 | 测回数 | 目标 | 读数 | | 2C=左－（右±180°） | 平均读数＝[左＋（右±180°）]/2 | 归零后方向值 | 各测回归零方向值的平均值 |
|---|---|---|---|---|---|---|---|---|
| | | | 盘左 | 盘右 | | | | |
| | | | (° ′ ″) | (° ′ ″) | (″) | (° ′ ″) | (° ′ ″) | (° ′ ″) |
| 1 | 2 | 3 | 4 | 5 | 6 | 7 | 8 | 9 |
| | | | | | | (0 02 06) | | |
| 0 | 1 | A | 0 02 06 | 180 02 00 | +6 | 0 02 03 | 0 00 00 | |
| | | B | 51 15 42 | 234 15 30 | +12 | 51 15 36 | 51 13 30 | |
| | | C | 131 54 12 | 311 54 00 | +12 | 131 54 06 | 131 52 00 | |
| | | D | 182 02 24 | 2 02 24 | 0 | 182 02 24 | 182 00 18 | |
| | | A | 0 02 12 | 180 02 06 | +6 | 0 02 09 | | |
| | | | | | | (90 03 32) | | |
| 0 | 2 | A | 90 03 30 | 270 03 24 | +6 | 90 03 27 | 0 00 00 | 0 00 00 |
| | | B | 141 17 00 | 321 16 54 | +6 | 141 16 57 | 51 13 25 | 51 13 28 |
| | | C | 221 55 42 | 41 55 30 | +12 | 221 55 36 | 131 52 04 | 131 52 02 |
| | | D | 272 04 00 | 92 03 54 | +6 | 272 03 57 | 182 00 25 | 182 00 22 |
| | | A | 90 03 36 | 270 03 36 | 0 | 90 03 36 | | |

3. 方向观测法的限差

《城市测量规范》规定，方向观测法的限差应符合表 2.2.3 的规定。

表 2.2.3　　方向观测法的各项限差

| 经纬仪型号 | 半测回归零差 | 一测回内 2C 互差 | 同一方向值各测回较差 |
|---|---|---|---|
| DJ2 | 12″ | 18″ | 9″ |
| DJ6 | 18″ | — | 24″ |

当照准点的竖直角超过±3°时，该方向的 2C 较差可按同一观测时段内的相邻测回进行比较，其差值仍按表 2.2.3 规定。按此方法比较应在手簿中注明。

在表 2.2.2 计算中，两个测回的归零差分别为 6″和 12″，小于限差要求的 18″；B、C、D 3 个方向值两测回较差分别为 5″、4″、7″，小于限差要求的 24″。观测结果满足规范要求。

4. 水平角观测的注意事项

(1) 仪器高应与观测者的身高相适应，三脚架要踩实，仪器与脚架连接应牢固，操作仪器时不要用手扶三脚架，转动照准部和望远镜之前，应先松开制动螺旋，操作各螺旋时，用力要轻。

(2) 精确对中，特别是对短边测角，对中要求应更严格。

(3) 当观测目标间高低相关较大时，更应注意整平仪器。

(4) 照准标志要竖直，尽可能用十字丝交点瞄准标杆或测钎底部。

(5) 记录要清楚，应当场计算，发现错误，立即重测。

(6) 一测回水平角观测中，不得再调整照准部水准气泡，如气泡偏离中央超过 2 格时，应重新整平与对中仪器，重新观测。

**2.2.5.2　竖直角测量方法**

1. 竖直角的用途

竖直角主要用于将观测的倾斜距离化算为水平距离或计算三角高程。

(1) 倾斜距离化算为水平距离。如图 2.2.3 (a) 所示，测得 $A$、$B$ 两点间的斜距 $S$ 及竖直角 $\alpha$，其水平距离 $D$ 计算公式为：

$$D = S\cos\alpha \tag{2.2.3}$$

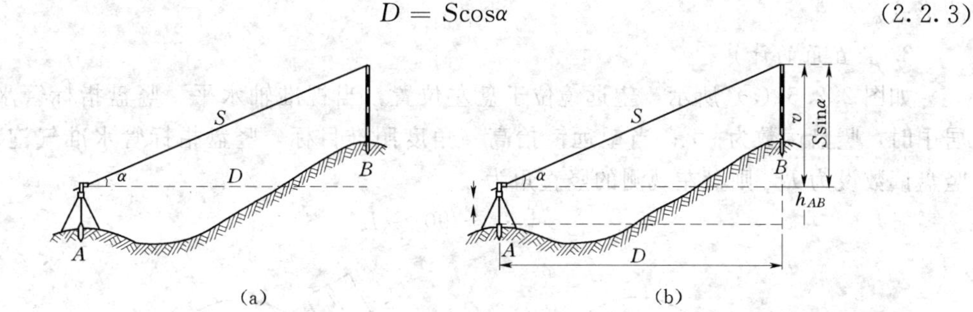


图 2.2.3　竖直角测量的用途

(2) 三角高程计算。如图 2.2.3 (b) 所示，当用水准测量方法测定 $A$、$B$ 两点间的高差 $h_{AB}$ 有困难时，可以利用图中测得的斜距 $S$、竖直角 $\alpha$、仪器高 $i$、标杆高 $v$，依式 (2.2.3) 计算 $h_{AB}$。

$$h_{AB} = S\sin\alpha + i - v \tag{2.2.4}$$

已知 $A$ 点的高程 $H_A$ 时，$B$ 点高程 $H_B$ 的计算公式为：

$$H_B = H_A + h_{AB} = H_A + S\sin\alpha + i - v \tag{2.2.5}$$

上述测量高程的方法称为三角高程测量。2005 年 5 月，我国测绘工作者测得世界最高峰——珠穆朗玛峰峰顶岩石面的海拔高程为 8844.43m，使用的就是三角高程测量方法。

2. 竖盘构造

如图 2.2.4 所示，经纬仪的竖盘固定在望远镜横轴一端并与望远镜连接在一起，竖

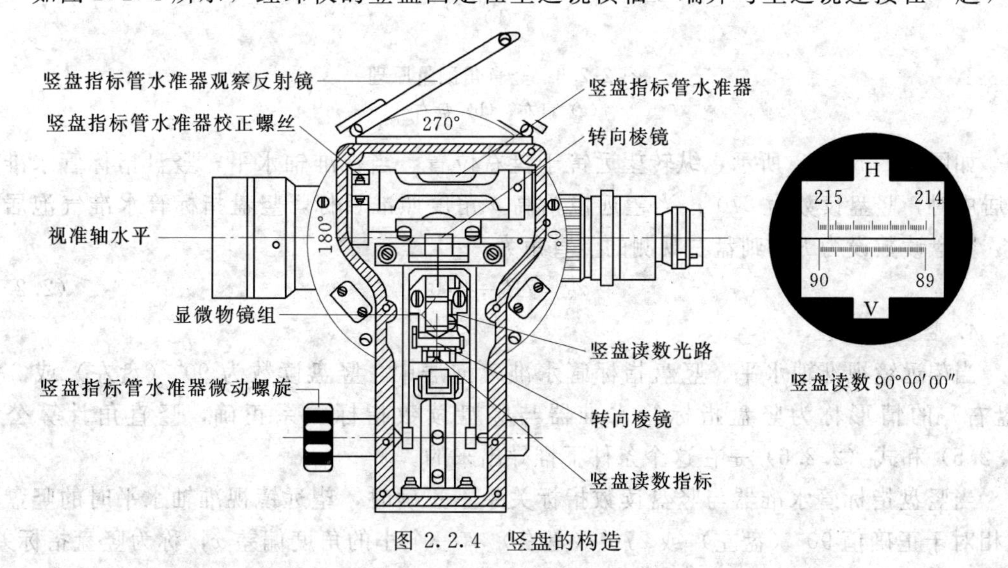


图 2.2.4　竖盘的构造

盘随望远镜一起绕横轴旋转，竖盘面垂直于横轴，竖盘读数指标与竖盘指标管水准器连接在一起，旋转竖盘管水准器微动螺旋将带动竖盘指标管水准器和竖盘读数指标一起做微小的转动。竖盘读数指标的正确位置是：望远镜处于盘左、竖盘指标管水准气泡居中时，读数窗的竖盘读数应为 90°（有些仪器设计为 0°、180°或 270°，本书约定为 90°）。竖盘注记为 0°～360°，分顺时针和逆时针注记两种形式，本书只介绍顺时针注记的形式。

3. 竖直角的计算

如图 2.2.5（a）所示，望远镜位于盘左位置，当视准轴水平、竖盘指标管水准气泡居中时，竖盘读数为 90°；当望远镜抬高 $\alpha$ 角度照准目标，竖盘指标管水准气泡居中时，竖盘读数设为 $L$，则盘左观测的竖直角为

$$\alpha_L = 90° - L \tag{2.2.6}$$

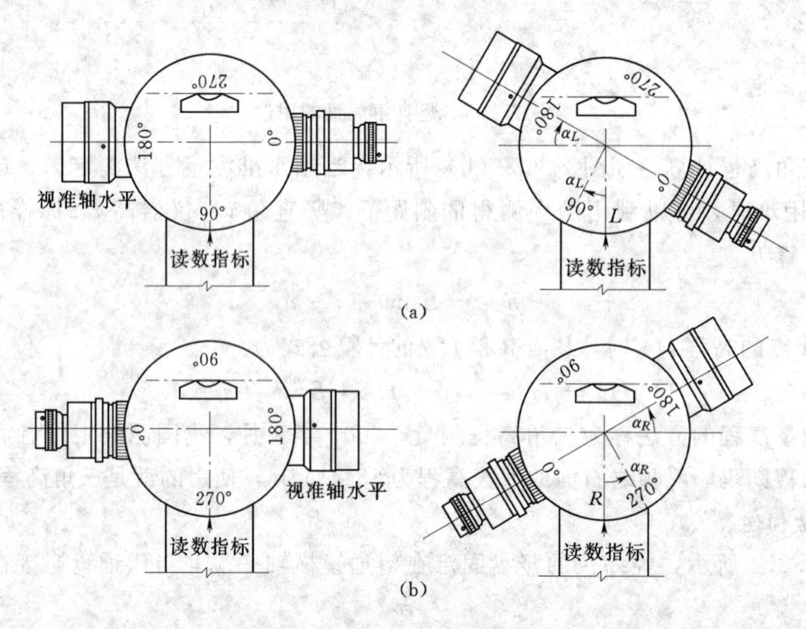


图 2.2.5　竖直角测量原理

（a）盘左；（b）盘右

如图 2.2.5（b）所示，纵转望远镜于盘右位置，当视准轴水平，竖盘指标管水准气泡居中时，竖盘读数为 270°；当望远镜抬高 $\alpha$ 角度照准目标，竖盘指标管水准气泡居中时，竖盘读数设为 $R$，则盘右观测的竖直角为

$$\alpha_R = R - 270° \tag{2.2.7}$$

4. 竖盘指标差

当望远镜视准轴水平、竖盘指标管水准气泡居中，竖盘读数为 90°（盘左）或 270°（盘右）的情形称为竖盘指标管水准器与竖盘读数指标关系正确，竖直角计算公式（2.2.5）和式（2.2.6）是在这个条件下推导出来的。

当竖盘指标管水准器与竖盘读数指标关系不正确时，望远镜视准轴水平时的竖盘读数相对于正确值 90°（盘左）或 270°（盘右）有一个小的角度偏差 $x$，称为竖盘指标差，

如图 2.2.6 所示，设所测竖直角正确值为 $\alpha$，则考虑指标差 $x$ 时的竖直角计算公式应为：

$$\alpha = 90° + x - L = \alpha_L + x \tag{2.2.8}$$

$$\alpha = R - (270° + x) = \alpha_R - x \tag{2.2.9}$$

将式（2.2.7）减去式（2.2.8）求出指标差 $x$ 为

$$x = \frac{1}{2}(\alpha_R - \alpha_L) \tag{2.2.10}$$

取盘左、盘右所测得竖直角的平均值

$$\alpha = \frac{1}{2}(\alpha_L + \alpha_R) \tag{2.2.11}$$

可以消除指标于 $x$ 的影响。

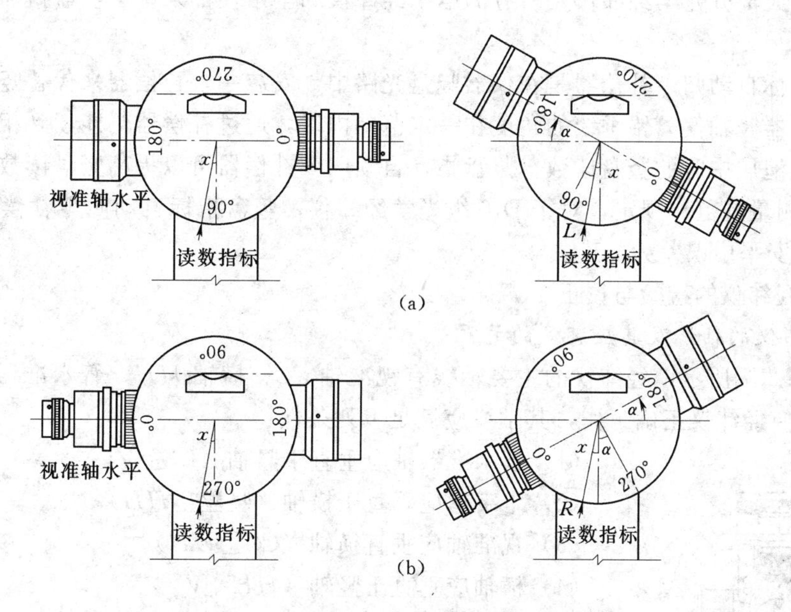


图 2.2.6　竖盘指标差

(a) 盘左；(b) 盘右

5. 竖直角观测方法

竖直角观测应用横丝瞄准目标的特定位置，例如标杆的顶部或标尺上的某一位置。竖直角观测的操作步骤如下：

(1) 在测站点上安置经纬仪，用小钢尺量出仪器高 $i$。仪器高是测站点标志顶部到经纬仪横轴中心的垂直距离。

(2) 盘左瞄准目标，使十字丝横丝切于目标某一位置，旋转竖盘指标管水准器微动螺旋使竖盘指标管水准气泡居中，读取竖盘读数 $L$。

(3) 盘右瞄准目标，使十字丝横丝切于目标同一位置，旋转竖盘指标管水准器微动螺旋使竖盘指标管水准气泡居中，读取竖盘读数 $R$。

竖直角的记录计算见表 2.2.4。

表 2.2.4 **竖直角观测手簿**

| 测站 | 目标 | 竖盘位置 | 竖盘读数 (° ′ ″) | 半测回竖直角 (° ′ ″) | 指标差 (″) | 一测回竖直角 (° ′ ″) |
|---|---|---|---|---|---|---|
| *A* | *B* | 左 | 81 18 42 | +8 41 18 | +6 | +8 41 24 |
| | | 右 | 278 41 30 | +8 41 30 | | |
| | *C* | 左 | 124 03 30 | −34 03 30 | +12 | −34 03 18 |
| | | 右 | 235 56 54 | −34 03 06 | | |

6. 竖盘指标自动归零补偿器

观测竖直角时，每次读数之前，都应旋转竖盘指标管水准器微动螺旋使竖盘指标管水准气泡居中，这就降低了竖直角观测的效率。现在只有少数光学经纬仪仍在使用这种竖盘读数装置，大部分光学经纬仪及所有的电子经纬仪和全站仪都采用了竖盘指标自动归零补偿器。

竖盘指标自动归零补偿器是在仪器竖盘光路中，安装一个补偿器来代替竖盘指标管水准器，当仪器竖轴偏离铅垂线的角度在一定范围内时，通过补偿器仍能读到相当于竖盘指标管水准气泡居中时的竖盘读数。竖盘指标自动归零补偿器可以提高竖盘读数的效率。

《城市测量规范》规定，对于 DJ6 级光学经纬仪，竖盘指标自动归零补偿器的补偿范围为$\pm 2'$，安平中误差为$\pm 1''$。

### 2.2.5.3 经纬仪的检验与校正

1. 经纬仪的轴线及其应满足的关系

如图 2.2.7 所示，经纬仪的主要轴线有视准轴 *CC*、横轴 *HH*、管水准器轴 *LL* 和竖轴 *VV*。为使经纬仪正确工作，其轴线应满足下列条件：

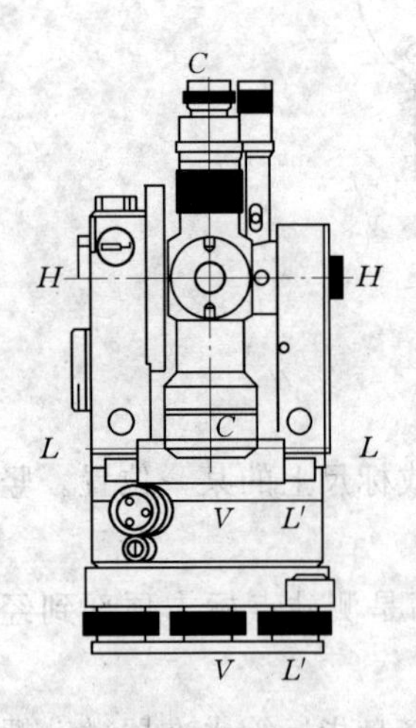

图 2.2.7 经纬仪的轴线

(1) 管水准器轴应垂直于竖轴 ($LL \perp VV$)。

(2) 十字丝应垂直于横轴 (竖丝$\perp HH$)。

(3) 视准轴应垂直横轴 ($CC \perp HH$)。

(4) 横轴应垂直于竖轴 ($HH \perp VV$)。

(5) 竖盘指标差 $x$ 应为零。

(6) 光学对中器的视准轴与竖轴重合。

2. 经纬仪的检验与校正

(1) $LL \perp VV$ 的检验与校正。

检验：旋转脚螺旋，使圆水准气泡居中，初步整平仪器，转动照准使管水准器轴平行于一对脚螺旋，然后将照准部旋转180°，如果气泡仍然居中，说明 $LL \perp VV$，否则需要校正，如图 2.2.8 (a)、(b) 所示。

校正：用校正针拨动管水准器一端的校正螺丝，使气泡向中央移动偏距的一半［图 2.2.8 (c)］，余下的一半能过旋转与管水准器轴平行的一对脚螺旋完成［图 2.2.8 (d)］。该项校正需要反复进行几次，直至气泡偏离值在一格内为止。

(2) 十字丝竖丝$\perp HH$ 的检验与校正。

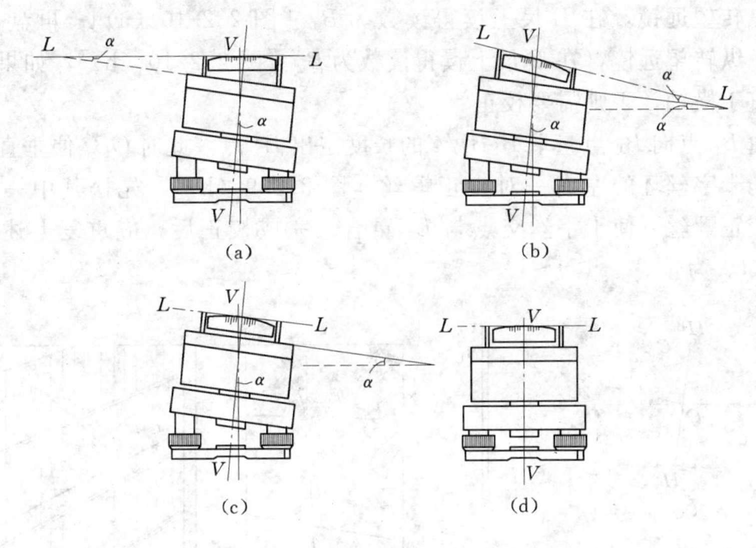


图 2.2.8 照准部管水准器的检验与校正

检验：用十字丝交点精确瞄准远处一目标 $P$，旋转水平微动螺旋，如 $P$ 点左、右移动轨迹偏离十字丝横丝［图 2.2.9 (a)］，则需要校正。

校正：卸下目镜端的十字丝分划板护罩，松开 4 个压环螺丝［图 2.2.9 (b)］，缓慢转动十字丝组，直到照准部水平微动时，$P$ 点始终在横丝上移动为止，最后应旋紧 4 个压环螺丝。

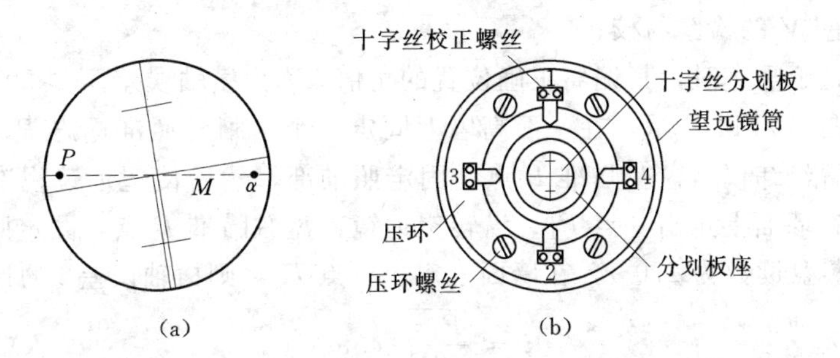


图 2.2.9 十字丝竖丝⊥$HH$ 的检验与校正

(3) $CC \perp HH$ 的检验与校正。

视准轴不垂直于横轴时，其偏离垂直位置的角值 $C$ 称为视准轴误差或照准差。由式 (2.2.1)可知，同一方向观测的 2 倍照准差 $2C$ 的计算公式为 $2C=L-(R\pm180°)$，则有

$$C=\frac{1}{2}[L-(R\pm 180°)] \tag{2.2.12}$$

虽然取双盘位观测值的平均值可以消除同一方向观测的照准差 $C$，但 $C$ 过大将不便于方向观测的计算，所以，当 $C>60''$时，必须校正。

检验：如图 2.2.10 所示，在一平坦场地上，选择相距约 100m 的 $A$、$B$ 两点，安置仪器于 $AB$ 连线的中点 $O$，在 $A$ 点设置一个与仪器高度相等的标志，在 $B$ 点与仪器高度相等的位置横置一把毫米分划直尺，使其垂直于视线 $OB$，先盘左瞄准 $A$ 点标志，固定照

准部，然后纵转望远镜，在 $B$ 尺上读得读数为 $B_1$ ［图 2.2.10 (a)］；再盘右瞄准 $A$ 点，固定照准部，纵转望远镜，在 $B$ 尺上读得读数为 $B_2$ ［图 2.2.10 (b)］，如果 $B_1=B_2$，说明视准轴垂直于横轴，否则需要校正。

校正：由 $B_2$ 点向 $B_1$ 点量取 $\overline{B_1B_2}/4$ 的长度定出 $B_3$ 点，此时 $OB_3$ 便垂直于横轴 $HH$，用校正针拨动十字丝环的左右一对校正螺丝［图 2.2.9 (b)］，先松其中一个校正螺丝，后紧另一个校正螺丝，使十字丝交点与 $B_3$ 重合。完成校正后，应重复上述的检验操作，直至满足 $C<60''$为止。

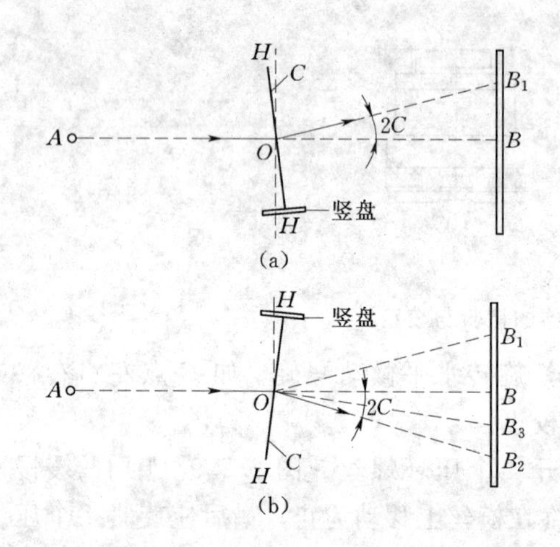


图 2.2.10 $CC\perp HH$ 的检验与校正

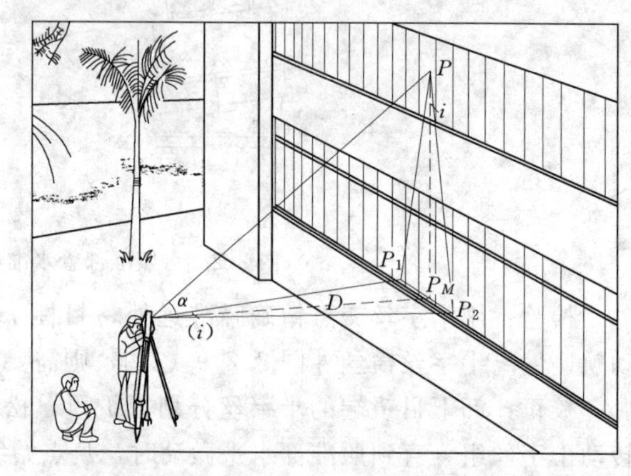


图 2.2.11 $HH\perp VV$ 的检验与校正

(4) $HH\perp VV$ 的检验与校正。

横轴不垂直于竖直时，其偏离正确位置的角值 $i$ 称为横轴误差。$i>20''$时，必须校正。

检验：如图 2.2.11 所示，在一面高墙上固定一个清晰的照准标志 $P$，在距离墙面约 20～30m 处安置经纬仪，盘左瞄准 $P$ 点，固定照准部，然后使望远镜视准轴水平（竖盘读数为 90°），在墙面上定出一点 $P_1$；纵转望远镜，盘右瞄准 $P$ 点，固定照准部，然后使望远镜水平（竖盘读数为 270°），在墙面上定出一点 $P_2$，则横轴误差 $i$ 的计算公式为

$$i=\frac{\overline{P_1P_2}}{2D}\cot\alpha p'' \tag{2.2.13}$$

式中：$\alpha$ 为 $P$ 点的竖直角，通过观测 $P$ 点竖直角一测回获得；$D$ 为测站至 $P$ 点的水平距离。计算出的 $i>20''$时，必须校正。

校正：打开仪器的支架护盖，调整偏心轴承环，抬高或降低横轴的一端使 $i=0$。该项校正应在无尘的室内环境中，使用专用的平行光管进行操作，当用户不具备条件时，一般交专业维修人员校正。

(5) $x=0$ 的检验与校正。由式 (2.2.10) 可知，取目标双盘位所测竖直角的平均值可以消除竖盘指标差 $x$ 的影响。但当 $x$ 较大时，将给竖直角的计算带来不便，因此当 $x>\pm1'$时，必须校正。

检验：安置好仪器，用盘左、盘右观测某个清晰目标的竖直角一测回（注意，每次读数之前，应使竖盘指标管水准气泡居中），依式 (2.2.9) 计算出 $x$。

校正：根据图 2.2.10 (b) 计算消除了指标差 $x$ 的盘右竖盘正确读数应为 $R-x$，旋转

竖盘指标管水准器微动螺旋，使竖盘读数为 $R-x$，此时，竖盘指标管水准气泡必然不再居中，用校正针拨动竖盘指标管水准器校正螺丝，使气泡居中。该项校正需要反复进行。

(6) 光学对中器视准轴与竖轴重合的检验与校正。

检验：在地面上放置一张白纸，在白纸上画一十字形的标志 $P$，以 $P$ 点为对中标志安置好仪器，将照准部旋转 180°，如果 $P$ 点的像偏离了对中器分划板中心而对准了 $P$ 点旁的另一点 $P'$，则说明对中器的视准轴与竖轴不重合，需要校正。

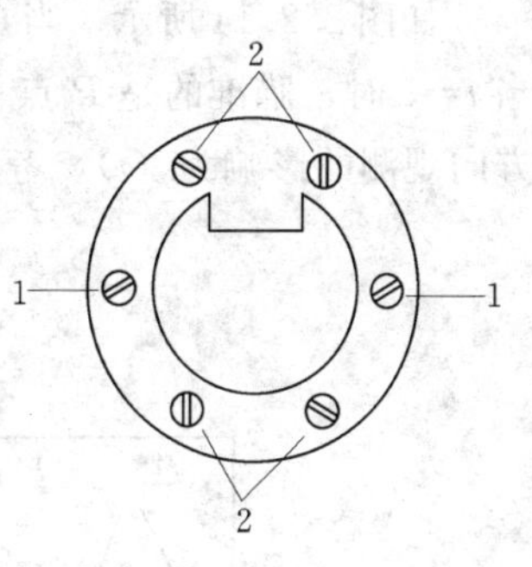

图 2.2.12　光学对中器的校正

校正：用直尺在白纸上定出 $P$、$P'$点的中点 $O$，转动对中器校正螺丝使对中器分划板的中心对准 $O$ 点，光学对中器上的校正螺丝随仪器型号而异，有些是校正视线转向的直角棱镜，有些是校正分划板。图 2.2.12 是位于照准部支架间的圆形护盖下的校正螺丝，松开护盖上的两颗固定螺丝，取下护盖即可看见，调节螺丝 2 可使分划圈中心前后移动，调节螺丝 1 可使分划圈中心左右移动。直至分划圈中心与 $P$ 点重合为止。

#### 2.2.5.4　水平角测量的误差分析

水平角测量误差可以分为仪器误差、对中误差与目标偏心误差、观测误差和外界环境影响四类。

1. 仪器误差

仪器误差主要指仪器校正不完善而产生的误差，主要有视准轴误差、横轴误差和竖轴误差，讨论其中任一项误差时，均假设其他误差为零。

(1) 视准轴误差。视准轴 $CC$ 不垂直于横轴 $HH$ 的偏差 $C$ 称为视准轴误差，此时 $CC$ 绕 $HH$ 旋转一周将扫出两个圆锥面。如图 2.2.13 所示，盘左瞄准目标点 $P$，水平度盘读数为 $L$［图 2.2.13 (a)］因水平度盘为顺时针注记，所以正确读数应为 $\widetilde{L}=L+C$；纵转望远镜［图 2.2.13 (b)］，旋转照准部，盘右瞄准目标点 $P$，水平度盘读数为 $R$［图 2.2.14 (c)］，正确读数应为 $\widetilde{R}=R-C$；盘左、盘右方向观测值取平均为

$$\overline{L}=\widetilde{L}+(\widetilde{R}\pm 180°)=L+C+R-C\pm 180°=L+R\pm 180° \qquad (2.2.14)$$

式 (2.2.14) 说明，双盘位方向观测取平均可以消除视准轴误差的影响。

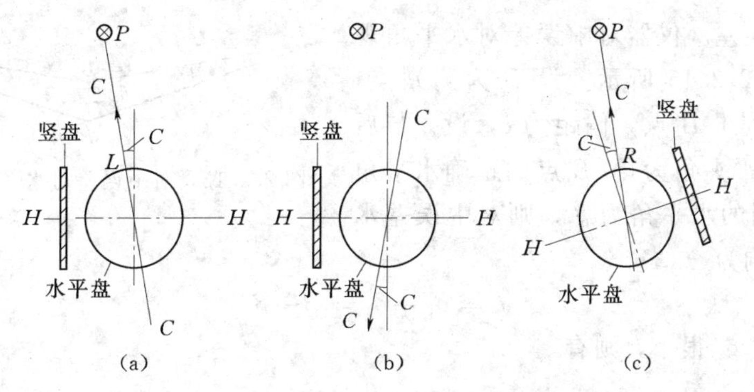

图 2.2.13　视准轴误差对水平方向观测的影响

(2) 横轴误差。横轴 $HH$ 不垂直于竖轴 $VV$ 的偏差 $i$ 称为横轴误差，当 $VV$ 铅垂时，$HH$ 与水平面的夹角为 $i$，假设 $CC$ 已经垂直于 $HH$，此时，$CC$ 绕 $HH$ 旋转一周将扫出一个与铅垂面成 $i$ 角的平面。

如图 2.2.14 所示，当 $CC$ 水平时，盘左瞄准 $P'_1$ 点，然后将望远镜抬高竖直角 $\alpha$，此时，当 $i=0$ 时，瞄准的是 $P'$ 点，视线扫过的平面为与铅垂面成 $i$ 角的倾斜平面。设 $i$ 角对水平方向观测的影响为 $(i)$，考虑到 $i$ 和 $(i)$ 都比较小，由图 2.2.14 可以列出下列等式：

$$(i)''=\frac{d}{D}\rho''=\frac{D\tan\alpha\,\dfrac{i''}{\rho''}}{D}\rho''=i''\tan\alpha \qquad (2.2.15)$$

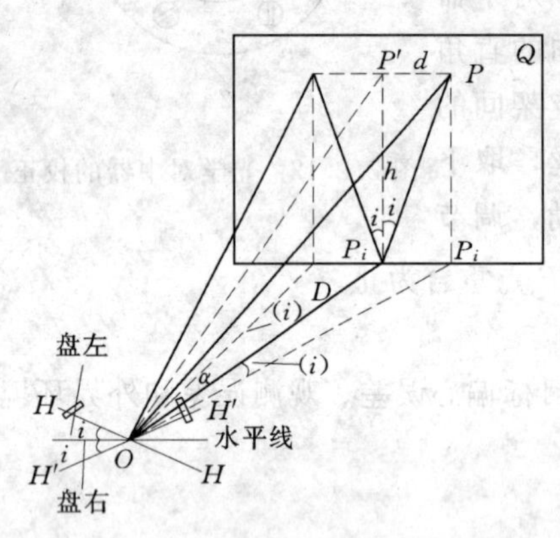


图 2.2.14 横轴误差对水平方向观测的影响

由式 (2.2.15) 可知，当视线水平时，$\alpha=0$，$(i)''=0$，此时，水平方向观测不受 $i$ 角的影响。盘右观测瞄准 $P'_1$ 点，将望远镜抬高竖直角 $\alpha$，视线扫过的平面是一个与铅垂面成反向 $i$ 角的倾斜平面，它对水平方向的影响与盘左时的情形大小相等，符号相反，因此，盘左、盘右观测取平均可以消除横轴误差的影响。

(3) 竖轴误差。竖轴 $VV$ 不垂直于管水准器轴 $LL$ 的偏差 $\delta$ 称为竖轴误差，当 $LL$ 水平时，$VV$ 偏离铅垂线 $\delta$ 角，造成 $HH$ 也偏离水平面 $\delta$ 角，因为照准部是绕倾斜了的竖轴 $VV$ 旋转，无论盘左或盘右观测，$VV$ 的倾斜方向都一样，致使 $HH$ 倾斜方向也相同，所以竖轴误差不能用双盘位观测取平均的方法消除。为此观测前应严格校正仪器，观测时保持照准部管水准气泡居中，如果观测过程中气泡偏离，其偏离量不得超过一格，否则应重新进行对中整平操作。

(4) 照准部偏心误差和度盘分划不均匀误差。照准部偏心误差是指照准部旋转中心与水平度盘分划中心不重合而产生的测角误差，盘左盘右观测取平均可以消除此项误差的影响。水平度盘分划不匀误差是指度盘最小分划间隔不相等而产生的测角误差，各测回零方向根据测回数 $n$，按照 $180°/n$ 变换水平度盘位置可以削弱此项误差的影响。

2. 对中误差与目标偏心误差

(1) 对中误差。仪器对中误差对水平角观测的影响如图 2.2.15 所示。设 $B$ 为测站点，实际对中时对到了 $B'$ 点，偏距为 $e$，设 $e$ 与后视方向 $A$ 的水平夹角为 $\theta$，$B$ 点的正确水平角为 $\beta$，实际观测的水平角为 $\beta'$，则对中误差水平角观测的影响为

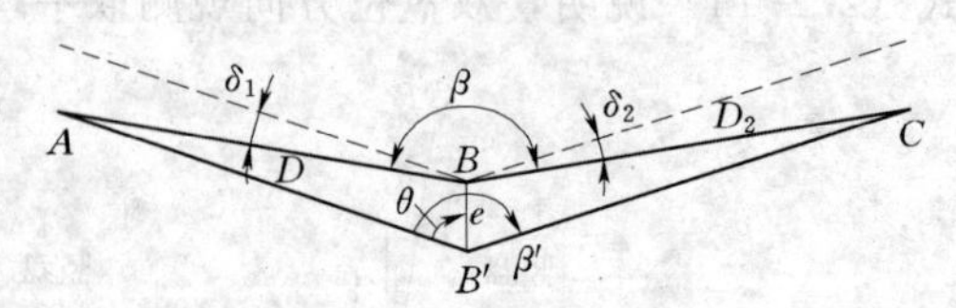


图 2.2.15 对中误差对水平角观测的影响

$$\delta=\delta_1+\delta_2=\beta-\beta' \qquad (2.2.16)$$

考虑到 $\delta_1$、$\delta_2$ 很小，则有

$$\delta''_1=\frac{\rho''}{D_1}e\sin\theta \qquad (2.2.17)$$

$$\delta''_2=\frac{\rho''}{D_2}e\sin(\beta'-\theta) \tag{2.2.18}$$

$$\delta''=\delta''_1+\delta''_2=\rho''e\left[\frac{\sin\theta}{D_1}+\frac{\sin(\beta'-\theta)}{D_2}\right] \tag{2.2.19}$$

当$\beta=180°$，$\theta=90°$时，δ取得最大值为：

$$\delta''_{max}=\rho''e\left(\frac{1}{D_1}+\frac{1}{D_2}\right) \tag{2.2.20}$$

设$e=3mm$，$D_1=D_2=100mm$，则求得$\delta''=12.4''$。可见对中误差对水平角观测的影响是较大的，且边长愈短，影响愈大。

(2) 目标偏心误差。目标偏心误差是指照准点上所竖立的目标（如标杆、测钎、悬吊垂球线等）与地面点的标志中心不在同一铅垂线上所引起的水平方向观测误差，其对水平方向观测的影响如图2.2.16所示。设$B$为测站点，$A$为照准点标志中心，$A'$为实际瞄准的目标中心，$D$为两点间的距离，$e_1$为目标的偏心距，$\theta_1$为$e_1$与观测方向的水平夹角，则目标偏心误差对水平方向观测的影响为

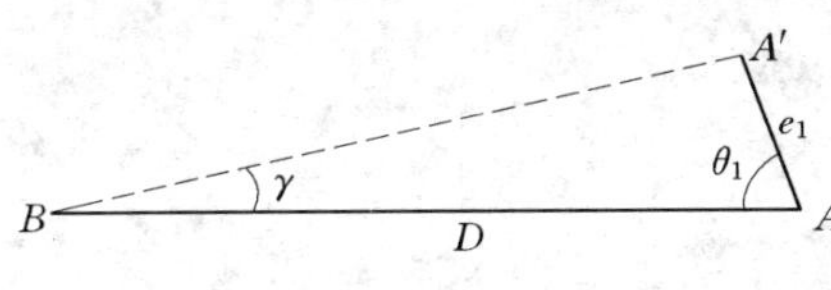


图2.2.16　目标偏心误差对水平角观测的影响

$$\gamma''=\frac{e_1\sin\theta_1}{D}\rho'' \tag{2.2.21}$$

由式（2.2.21）可知，当$\theta_1=90°$时，$\gamma''$取最大值，也即与瞄准方向垂直的目标偏心对水平方向观测的影响最大。

为了减小目标偏心对水平方向观测的影响，作为照准标志的标杆应竖直，水平角观测时并尽量瞄准标杆的底部。

3. 观测误差

观测误差主要有瞄准误差与读数误差。

(1) 瞄准误差。人眼可以分辨的两个点的最小视角约为60″，当使用放大倍数为$v$的望远镜观测时，最小分辨视角可以减小$V$倍，即为$m_v=\pm60''/V$。DJ6级经纬仪的$V=26$，则有$m_v=\pm2.3$。

(2) 读数误差。对于使用测微尺的DJ6级光学经纬仪，读数误差为测微尺最小分划1′的十分之一，即为±6″。

4. 外界环境的影响

外界环境的影响主要是指松软的土壤和风力影响仪器的稳定，日晒和环境温度的变化引起管水准气泡的运动和视准轴的变化，太阳照射地面产生热辐射引起大气层密度变化带来目标影像的跳动，大气透明度低时目标成像不清晰，视线太靠近建、构筑物时引起旁折光等，这些因素都会给水平角观测带来误差。通过有利的观测时间，布设测量点位时，注意避开松软的土壤和建、构筑物等措施来削弱它们对水平角观测的影响。

### 2.2.6　职业活动训练

(1) 组织学生进行测回法、全圆测回法观测水平角实训。

(2) 组织学生进行竖直角观测实训。

(3) 组织学生进行经纬仪检验与校正的实训。

# 学习情境3　建筑施工测量

## 学习单元3.1　建筑施工控制测量

### 3.1.1　学习目标

（1）会识读建筑设计图对施工测量的基本要求。

（2）会按照施工图和施工现场布设测量控制网。

（3）会进行施工控制网的测量。

### 3.1.2　学习任务

（1）能详细阅读和了解施工图对测量的要求。

（2）能在施工现场布设平面和高程控制网。

（3）能测量确定控制网（点）的坐标和高程。

（4）能评定控制网（点）的精度。

### 3.1.3　学习内容

（1）施工控制网（点）的布设原则。

（2）施工控制网（点）的布设方法。

（3）施工控制网（点）的观测与计算。

（4）施工控制网（点）的测量精度的评定。

### 3.1.4　任务描述

了解建筑施工总图对测量的要求，掌握施工控制测量网（点）的布设方法与要求，掌握施工控制网（点）测量的方法、要领，掌握施工控制网（点）坐标计算的方法与精度要求。

### 3.1.5　任务实施

#### 3.1.5.1　建筑施工测量概述

建筑施工测量主要讲述民用建筑、工业建筑和高层建筑施工测量的基本实施步骤。要求掌握建筑施工控制网的布设、建筑施工控制网的测量方法；掌握民用建筑及工业建筑放样数据的确定；掌握利用基本测量仪器进行建筑平面位置放样的方法；掌握高层建筑施工测量方法。

建筑工程测量是依据设计图中建筑物的设计尺寸，计算出建筑物各轴线点与施工控制点之间的角度（或方位角）、水平距离、高差等数据，并将这些轴线特征点逐一标定在施工现场，以指导施工人员施工，其属于测设的范畴，又称“施工放样”。它的主要工作方法有测设已知水平距离、已知水平角和已知高程等几种。

施工测量的目的是按照设计和施工的要求将设计的建（构）筑物的平面位置在地面标定出来作为施工的依据，并在施工过程中进行一系列的测设工作，以衔接和指导工程建设阶段各工序之间的施工。

为了避免放样误差的累积，保证各种建筑物、构筑物、管线等的相对位置能满足设计要求，以便于分期分批地进行测设和施工，施工测量必须遵循“由整体到局部、先控制后细部”的测量组织原则。即首先在现场以原勘测设计阶段所建立的测图控制网为基础，建立统一的施工测量控制网，用以测设出建筑物的主轴线，然后再定出建筑物的各个部分（基础、墙体等）。采取这样一种放样的程序，可以免除因建筑物众多而引起放样工作的紊乱，并且能严格保持所放样各元素之间存在的几何关系。例如，要放样工业建筑物时，首先应放出厂房主轴线，再确定机械设备轴线，然后根据机械设备轴线，确定设备安装的位置。

施工测量应贯穿于整个施工过程中。从场地平整、建筑物定位、基础施工，到建筑物构件的安装等工序，都必须进行施工测量，才能使建筑物、构筑物各部分的尺寸、位置符合设计要求。其主要内容如下。

（1）建立施工测量控制网。

（2）建筑物、构筑物的细部放样。

（3）检查、验收。每道施工工序完工之后，都要通过测量检查工程各部位的实际位置及高程是否与设计要求相符合。

（4）变形观测。伴随着施工的进行，测定建筑物在水平和竖直方向产生的位移，收集整理各变形观测资料，作为鉴定工程质量和验证工程设计、施工是否合理的依据。

施工测量与工程施工的工序密切相关。测量人员应了解设计的内容及其对测量工作精度上的要求，熟悉图上尺寸数据，了解施工的全过程，并掌握施工现场的情况，使施工测量工作能够与工程施工密切配合。

放样工作是多种多样的，而放样的方法也是很多的。故在实际工作中，必须根据施工场地的具体情况，灵活选用放样方法。而且，定线放样是整个施工活动的一个组成部分，必须与施工组织计划相协调，在精度和进度方面满足施工的需要，尽可能地避开施工的干扰，并确保成果的质量。

**3.1.5.2** 建筑场地上的施工控制测量

在工程建设勘测设计阶段已建有测图控制网，但因其是为测图而建的，不可能考虑建筑物的总体布置（当建筑物的总体布置尚未确定），更无从考虑到施工的具体要求，因此其控制点的分布、密度、精度都难以满足施工建设要求。此外，平整场地时控制点大多受到破坏，因此在施工之前，必须建立专门的施工控制网。

1. 施工控制网的特点及布设要求

（1）施工控制网的特点。布设施工控制网，应根据建筑总平面设计图和施工地区的地形条件来确定。在大中型建筑施工场地上，施工控制网多用正方形或矩形网格组成，称为建筑方格网。在面积不大又不十分复杂的建筑场地上，常布设成一条或几条基线作为施工控制。

一般说来，施工阶段的测量控制网具有以下特点。

1）控制的范围小，控制点的密度大，精度要求高。工程施工场区范围相对较小，则控制网所控制的范围就比较小。如一般的工业建筑场地通常都在1km$^2$以下，大的场地也在10km$^2$以内。在这样一个相对狭小的范围内，各种建筑物的分布错综复杂，若没有较为密集的控制点，是无法满足施工期间的放样工作的。

施工测量的主要任务是放样建筑物的轴线。这些轴线的位置，其偏差都有一定的限值。其精度要求是相当高的，故施工控制网的精度就较高。

2）控制网点使用频繁。在施工过程中，控制点常直接用于放样。随着施工层面逐层升高，需经常地进行轴线点位的投测。由此，控制点的使用是相当频繁的。从施工初期到工程竣工乃至投入使用，这些控制点可能要用几十次。这样一来，对控制点的稳定性、使用时的方便性，以及点位在施工期间保存的可能性等，就提出了比较高的要求。

3）易受施工干扰。现代工程的施工，常采用交叉作业的施工方法，使得工地上各建筑物的施工高度彼此相差很大，而妨碍了控制点间的相互通视。因此，施工控制点的位置应分布恰当，密度应比较大，以便在放样时可有所选择。

（2）施工控制网的布设要求。依据控制网的特点，它的布设应作为整个工程施工设计的一部分。布网时，必须考虑到施工程序、方法，以及施工场地的布置情况。为了防止控制点的标桩被破坏，所布设的点位应画在施工设计的总平面图上。

在建筑总平面图上，建筑物的平面位置一般用施工坐标系统来表示。所谓施工坐标系，就是以建筑物的主要轴线作为坐标轴而建立起来的局部坐标系统。如工业建设场地通常采用主要车间或主要生产设备的轴线作为坐标轴来建立施工坐标系统。故在布设施工控制网时，应尽可能将这些轴线包括在控制网内，使它们成为控制网的一条边。

当施工控制网与测图控制网的坐标系统不一致时（因为建筑总平面图是在地形图上设计的，所以施工场地上的已有高等级控制点的坐标是测图坐标系下的坐标），应进行两种坐标系间的数据换算，以使坐标统一。其换算方法为：在图3.1.1中，设 $x-O-y$ 为测图坐标系，$A-Q-B$ 为施工坐标系，则 $P$ 点在两个系统内的坐标 $x_P$、$y_P$ 和 $A_P$、$B_P$ 的关系式为

$$x_P = x_Q + A_P\cos\alpha - B_P\sin\alpha \tag{3.1.1}$$

$$y_P = y_Q + A_P\sin\alpha + B_P\cos\alpha \tag{3.1.2}$$

或在已知 $x_P$、$y_P$ 时，求 $A_P$、$B_P$ 的关系式为

$$A_P = (x_P - x_Q)\cos\alpha + (y_P - y_Q)\sin\alpha \tag{3.1.3}$$

$$B_P = -(x_P - x_Q)\sin\alpha + (y_P - y_Q)\cos\alpha \tag{3.1.4}$$

以上各式中的 $x_Q$、$y_Q$ 和 $\alpha$ 由设计文件给出或在总平面图上用图解法量取（$\alpha$ 为施工坐标系的纵轴与测图坐标系纵轴的夹角）。

*2. 建筑方格网*

建筑方格网是建筑场地中常用的一种控制网形式，适用于按正方形或矩形布置的建筑群或大型建筑场地。该网使用方便，且精度较高，但建筑方格网必须按照建筑总平面图进行设计，其点位易被破坏，因而自身的测设工作量较大，且测设的精度要求高，难度相应较大。

设计和施工部门为了工作上的方便，常采用施工坐标系。施工坐标系的纵轴通常用 $A$ 表示，横轴用 $B$ 表示。施工坐标系的 $A$ 轴和 $B$ 轴，应与施工场区主要建筑物或主要道路平行或垂直。坐标原点应设在总平面图的西南角，使所有建筑物和构筑物的设计坐标均为正。施工坐标系与国家测量坐标系之间的关系，可用施工坐标系原点在测量系下的坐标以

及两坐标系纵轴间的夹角来确定（图 3.1.1）。在进行施工测量时，上述数据由勘测设计单位给出。

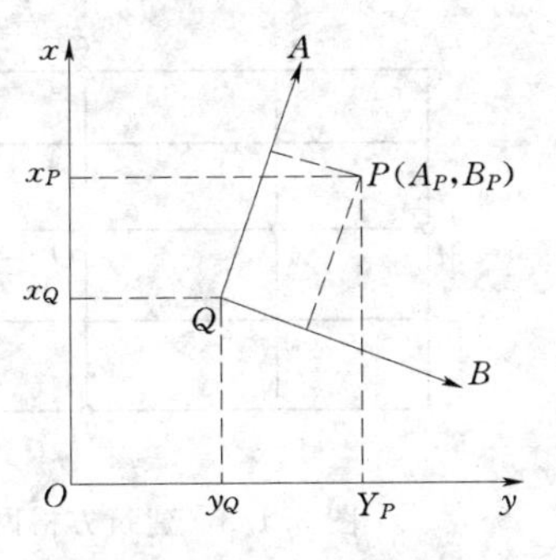


图 3.1.1 施工与测量坐标系的关系

建筑方格网的布置，应根据建筑设计总平面图上各建筑物、构筑物、道路及各种管线的布设情况，结合现场的地形情况拟定。布置时应先选定方格网主轴线，再布置方格网。其布设形式多为正方形或矩形。当场区面积较大时，常分两级布设。首级可采用“十”字形、“口”字形或“田”字形，然后再加密方格网。当场区面积不大时，尽量布置成全面方格网。

布网时，方格网的主轴线应布设在厂区的中部，并与主要建筑物的基本轴线平行，方格网点之间应能长期通视。方格网的折角应呈 90°。方格网的边长一般为 100～200m；矩形方格网的边长可视建筑物的大小和分布而定，为了便于使用，边长尽可能为 50m 或其的整倍数。方格网的各边应保证通视、便于测距和测角，桩标应能长期保存。图 3.1.2 为某建筑场区设计布设的建筑方格网，其中 *MON* 和 *COD* 为方格网的主轴线。

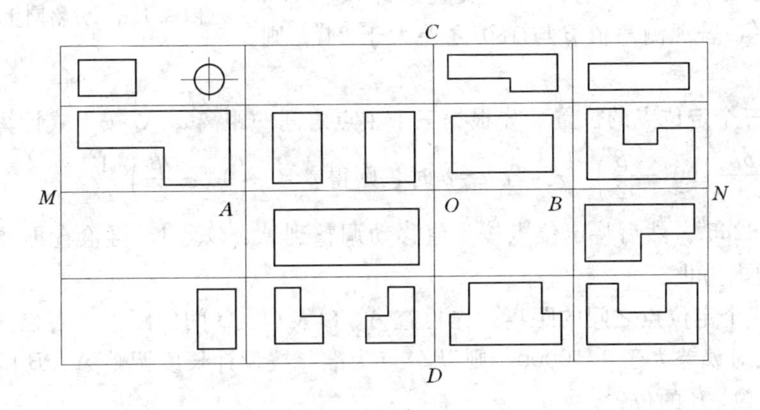


图 3.1.2 建筑方格网的布设

3. 施工场区控制网的测设

建筑方格网的主轴线是建筑方格网扩展的基础。当场区很大时，主轴线很长，一般只测设其中的一段，主轴线的定位点，称为主点。主点的施工坐标一般由设计单位给出，也可在总平面图上用图解法求得一点的施工坐标后，再按主轴线的长度推算其他主点的施工坐标。

当施工坐标系与国家测量坐标系不统一时，在方格网测设之前，应把主点的施工坐标换算为测量坐标，以便求算测设数据。然后利用原勘测设计阶段所建立的高等级测图控制点将建筑方格网测设在施工场区上，建立施工控制网的第一级施工场区控制网。

具体步骤的测设方法如下。

(1) 建筑方格网主轴线点的测设。如图 3.1.3 所示，*MN*、*CD* 为建筑方格网的主轴线，它是建筑方格网扩展的基础，其中 *A*、*B* 是主轴线 *MN* 上的两主点，一般先在实地测设主轴线中的一段 *AOB*，其测设方法如图 3.1.4 所示。根据测量控制点的分布情况，

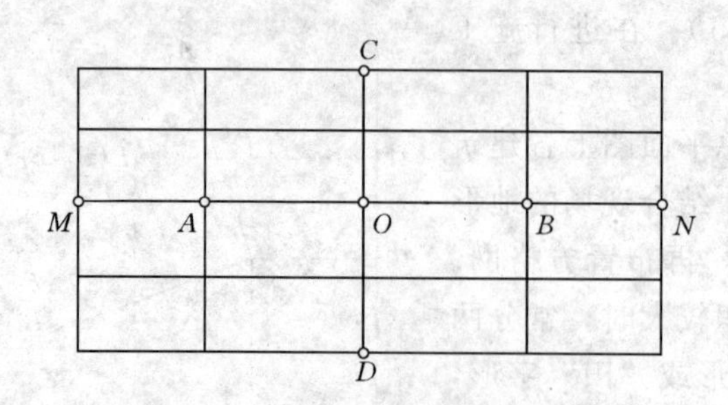

图 3.1.3　建筑方格网主轴线主点

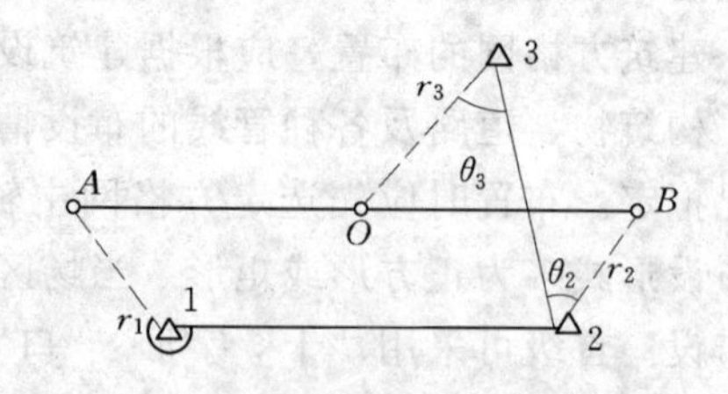

图 3.1.4　建筑方格网主轴线主点测设

采用极坐标法测设方格网各主点。

1）计算测设数据。根据勘测阶段的测量控制点 1、2、3 的坐标及设计的方格网主点 $A$、$O$、$B$ 的坐标，反算测设数据 $r_1$、$r_2$、$r_3$ 和 $\theta_1$、$\theta_2$、$\theta_3$。

2）测设主点。分别在控制点 1、2、3 上安置经纬仪，按极坐标法测设出三个主点的定位点 $A'$、$O'$、$B'$，并用大木桩标定，如图 3.1.5 所示。

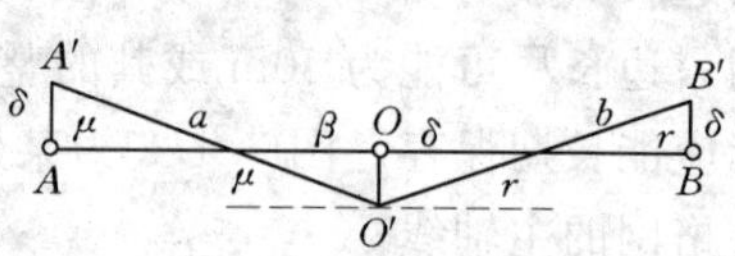

图 3.1.5　方格网主轴线调整

3）检查三个定位点的直线性。安置经纬仪于 $O'$，测量 $\angle A'O'B'$，若观测角值 $\beta$ 与 180°之差大于 24″，则应调整。

4）调整三个定位点的位置。先根据三个主点之间的距离 $a$、$b$ 按下式计算出点位改正数 $\delta$，即 $\delta=\frac{ab}{a+b}\left(90°-\frac{\beta}{2}\right)''\frac{1}{\rho''}$。若 $a=b$ 时，则得 $\delta=\frac{a}{2}\left(90°-\frac{\beta}{2}\right)''\frac{1}{\rho''}$。式中，$\rho''=206265''$。然后将定位点按 $\delta$ 值移动调整到 $A$、$O$、$B$，再检查再调整，直至误差在允许范围内为止。

5）调整三个定位点之间的距离。先检查 $A$、$O$ 及 $O$、$B$ 间的距离，若检查结果与设计长度之差的相对误差大于 1/10000，则以 $O$ 点为准，按设计长度调整 $A$、$B$ 两点，最终定出三主点 $A$、$O$、$B$ 的位置。

然后，按图 3.1.6 所示方法，测设主轴线 $COD$。在 $O$ 点安置经纬仪，照准 $A$ 点，分别向左、向右转 90°，定出轴线方向，并根据设计的 $C$、$O$ 及 $O$、$D$ 的距离用标桩在地上定出两主点的概略位置 $C'$、$D'$。然后精确测量出 $\angle AOC'$ 和 $\angle AOD'$，分别算出其与 90°的差值 $\varepsilon_1$、$\varepsilon_2$，并计算出调整值 $l_1$、$l_2$，计算式为 $l=L\frac{\varepsilon}{\rho}$，其中，$L$ 为 $C'O$ 或 $OD'$ 的距离。

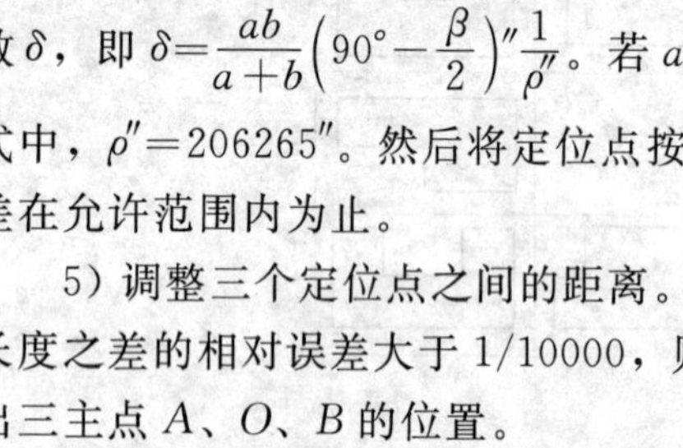

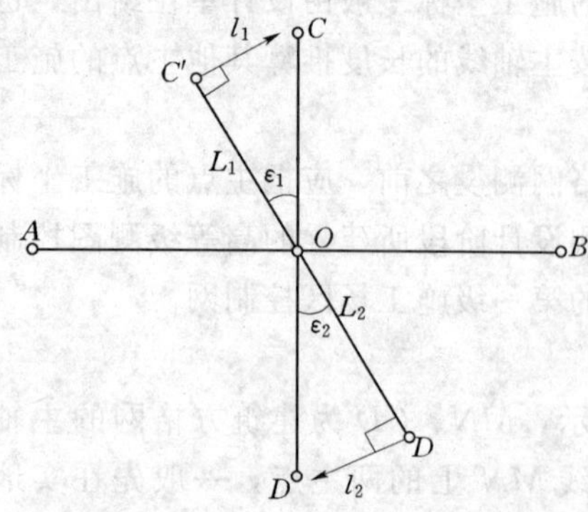

图 3.1.6　方格网短主轴线的测设

将 $C'$ 沿垂直于 $C'O$ 方向移动 $l_1$ 距离得 $C$ 点，将 $D'$ 沿垂直于 $OD'$ 方向移动 $l_2$ 距离得 $D$ 点。点位改正后，应检查两主轴线的交角及主点间的距离，均应在规定限差之内。

实际上建筑方格网主轴线点的测设也可以用全站仪按极坐标法进行测设，具体测设步骤参照点的平面位置的测设中的相关内容。

(2) 方格网各交点的测设。主轴线测设好后，分别在各主点上安置经纬仪，均以 $O$ 点为后视方向，向左、向右精确地测设出90°方向线，即形成“田”字形方格网。然后在各交点上安置经纬仪，进行角度测量，看其是否为90°，并测量各相邻点间的距离，看其是否等于设计边长，进行检核，其误差均应在允许范围内。最后再以基本方格网点为基础，加密方格网中其余各点，完成第一级场区控制网的布设。

4. 建筑物或厂房控制网的测设

场区控制网布设好后，还需为每一个建筑物或厂房建立二级网厂房控制网。厂房控制网是厂房施工的基本控制，厂房骨架及其内部独立设备的关系尺寸，都是根据它放样到实地上的。建立厂房控制网时，必须先依据各厂房的尺寸在总平面图上设计出网形和各主点，然后图解出厂房控制点的坐标，最后再选用适当的平面位置测设方法将其放样在施工场地上。其网型一般有基线法和轴线法两种。

基线法是先根据场区控制网定出矩形网的一条边作为基线，如图3.1.7 (a) 中的 $S_1S_2$ 边，再在基线的两端测设直角，定出矩形的两条短边，并沿着各边测设距离，埋设距离指标桩。该网形布设简单，只适用于一般的中小型厂房或小型建（构）筑物。

轴线法是先根据场区控制网定出厂房控制网的长轴线，由长轴线测设短轴线，再根据十字轴线测设出矩形的四边，并沿着矩形的四边测设距离，埋设距离指标桩，如图3.1.7 (b) 所示。该网形布设灵活，但测设工序多，适用于大型厂房或建（构）筑物。

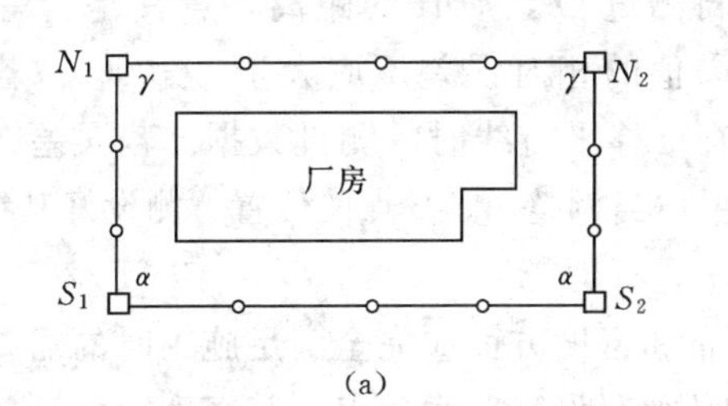


(a)

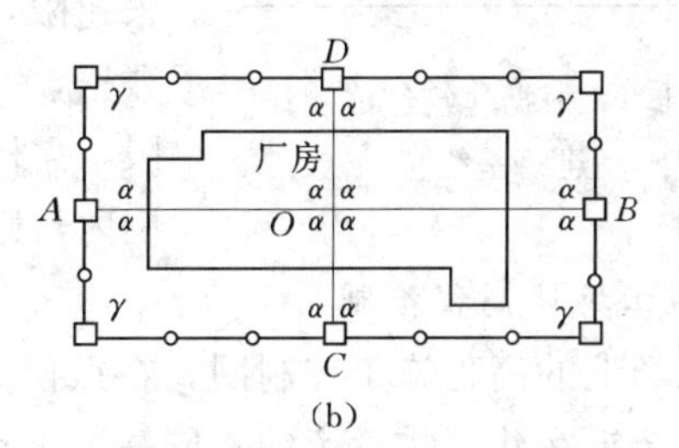


(b)

图3.1.7 厂房（建筑物）控制网的网型

□—矩形网角桩；$\alpha$—实测角；$\gamma$—矩形闭合角（非实测角）

5. 建筑基线

建筑基线的布置也是根据建筑物的分布、场地的地形和原有控制点的状况而选定的。建筑基线应靠近主要建筑物，并与其轴线平行或垂直，以便采用直角坐标法或极坐标法进行测设，建筑基线主点间应相互通视，边长为100～300m，其测设精度应满足施工放样的要求，通常可在总平面图上设计，其形式一般有3点“一”字形、3点“L”形、4点“T”形和5点“十”字形等几种形式，如图3.1.8所示。为了便于检查建筑基线点有无变动，布置的基线点数不应少于3个。

建筑基线的测设有以下几种方法。

(1) 根据已有的测量控制点测设基线主点。其测设与建筑方格网主轴线的主点测设相同。在建筑总平面图上依据施工坐标系及建筑物的分布情况，设计好建筑基线后，便可在图纸上利用图解方法计算出各主点的施工坐标，然后将其转化为各自对应的测量坐标，再根据附近已有的勘测控制点，选用适当的放样方法进行测设数据的计算。一般用极坐标法

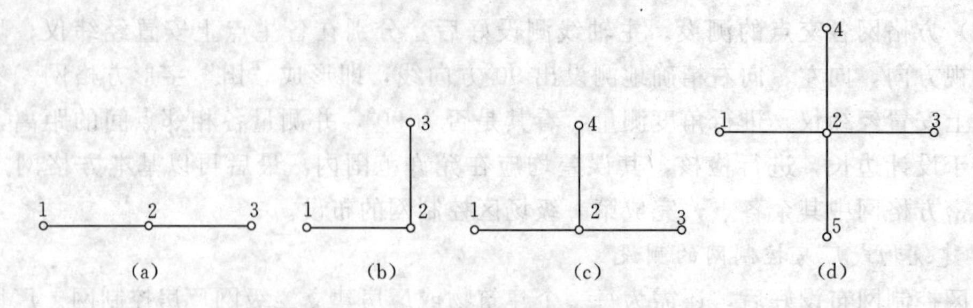


图 3.1.8 建筑基线布设形式

完成实地测设，最后对其测设结果进行检校，定出建筑基线的主点位置。具体测设时，也可用全站仪进行。

(2) 根据建筑红线测设建筑基线。在城市建筑区，建筑用地的边界一般由城市规划部门在现场直接标定，如图 3.1.9 中的 1、2、3 点即为地面标定的边界点，其连线 12 和 23 通常是正交的直线，称为“建筑红线”。通常，所设计的建筑基线与建筑红线平行或垂直，因而可根据红线用平行推移法测设建筑基线 $OA$、$OB$。在地面用木桩标定出基线主点 $A$、$O$、$B$ 后，应安置仪器于 $O$ 点，测量角度$\angle AOB$，看其是否为 90°，其差值不应超过±24″。若未超限，再测量 $OA$、$OB$ 的距离，看其是否等于设计数据，其差值的相对误差不应大于 1/10000。若误差超限，需检查推移平行线时的测设数据。若误差在允许范围内，则可适当调整 $A$、$B$ 点的位置，测设好基线主点。

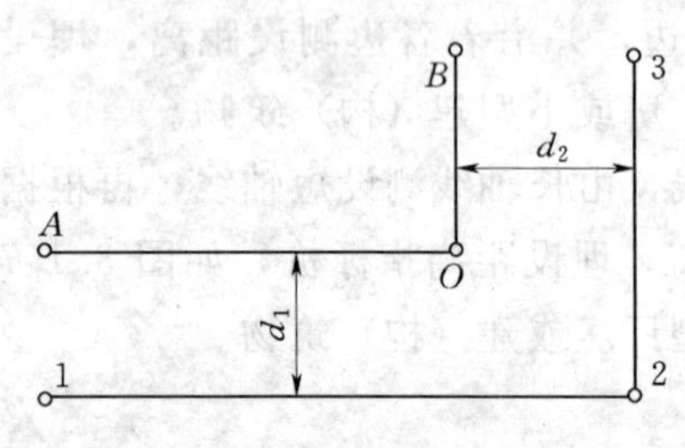


图 3.1.9 根据建筑红线测设建筑基线

*6. 施工场地高程控制*

施工场地的高程施工控制网，在点位分布和密度方面应完全满足施工时的需要。在施工期间，要求在建筑物近旁的不同高度上都必须布设临时水准点，其密度应保证放样时只设一个测站，便可将高程传递到建筑物的施工层面上。场地上的水准点应布设在土质坚硬、不受施工干扰且便于长期使用的地方。施工场地上相邻水准点的间距，应小于 1km。各水准点距离建筑物、构筑物不应小于 25m；距离基坑回填边线不应小于 15m，以保证各水准点的稳定，方便进行高程放样工作。

高程控制网通常也分两级布设，一级网为布满整个施工场地的基本高程控制网，二级网为根据各施工阶段放样需要而布设的加密网。对其中基本高程控制网的布设，中小型建筑场地可按照四等水准测量要求进行；连续生产的厂房或下水管道等工程施工场地则采用三等水准测量要求进行施测，一般应布设成附合路线或是闭合环线网，在施工场区应布设不少于 3 个基本高程水准点；加密网可用图根水准测量或四等水准测量要求进行布设，其水准点应分布合理且具有足够的密度，以满足建筑施工中高程测设的需要。一般在施工场地上，平面控制点均应联测在高程控制网中，同时兼作高程控制点使用。

为了施工高程引测的方便，可在建筑场地内每隔一段距离（如 50m）测设以建筑物底层室内地坪±0.000 为标高的水准点，测设时应注意，不同建（构）筑物设计的±0.000 不一定是相同的高程，因而必须按施工建筑物设计数据具体测设。另外，在施工中，若某

些水准点标桩不能长期保存时，应将其引测到附近的建（构）筑物上，引测的精度不得低于原有水准测量的等级要求。具体测量及测设方法见前面相关章节的介绍。

### 3.1.6　职业活动训练

（1）参观建筑工地测量控制网（点）的布设情况。

（2）组织学生布设并观测建筑施工控制方格网。

## 学习单元 3.2　一般民用建筑施工测量

### 3.2.1　学习目标

（1）会识读设计图对民用建筑测量的要求。

（2）会进行民用建筑的控制测量和定位。

（3）会进行建筑物基础、墙体施工测量。

### 3.2.2　学习任务

（1）能阅读理解建筑施工图对测量的要求。

（2）能布设测定施工控制网（点）并进行建筑物定位。

（3）能进行建筑物基础施工测量。

（4）能进行建筑物墙体的施工测量。

### 3.2.3　学习内容

（1）民用建筑施工图与施工测量。

（2）建筑施工控制网的布设和测量。

（3）建筑物的定位测量。

（4）建筑物基础的施工测量。

（5）建筑物墙体的施工测量。

### 3.2.4　任务描述

了解民用建筑施工图对施工测量的要求，掌握民用建筑施工控制网的布设和测量方法及要求，掌握建筑物平面和高程定位的方法，掌握建筑物基础的施工测量方法，掌握建筑物墙体施工测量的方法。

### 3.2.5　任务实施

#### 3.2.5.1　民用建筑施工测量概述

民用建筑一般指住宅、学校用房、办公楼、医院、商店、宾馆饭店等建筑物。有单层、低层、多层和高层建筑之分。由于类型不同，其测量方法和精度要求也就不同，但放样程序基本相同，一般为建筑物定位、放线、基础工程施工测量、墙体工程施工测量等几步。

当在施工场地上布设好施工控制网后，即可按照施工组织设计所确定的施工工序进行施工放样工作，将建筑物的位置、基础、墙、柱、门、窗、楼板、顶盖等基本结构的位置依次测设出来，并设置标志，作为施工的依据。施工放样的主要过程如下。

（1）准备资料，如总平面图、基础图平面图、轴线平面图及建筑物的设计与说明等。

（2）对图纸及资料进行识读，结合施工场地情况及施工组织设计方案制定施工测设方案，掌握各项测设工作的限差要求，满足工程测量技术规范（表 3.2.1）。

(3) 按照测设方案进行实地放样，检测及调整等。

表 3.2.1　　建筑物施工放样的主要技术要求

| 建筑物结构特征 | 测距相对中误差 | 测角中误差 (″) | 在测站上测定高差中误差 (mm) | 根据起始水平面在施工水平面上测定高程中误差 (mm) | 竖向传递轴线点中误差 (mm) |
|---|---|---|---|---|---|
| 金属结构、装配式钢筋混凝土结构、建筑物高度 100～120m 或跨度 30～36m | 1/20000 | 5 | 1 | 6 | 4 |
| 15 层房屋、建筑物高度 60～100m 或跨度 18～30m | 1/10000 | 10 | 2 | 5 | 3 |
| 5～15 层房屋、建筑物高度 15～60m 或跨度 6～18m | 1/5000 | 20 | 2.5 | 4 | 2.5 |
| 5 层房屋、建筑物高度 15m 或跨度 6m 以下 | 1/3000 | 30 | 3 | 3 | 2 |
| 木结构、工业管线或公路铁路专用线 | 1/2000 | 30 | 5 | — | — |
| 土工竖向整平 | 1/1000 | 45 | 10 | — | — |

设计资料和各种图纸是施工测设工作的依据，在放样前必须熟悉。通过查看建筑总平面图可以了解拟建的建筑物与测量控制点及相邻地物的关系，从而制定出合理的建筑物平面位置的测设方案和相应的测设数据。由图 3.2.1 可知，拟建的建筑物与左侧已有建筑物是对称的，且两建筑物的相应轴线相互平行且尺寸相同，两建筑物外墙皮间距为 18.00m，拟建的建筑物的底层室内地坪±0.000 的绝对高程为 42.50m，据此可确定出拟建的建筑物的测设定位方案，并可相应计算出此平面定位方法的各点的测设数据。

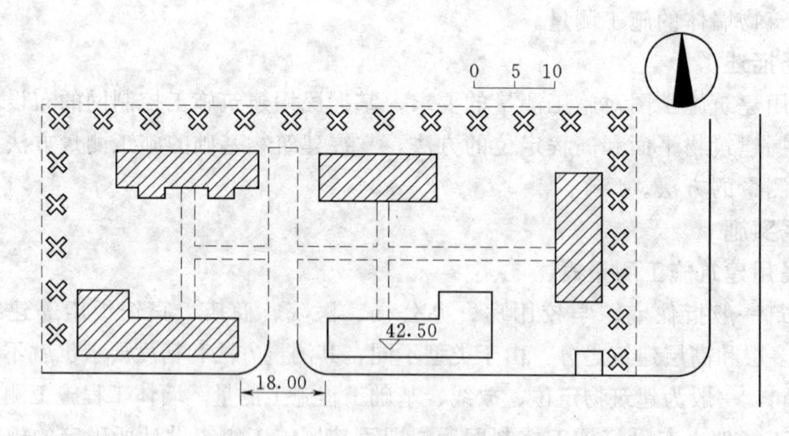


图 3.2.1　建筑总平面图（单位：m）

1. 测设前的准备工作

首先，在建筑平面图中查取拟建建筑物的总尺寸及内部各定位轴线间的关系。图 3.2.2 为该拟建建筑物底层平面图，从中可查得建筑物的总长、总宽尺寸和内部各定位轴线尺寸，据此可得到建筑物细部放样的基础数据。

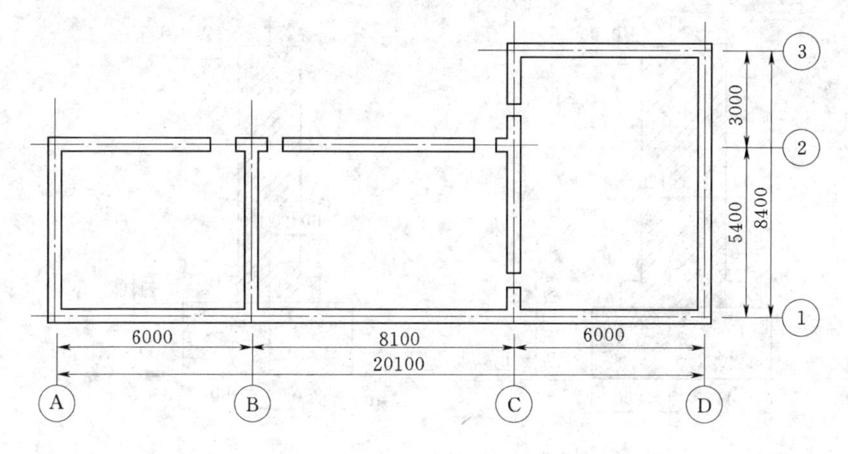


图 3.2.2　建筑物底层平面图（单位：mm）

基础平面图给出了建筑物的整个平面尺寸及细部结构与各定位轴线之间的关系，以此可确定基础轴线的测设数据。图 3.2.3 为该建筑物的基础布置平面图。

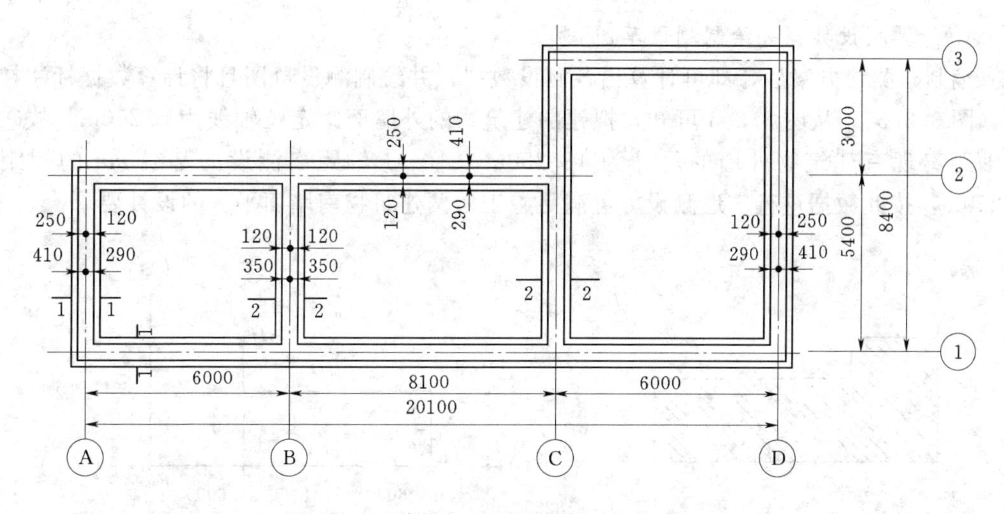


图 3.2.3　建筑物基础平面图（单位：mm）

基础剖面图给出了基础剖面的尺寸（边线至中轴线的距离）及其设计标高（基础与设计底层室内地坪±0.000 的高差），从而可确定基础开挖边线的位置及基坑底面的高度位置。它是基础开挖与施工的依据，如图 3.2.4 所示。

另外，还可以通过其他各种立面图、剖面图、结构图、设备基础图及土方开挖图等，查取基础、地坪、楼板、楼梯等的设计高程，获得在施工建设中所需的测设高程数据资料。

2. 实地现场踏勘

现场实地踏勘，主要是为了搞清现场上地物、地貌和测量控制点分布情况，以及与施工测设相关的一些问题。踏勘后，应对场地上的控制点进行校核，以确定控制点的现场位置。

3. 制定测设方案

资料搞清楚后，即可依据施工进度计划，结合现场地形和施工控制网布置情况，编制详细的施工测设方案，在方案中应依据建筑限差的要求，确定出建筑测设的精度标准。

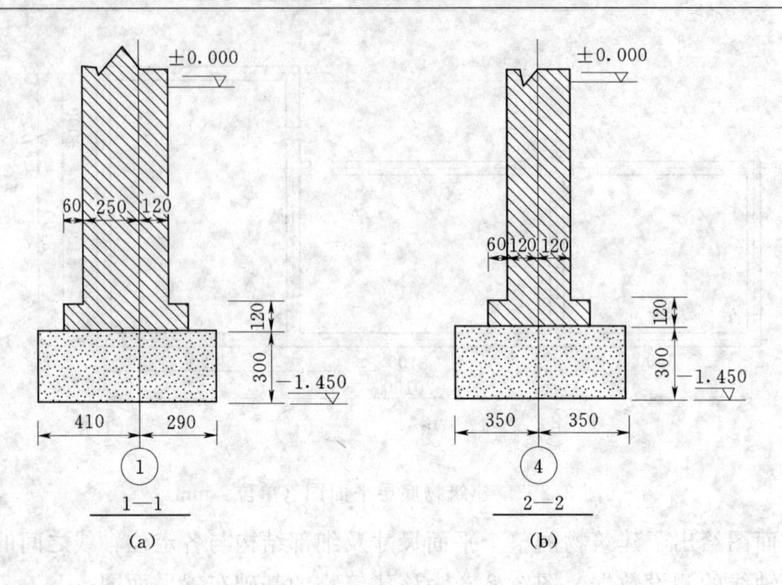


图 3.2.4　基础剖面图（单位：mm）

4. 计算测设数据并绘制测设草图

编制出测设方案后，即可计算出各测设数据，并绘制测设草图且将计算数据标注在图中（图 3.2.5）。从图 3.2.3 可知，拟建的建筑物的外墙面距定位轴线为 0.250m，故Ⓐ—Ⓐ轴距离现有建筑物外墙的尺寸为 18.250m，①—①轴距离测设的基线 *mn* 的间距为 3.250m，按此数据进行实地测设方可满足施工后两建筑物南墙面平齐的设计要求。

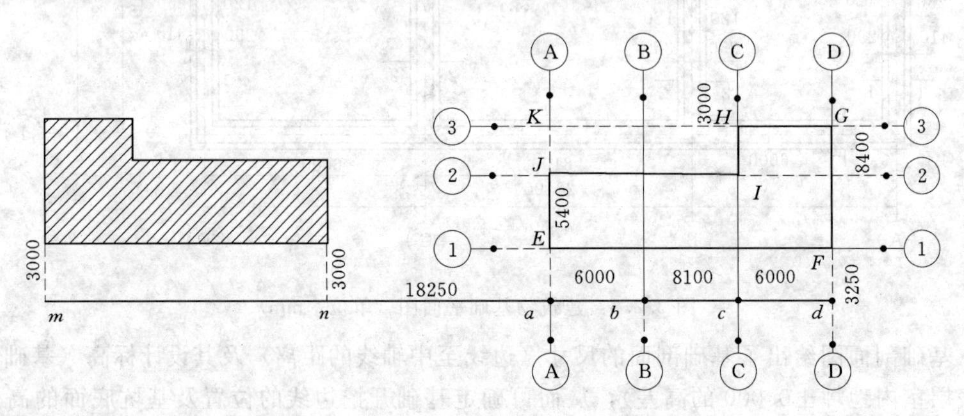


图 3.2.5　建筑物测设草图（单位：mm）

### 3.2.5.2　民用建筑的定位

民用建筑定位是指将建筑物外轮廓线的交点（如图 3.2.5 中的 *E*、*F*、*G* 等点）测设在施工场地上。它是进行建筑物基础测设和细部放线的依据。建筑定位方法主要有：根据与现有建筑的关系定位、根据建筑红线定位、根据已知控制点定位、根据施工控制网定位等几种。

1. 根据与现有建筑物的关系定位

对图 3.2.1 的拟建房屋，通过查找资料，编制出拟建的建筑物的施工放样方案，得到相应的测设草图 3.2.5，即可按以下步骤在现场进行建筑物的定位。

(1) 沿已有建筑物的东、西两墙面各向外测设距离 3.000m，定出 $m$、$n$ 两点作为拟建建筑物的建筑基线。然后，在 $m$ 点安置经纬仪，后视 $n$ 点，按照测设已知水平距离的方法，在此方向上依据图中标注的尺寸，依次测设出 $a$、$b$、$c$、$d$ 4 个基线点，相应打上木桩，桩上钉小钉以表示测设点的中心位置。

(2) 在 $a$、$c$、$d$ 三点分别安置经纬仪，采用直角坐标放样方法，在实地依次测设出 $E$、$F$、$G$、$H$、$I$、$J$ 等建筑物各轴线的交点，并打木桩，钉小钉以表示各点中心位置。

(3) 用钢尺测量各轴线间的距离，进行校验，其相对误差一般不应超过 1/3000；若建筑物的规模较大，则一般不应超过 1/5000。同时，在 $E$、$F$、$G$、$K$ 四角点安置经纬仪，检测各个直角，其测量值与 90°之差不应超过±30″。若超限，则必须调整，直至达到规定要求。

2. 根据建筑物或道路规划红线定位

建筑物或道路的规划红线点是城市规划部门所测设的城市规划用地与建设单位用地的界址线，新建建筑物的设计位置与红线的关系应得到城市规划部门的批准。因此，建筑物的设计位置应以规划红线为依据，这样在建筑物定位时，便可根据规划红线进行。

如图 3.2.6 所示，$A$、$BC$、$MC$、$EC$、$D$ 为城市规划道路红线点，其中 $A$—$BC$、$EC$—$D$ 为直线段，$BC$ 为圆曲线起点，$MC$ 为圆曲线中点，$EC$ 为圆曲线终点，$IP$ 为两直线段的交点，该交角为 90°，$M$、$N$、$P$、$Q$ 为所设计的高层建筑的轴线（外墙中线）的交点，规定 $MN$ 轴应离红线 $A$—$BC$ 为 12m，且与红线平行；$NP$ 轴离红线 $EC$—$D$ 为 15m。

实地定位时，在红线上从 $IP$ 点得 $N'$点，在测设一点 $M'$点，使其与 $N'$的距离等于建筑物的设计长度 $MN$。然后在这两点上分别安置经纬仪，用直角坐标法测设轴线交点 $M$、$N$，使其与红线的距离等于 12m；同时在各自的直角方向上依据建筑物的设计宽度测设 $Q$、$P$ 点。最终，再对 $M$、$N$、$P$、$Q$ 点进行校核调整，直至定位点在限差范围内（具体技术要求见表 3.2.1）。

3. 根据建筑方格网定位

建筑场地上若有建筑方格控制网，则可根据拟建建筑物和方格网点坐标，用直角坐标法进行建筑物的定位工作。如图 3.2.7 所示，拟建建筑物 $PQRS$ 的施工场地上布设有建筑方格网，依据图纸设计好测设草图，然后在方格控制网点 $E$、$F$ 上各建立站点，用直角坐标法进行测设，完成建筑物的定位。测设好后，必须进行校核，要求测设精度：距离相对误差小于 1/3000，与 90°的偏差不超过±30″。

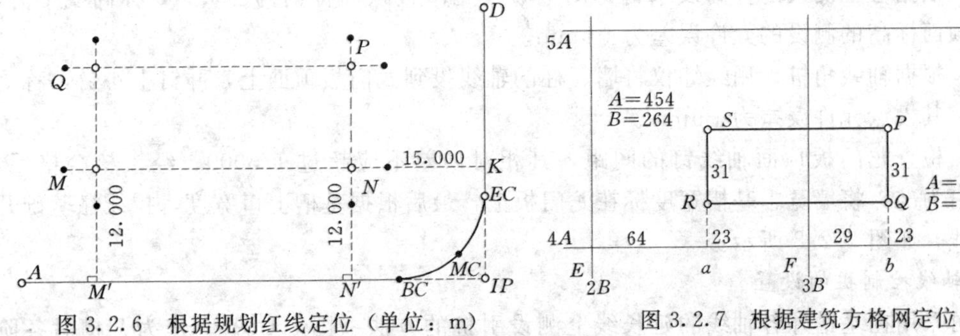

图 3.2.6 根据规划红线定位（单位：m）

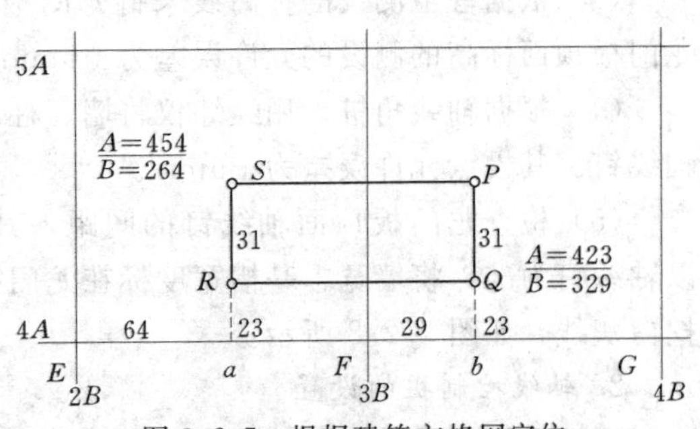

图 3.2.7 根据建筑方格网定位

4. 根据测量控制点进行定位

若在建筑施工场地上有测量控制点可用，应根据控制点坐标及建筑物轴线定位点的设计坐标，反算出轴线定位点的测设数据，然后在控制点上建站，用全站仪或经纬仪测设出各轴线定位点，完成建筑物的实地定位。测设完后，务必校核。

### 3.2.5.3 建筑物细部放线

完成建筑物的定位之后，即可依据定位桩来测设建筑物的其他各轴线交点的位置，以完成民用建筑的细部放线。当各细部放线点测设好后，应在测设位置打木桩（桩上中心处钉小钉），这种桩称为中心桩。据此即可在地面上撒出白灰线以确定基槽开挖边界线。

由于基槽开挖后，定位的轴线角桩和中心桩将被挖掉，为了便于在后期施工中恢复建筑中心轴线位置，必须把各轴线桩点引测到基槽外的安全地方，并做好相应标志，主要有设置龙门桩和龙门板、引测轴线控制桩两种方法。

1. 龙门板的设置

在一般民用建筑中，为了施工方便，在基槽外一定距离（距离槽边大约 2m 以外）设置龙门板。如图 3.2.8 所示，其测设步骤具体如下。

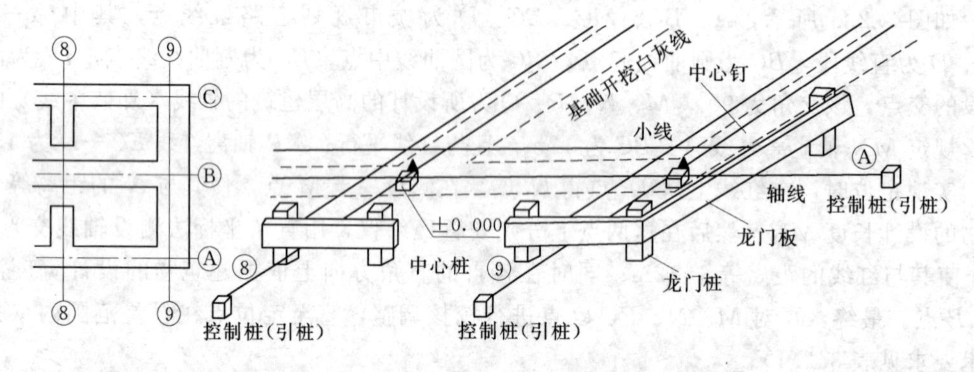


图 3.2.8 龙门桩、龙门板的钉设

(1) 在建筑物四角与内纵、横墙两端基槽开挖边线以外大约 2m（根据土质情况和挖槽深度确定）的位置钉龙门桩，要求桩钉得竖直、牢固，且其侧面与基槽平行。

(2) 在每个龙门桩上测设 ±0.000 标高线；若遇现场条件不许可，也可测设比 ±0.000高（或低）一定数值的标高线。但同一建筑物最好只选一个标高。若地形起伏较大必须选两个标高时，一定要标注详细、清楚，以免在施工中使用时发生错误。

(3) 依据桩上测设的标高线来钉龙门板，使龙门板顶面标高与±0.000 标高线平齐。龙门板顶面标高的测设的允许误差为±5mm。

(4) 根据轴线角桩，用经纬仪将墙、柱的轴线投到龙门板顶面上，并钉上小钉，称为轴线钉。其投点允许误差为±5mm。

(5) 检查龙门板顶面轴线钉的间距，其相对误差不应超过 1/3000。经校核合格后，以轴线钉为准，将墙宽、基槽宽度标在龙门板上，最后根据基槽上口宽度，拉线撒基础开挖白灰线，如图 3.2.8 所示。

2. 轴线控制桩的设置

也可采用在基槽外各轴线的延长线上测设引桩的方法（图 3.2.9），作为开槽后各阶

段施工中确定轴线位置的依据。在多层建筑的施工中，引桩是向上各楼层投测轴线的依据。

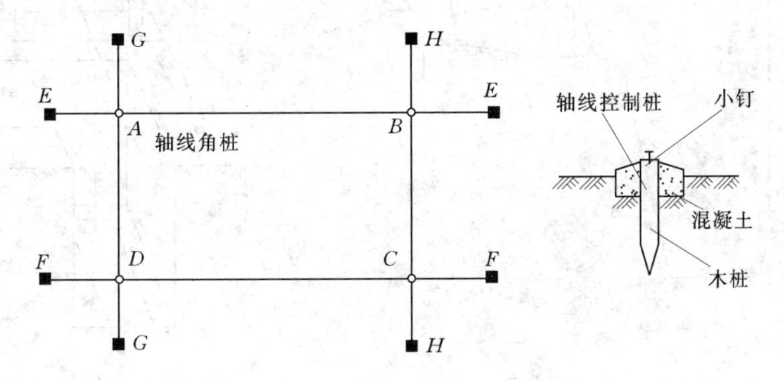


图3.2.9　轴线控制桩的设置

引桩一般钉在基槽开挖边线2～4m的地方，在多层建筑施工中，为便于向上投点，应在较远的地方测定，如附近有固定建筑物，最好把轴线引测到建筑物上。

**3.2.5.4　建筑物基础工程施工测量**

当完成建筑物轴线的定位和放线后，便可按照基础平面图上的设计尺寸，利用龙门板上所表示的基槽宽度，在地面上撒出白灰线，由施工者进行基础开挖，并实施基础测量工作。

1. 基槽与基坑抄平

基槽开挖到接近基底设计标高时，为了控制开挖深度，可用水准仪根据地面上±0.000标志点（或龙门板）在基槽壁上测设一些比槽底设计高程高0.3～0.5m的水平小木桩，如图3.2.10所示，作为控制挖槽深度、修平槽底和打基础垫层的依据。一般应在各槽壁拐角处、深度变化处和基槽壁上每间隔3～4m测设水平桩。

图3.2.10中，槽底设计标高为－1.700m，现要求测设出比槽底设计标高高0.500m的水平桩，首先安置好水准仪，立水准尺于龙门板顶面（或±0.000的标志桩上），读取后视读数$a$为0.546m，则可求得测设水平桩的前视读数$b$为1.746m。然后将尺立于基槽壁并上下移动，直至水准仪视线读数为1.746m时，即可沿尺底部在基槽壁上打小木桩，同法施测其他水平桩，完成基槽抄平工作。水平桩测设的允许误差为±10mm。清槽后，即可依据水平桩在槽底测设出顶面高程恰为垫层设计标高的木桩，用以控制垫层的施工高度。

所挖基槽呈深坑状的称为基坑。若基坑过深，用一般方法不能直接测定坑底位置时，可用悬挂的钢尺代替水准尺，用两次传递的方法来测设基坑设计标高，以监控基坑抄平。

2. 基础垫层上墙体中线的测设

基础垫层打好后，可根据龙门板上的轴线钉或轴线控制桩，用全站仪或经纬仪或拉绳挂垂球的方法，把轴线投测到垫层上，如图3.2.11所示。然后用墨线弹出墙中心线和基础边线（俗称撂底），以作为砌筑基础的依据。最终，务必严格校核后方可进行基础的砌筑施工。

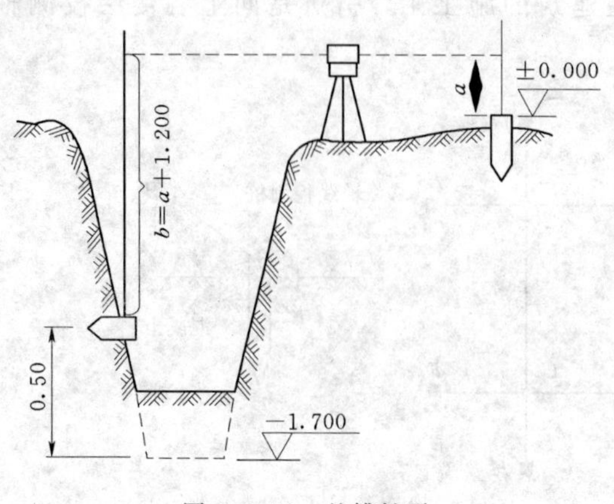


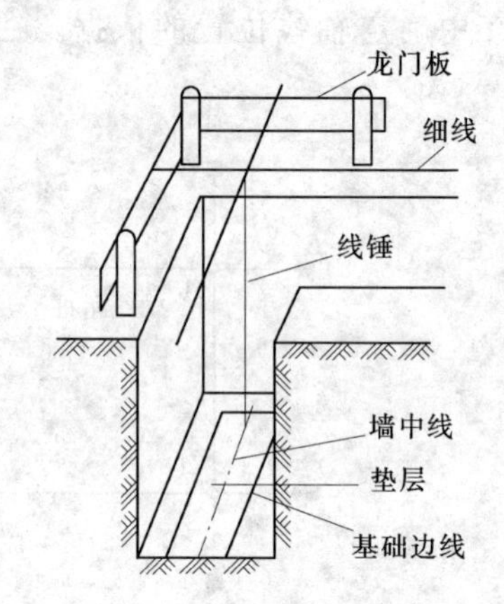

图 3.2.10 基槽抄平

图 3.2.11 基础垫层轴线投测

3. 基础标高的控制

房屋基础墙（±0.000 以下部分）的高度是用皮数杆来控制的。基础皮数杆是一根木（或铝合金）制的直杆，如图 3.2.12 所示，事先在杆上按照设计尺寸，将砖缝、灰缝厚度画出线条，并标明±0.000 和防潮层等的位置。设立皮数杆时，先在立杆处打木桩，并在木桩侧面定出一条高于垫层标高某一数值的水平线，然后将皮数杆上高度与其相同的水平线与其对齐，且将皮数杆与木桩钉在一起，作为基础墙高度施工的依据。

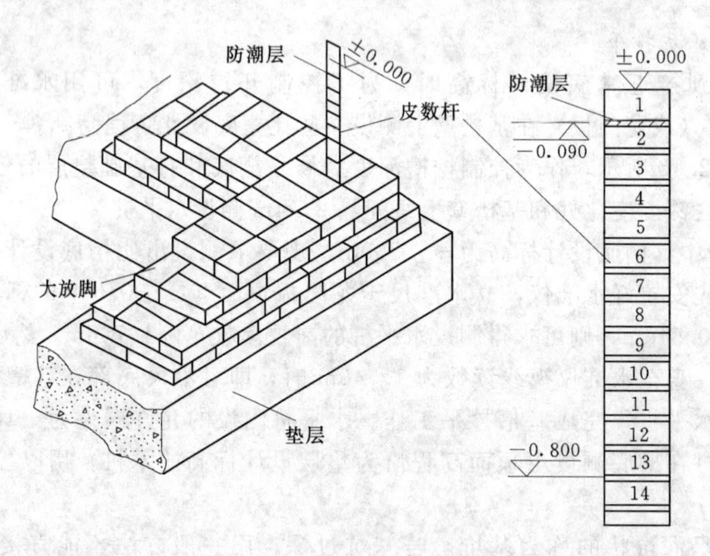


图 3.2.12 基础墙标高测设

基础施工完后，应检查基础面的标高是否符合设计要求（也可检查防潮层）。一般用水准仪测出基础面上若干点的高程与设计高程相比较，允许误差为±10mm。

### 3.2.5.5 建筑物墙体施工测量

房屋墙体施工中的测设工作，主要是墙体的定位和墙体各部位的标高控制。

1. 墙体定位

基础工程完工后，应检查龙门板（或轴线控制桩），以防碰动移位。检查无误后，便

可利用龙门板或引桩将建筑物轴线测设到基础或防潮层等部位的侧面，并用红三角“▼”标示，如图3.2.13所示。以此确定出建筑物上部墙体的轴线位置，施工人员可照此进行墙体的砌筑，也可作为向上投测轴线的依据。然后在基础顶面上投测轴线，并据此轴线弹出纵、横墙边线，定出门、窗和其他洞口的位置，并将这些线均弹设到基础的侧面。

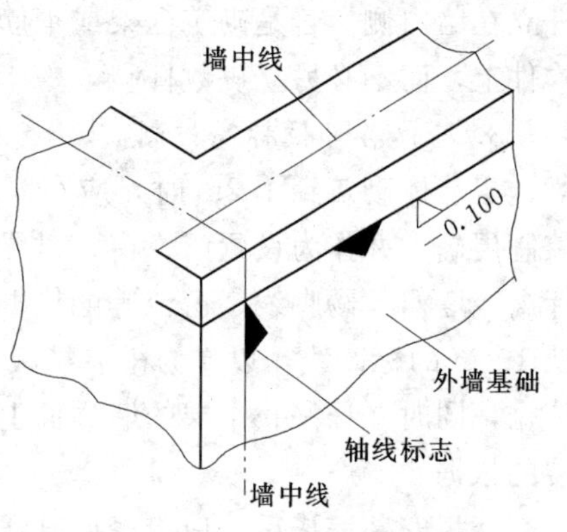


图3.2.13　基础侧面轴线标志

2. 墙体皮数杆的设置

皮数杆是根据建筑物剖面图画有每皮砖和灰缝的厚度，并标有墙体上窗台、门窗洞口、过梁、雨篷、圈梁、楼板等构件高度位置的专用杆，如图3.2.14所示，在施工中，用皮数杆可以控制墙身各部件的高度位置，并保证每皮砖和灰缝厚度均匀，且都处于同一水平面上。

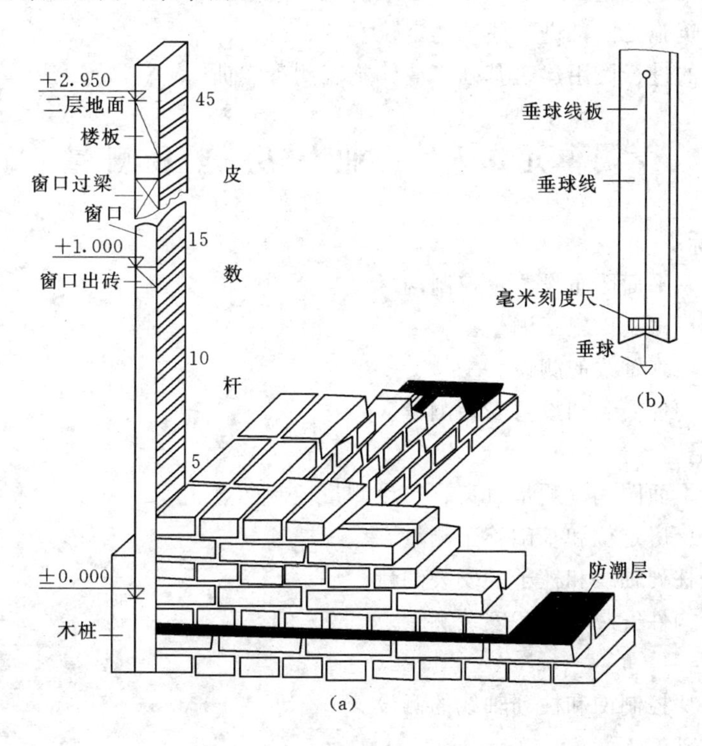


图3.2.14　墙体各部件标高的控制

(a) 皮数杆的设置；(b) 托线板

皮数杆一般立在建筑物拐角处和隔墙处，如图3.2.14所示，立皮数杆时，应先在地面上打一木桩，并测出±0.000标高位置，画一水平线作为标记；然后把皮数杆上的±0.000线与木桩上的该水平线对齐，钉牢。钉好后，应用水准仪对其进行检测，并用垂球来校正其竖直。

为了施工方便，采用里脚手架砌砖时，皮数杆立在墙外侧；若采用外脚手架时，皮数杆立在墙内侧。若是砌筑框架或钢筋混凝土柱子之间的间隔墙时，每层皮数杆可直接画在构件上，而不必另立皮数杆。

3. 墙体各部位标高控制

当墙体砌筑到1.2m时，应在墙体上测设出高于室内地坪线0.500m的标高线，用来控制层高，并作为设置门、窗、过梁高度的依据；同时也是进行室内装饰施工时控制地面标高、墙裙、踢脚线、窗台等的依据。在楼板施工时，还应在墙体上测设出比楼板底标高低10cm的标高线，以作为吊装楼板（或现浇楼板）板面平整及楼板板底抹面施工找平的依据，同时在抹好找平层的墙顶面上弹出墙的中心线及楼板安装的位置线，以作为楼板吊装的依据。

楼板安装完毕后，应将底层轴线引测到上层楼面上，作为上层楼的墙体轴线。还应测设出控制墙体其他部位标高的标高线，以指导施工。

### 3.2.6 职业活动训练

（1）参观民用建筑施工工地，了解工地的施工测量。

（2）阅读建筑施工图，进行建筑物定位实训。

（3）选择性的进行民用建筑基础、墙体施工测量实训。

## 学习单元3.3 工业厂房施工测量

### 3.3.1 学习目标

（1）会按照总平面图布设测量控制网。

（2）会进行厂房基础施工测量。

（3）会进行柱列轴线的测设。

（4）会进行构件安装和设备安装测量。

### 3.3.2 学习任务

（1）能按总平面图编制测量方案、布设测量控制网点。

（2）能进行厂房定位和基础施工测量。

（3）能测设柱列轴线和柱子的安装测量。

（4）能进行构件安装和设备安装测量。

### 3.3.3 学习内容

（1）工业厂房控制网和柱列轴线的测设。

（2）厂房基础施工测量。

（3）混凝土柱基、柱身和平台施工测量。

（4）厂房预制构件安装测量。

（5）屋架安装测量。

（6）吊车梁安装测量。

### 3.3.4 任务描述

了解厂房总平面图对测量的要求，掌握厂房基础定位和基础施工测量方法，掌握柱列轴线、杯口、柱子的施工测量，学习构件安装和设备安装测量的方法与要求。

## 3.3.5 任务实施

### 3.3.5.1 工业厂房控制网和柱列轴线测设

工业建筑主要指工业企业的生产性建筑，如厂房、运输设施、动力设施、仓库等，其主体是生产厂房。一般厂房多是金属结构及装配式钢筋混凝土结构单层厂房。其放样的工作内容与民用建筑大致相似，主要包括厂房矩形控制网的测设、柱列轴线测设、基础施工

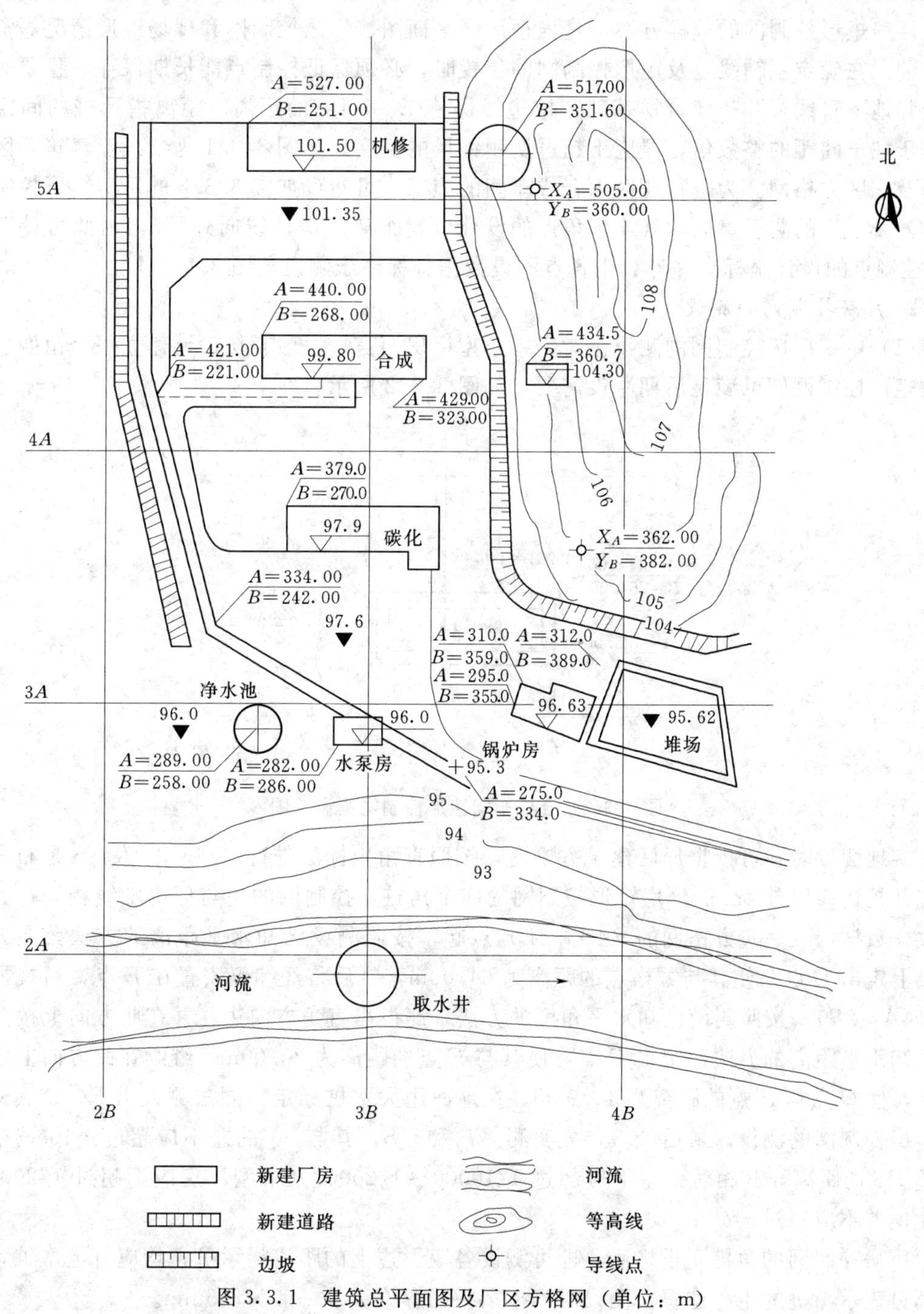


图 3.3.1 建筑总平面图及厂区方格网（单位：m）

测量、构件安装测量及设备安装测量等。

1. 编制厂房矩形控制网测设方案

工业建筑同民用建筑一样在施工测量之前，首先必须做好测设前的准备工作，如熟悉设计图纸、现场踏勘等，然后结合施工进度计划，制定出测设方案，并绘制测设草图。

厂房矩形控制网的放样方案，是根据厂区平面图、厂区控制网和现场地形情况等资料制定的。在确定主轴线点及矩形控制网的位置时，必须保证控制点能长期保存，且要避开地上和地下管线，并与建筑物基础开挖边线保持1.5～4m的距离。距离指示桩的间距一般等于柱子间距的整数倍，但应不超过所用钢尺的长度。如图3.3.1为某工业建筑厂区平面图及厂区方格网。为进行厂区内合成车间的施工，可布设如图3.3.2的厂房矩形控制网$P$、$Q$、$R$、$S$的测设草图，其4个角点的设计位置距离厂房轴线向外4m，由此可计算出4个控制点的设计坐标，并计算出各点测设数据且标注于测设草图3.3.2上。

2. 厂房控制网的测设

(1) 单一厂房控制网的测设。对于中小型厂房而言，一般直接设计建立一个由四边围成的矩形控制网即可满足后期测设需要，如图3.3.2所示。

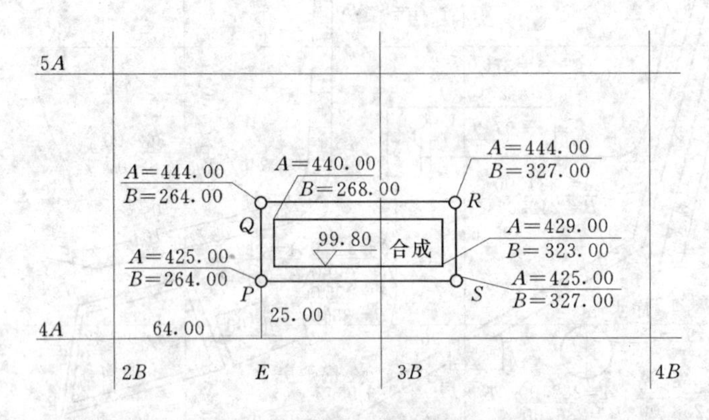


图3.3.2 合成车间矩形控制网测设草图

实地测设时，可依据厂区建筑方格网，按照直角坐标法进行。$P$、$Q$、$R$、$S$是布设在基坑开挖边线以外4m的厂房矩形控制网的四个角桩，控制网的边与厂房轴线相平行。根据放样数据，从建筑方格网的（$4A$，$2B$）点起，按照测设已知水平距离的方法，在方格轴线上定出$E$点，使其与方格点的距离为64.00m，然后将经纬仪安置在$E$点，后视方格点（$4A$，$2B$），按照测设已知水平角度的方法，测设出直角方向边，并在此方向上按照测设已知水平距离的方法，定出$P$点，使其与$E$点的距离为25.00m，继续在此方向上定出$Q$点，使$Q$点与$P$点的距离为19.00m，在地面用大木桩标定；同法测设出$R$、$S$点，完成厂房控制网的测设。最后校核，先实测$\angle P$和$\angle S$，其与90°的差不应超过±10″；精密测量$PS$的距离，其相对误差不应超过1/10000～1/20000（中型厂房应不超过1/20000，角度偏差不应超过±7″）。

厂房控制网的角桩测设好后，即可测设各矩形边上的距离指示桩，均应打上木桩，并用小钉表示出桩的中心位置。测设距离指示桩的容许偏差一般为±5mm。

(2) 大型工业厂房矩形控制网的测设。对于大型或设备基础复杂的厂房，由于施测精度要求较高，为了保证后期测设的精度，其矩形厂房控制网的建立一般分两步进行。应先依据厂区建筑方格网精确测设出厂房控制网的主、辅轴线，当校核达到精度要求后，再根据主轴线测设厂房矩形控制网，并测设各边上的距离指示桩，一般距离指标桩位于厂房柱列轴线或主要设备中心线方向上。最终应检核大型厂房的主轴线的测设精度，边长的相对误差不应超过 1/30000，角度偏差不应超过±5″。

(3) 厂房改建或扩建时的控制测量。旧厂房进行改建或扩建前，最好能找到原有厂房施工时的控制点，作为扩建与改建时进行控制测量的依据，但原有控制点必须与已有的吊车轨道及主要设备中心线联测，将实测结果提交设计部门。

若原厂房控制点已不存在，应按下列不同情况，恢复厂房控制网。

1) 厂房内有吊车轨道时，应以原有吊车轨道的中心线为依据。

2) 扩建与改建的厂房内的主要设备与原有设备有联动或衔接关系时，应以原有设备中心线为依据。

3) 厂房内无重要设备及吊车轨道，以原有厂房柱子中心线为依据。

3. *厂房外轮廓轴线和柱列轴线的测设*

厂房矩形控制网测设好后，应根据控制桩和距离指示桩，用钢尺沿矩形控制网各边按照柱列轴线间距或跨距逐段放样出厂房外轮廓轴线端点及各柱列轴线端点（即各柱子中心线与矩形边的交点）的位置，并设置轴线控制桩且在桩顶钉小钉，作为厂房轴线及柱基放样和厂房构件安装的依据。如图 3.3.3 所示，$A$、$C$、1、6 点即为外轮廓轴线端点，$B$、2、3、4、5 点即为柱列轴线端点。然后用两台经纬仪分别安置于外轮廓轴线端点（如 $A$、1 点）上，分别后视对应端点（$A$、1 点）即可交会出厂房的外轮廓轴线角桩点 $E$、$F$、$G$、$H$，厂房轴线及柱列轴线测设时应打上角桩标志。

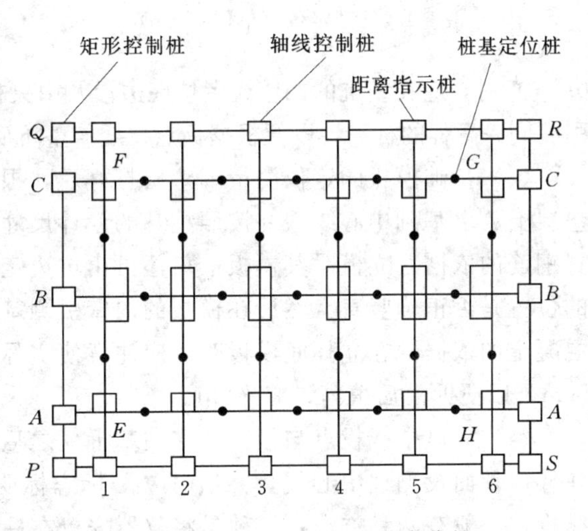


图 3.3.3 柱基详图及柱基定位桩

### 3.3.5.2 厂房基础施工测量

1. *混凝土杯形基础施工测量*

(1) 柱基定位放线。采用与测设外轮廓轴线角点桩相同的方法，依据轴线控制桩交会出各柱列轴线上柱基的中心位置。然后在离柱基开挖边线约 0.5～1.0m 处的轴线方向上定出 4 个柱基定位桩，钉上小钉标示柱轴线的中心线，供修坑立模之用，如图 3.3.4 所示；在桩上拉细线绳，并用特制的“T”形尺，按基础详图的尺寸和基坑放坡宽度 $a$，进行柱基及开挖边线的放线，用灰线标示出基坑开挖边线的实地位置，如图 3.3.5 所示。同法可放出全部柱基。

(2) 基坑抄平。当基坑开挖到一定深度，快要挖到柱基设计标高（一般距基底 0.3～

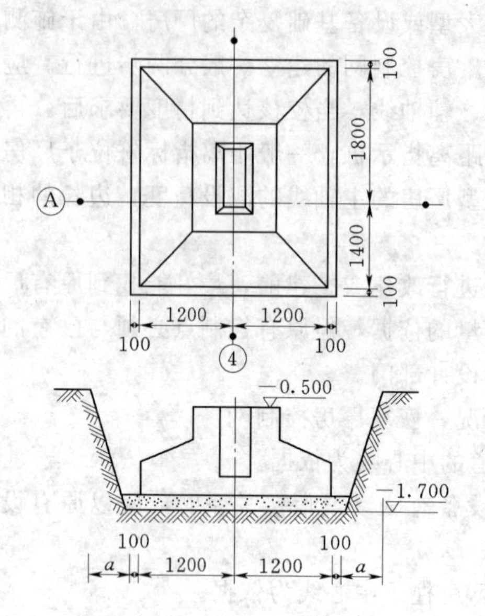


图 3.3.4　柱基定位（单位：mm）

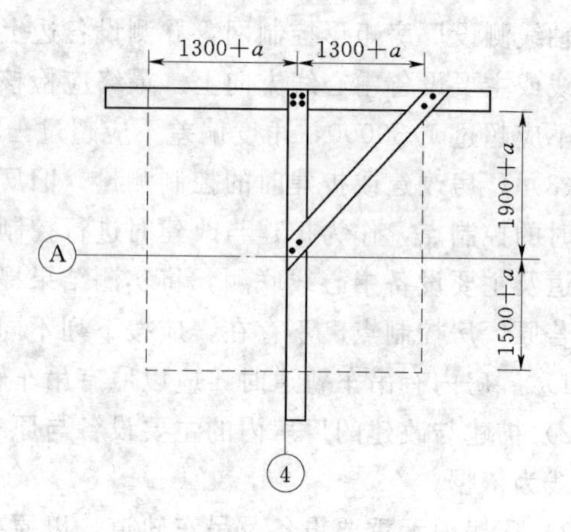


图 3.3.5　柱基及开挖边线的放线（单位：mm）

0.5m）时，应在基坑的四壁或者坑底边沿及中央打入小木桩，如图 3.3.6 所示，并在木桩上引测同一高程的标高，以便根据标点拉线修整坑底和打垫层。其标高容许误差为±5mm。

（3）基础模板的定位测量。垫层打好后，根据柱基定位桩，用拉线、吊垂球的方法在垫层上放出基础中心线，并按照柱基的设计尺寸弹墨线标出柱基位置，作为柱基立模和布置钢筋的依据。立模时其模板上口还可由坑边定位桩直接拉线，用吊垂球的方法检查模板的位置是否正确竖直。然后在模板的内壁引测基础面的设计标高，并画线标明，作为浇筑混凝土的依据。在立杯底模板时，应注意使实际浇筑的杯底顶面比原设计的标高略低 3～5cm，以便拆模后填高、修平杯底。

（4）杯口中线投点与抄平。在柱基拆模之后，根据矩形控制网上柱子中心线端点桩，在杯口顶面投测柱中心线，并绘“▼”标志标明，以备吊装柱子时使用（图 3.3.7）。中线投点一般有两种方法：一种是将仪器安置在柱中心线的一个端点，照准另一个端点而将中线投到杯口上；另一种是将仪器置于中线上的适当位置，照准控制网上柱基中心线两端点，采用正倒镜法进行投点。

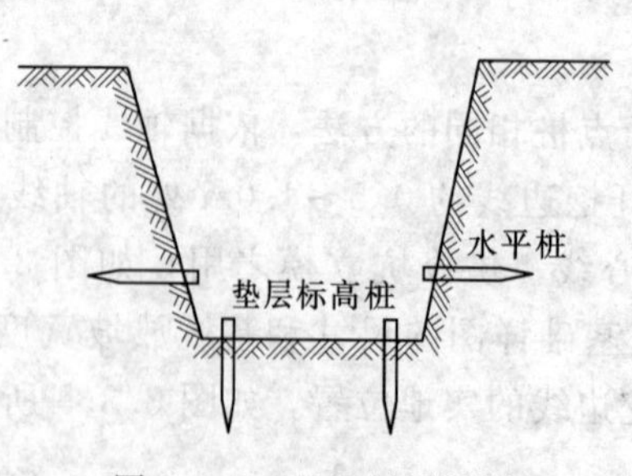


图 3.3.6　基坑抄平测量

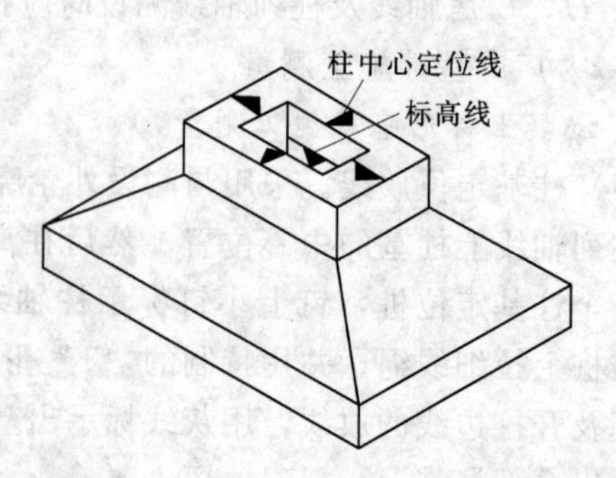


图 3.3.7　杯口中线及标高线测设

同时，为了修平杯底，还须在杯口内壁测设某一标高线，用“▼”标志标明，其一般比杯形基础顶面略低10cm，且与杯底设计标高的距离为整分数，以此来修平杯底。

2. 钢柱基础施工测量

对于钢结构柱子基础，顶面通常设计为一平面，通过锚栓将钢柱与基础连成整体。施工时应注意保证基础顶面标高及锚栓位置的准确。钢结构下面支撑面的容许偏差，高度为±2cm，倾斜度为1/1000，锚栓位置的容许偏差，在支座范围内为±5mm。

钢柱基础定位和基坑底层抄平方法与混凝土杯形基础相同，其特点是基坑较深且基础下面有垫层，以及埋设与混凝土形成基础整体的地脚螺栓。其施测方法与步骤如下。

(1) 钢柱基础垫层中线投点和抄平。垫层混凝土凝结后，应在垫层上投测柱基中线，并根据中线点弹出墨线，绘出地脚螺栓固定架的位置，以作为安置螺栓固定架及根据中线支立模板的依据，如图3.3.8所示。

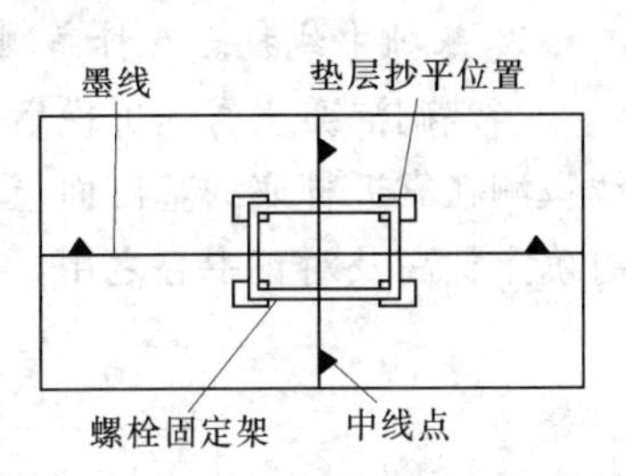


图3.3.8 地脚螺栓固定架放线

投测中线时，在基坑旁安置经纬仪，保证视线能看到坑底，然后照准矩形控制网基础中心线的两端点，用正倒镜法，将仪器中心导入中心线内，而后进行中线点的投点，并在垫层面上作标志。

螺栓固定架位置在垫层上绘出后，即可在固定架外框四个角落测设标高，以便用来检查并修平垫层混凝土面，使其符合设计标高，便于固定架的安装。如基础过深，从地面上直接引测基础地面标高，标尺不够长时，可采用悬吊钢尺的方法测设。

(2) 地脚螺栓固定架中线投点与抄平。

1) 固定架的安置。固定架一般是用钢材制作，用以锚定地脚螺栓及其他埋设件。如图3.3.9所示，根据垫层上的中心线和所画的位置将其安置在垫层上，然后依据垫层上测定的标高点，进行地脚抄平，将高的地方的混凝土打去一些，低的地方垫以小块钢板并与底层钢网焊牢，使其符合设计标高。

2) 固定架抄平。固定架安置好后，测出四根横梁的标高，以检查固定架高度是否符合要求，其容许偏差为－5mm，但应不高于设计标高。满足要求后，将固定架与底层钢筋焊牢且加焊支撑钢筋。

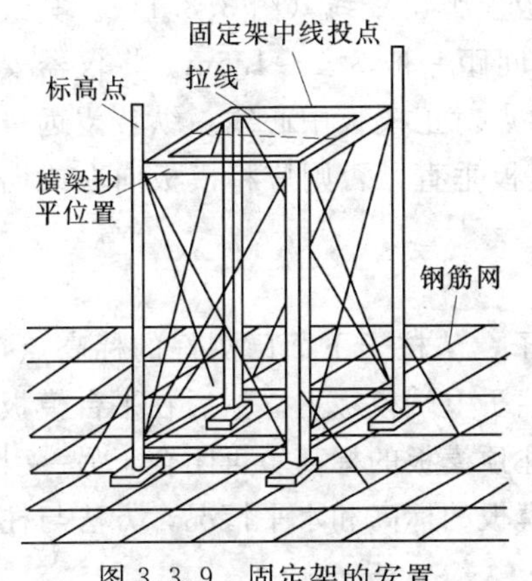


图3.3.9 固定架的安置

3) 中线投点。投点前，应对矩形控制边上的中心端点进行检查，然后根据相应两端点，将中线投测在固定架横梁上，并刻绘标志。其中线投点偏差（相对于中线端点）为±1～±2mm。

(3) 地脚螺栓的安装与标高测量。根据垫层上和固定架上投测的中心点，把地脚螺栓安放在设计位置。为了测定地脚螺栓的标高，在固定架的斜对角处焊两根小角钢（图3.3.9），在其上引测同一数值的标高点，并

刻绘标志，其高度应比地脚螺栓的设计标高稍低一些；然后在角钢上两标点处拉一细钢丝，以定出螺栓的安装高度；待螺栓安装好后，测出螺栓第一丝扣的标高，地脚螺栓的高度不应低于其设计标高，容许偏高5～25mm。

（4）支立模板与浇筑混凝土时的测量工作。钢柱基础支模阶段的测量工作与混凝土杯形基础相同。特别之处在于，在浇灌基础混凝土时，为了保证地脚螺栓位置及高度的正确，应进行看守观测，若发现其变动应立即通知施工人员及时处理。

#### 3.3.5.3 混凝土柱子基础及柱身、平台施工测量

当基础、柱身及其上面的各层平台采用现场捣制混凝土的方法进行施工时，为了配合施工一般应进行以下施工测量工作。

1. 基础中线投点及标高测设

当基础混凝土凝固拆模后，即可根据矩形控制网边线上的柱子中心线端点桩，将中心线投测在靠近杯底的基础面上，并在露出的钢筋上测设出标高点，以供进行柱身支立模板时确定柱高及对正中心之用，如图3.3.10所示。

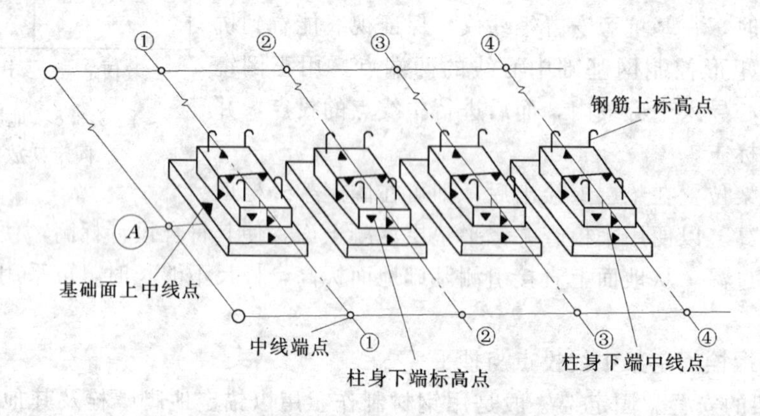


图3.3.10 柱基础投点及标高测量

2. 柱身垂直度测量

柱身模板支好后，必须检查柱子的垂直度。若现场通视困难，可采用平行线投点法来检查柱子的垂直度，并将柱身模板校正。其施测过程为：先在柱子模板上端根据外框量出柱子中心点，然后将其与柱身下端中心点相连，并在模板上弹出墨线（图3.3.11）。其次再根据柱中线控制点$A$、$B$测设$AB$的平行线$A'B'$，其间距一般为1～1.5m。将仪器安置于$B'$，照准$A'$并在柱上由一人水平横放木尺，使其零点对正模板中心线，纵转望远镜仰视木尺，若十字丝正好对准1m或1.5m处，则柱子模板垂直，否则应将模板向左或向右移动，直至十字丝正好对准1m或1.5m处为止。

3. 柱顶及平台模板抄平

柱子模板校正好后，应选择不同行、列的两三根柱子，从柱子下面已测好的标高点，用钢尺沿柱身向上量距，引测一个高程数据相同的点在柱子上端模板上。然后在平台模板上安置水准仪，用柱上引测的任一标高点作后视，施测柱顶模板的标高，再闭合于另一引测的标高点以资校核。平台模板支好后，必须检查平台模板的标高和水平情况，方法与柱顶模板抄平相同，如图3.3.12所示。

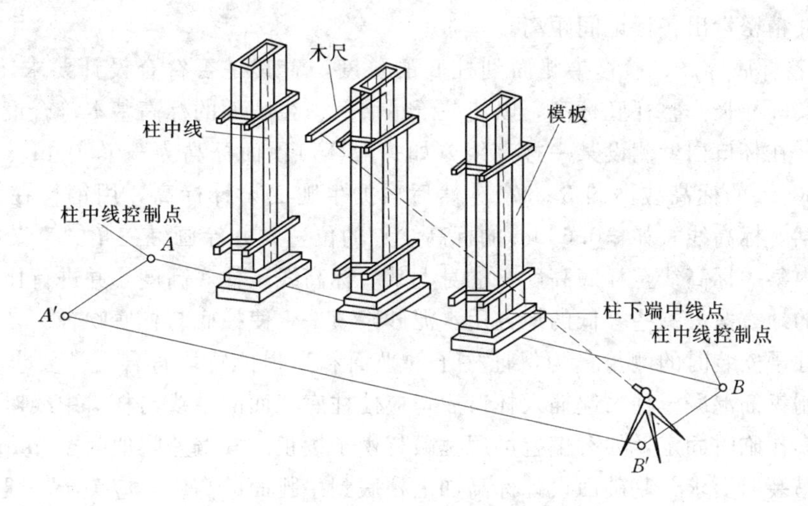


图 3.3.11 柱身模板校正

4. 上层标高的引测及柱中心线投点

在第一层柱子与平台混凝土浇筑好后，需将柱子中线及标高引测到第一层平台上，以作为支立第二层柱身模板和第二层平台模板的依据，以此类推。其上层标高的引测可根据柱子下端标高点用钢尺沿柱身向上量距标点得到。而上层柱顶中线的引测，可用经纬仪轴线投测方法进行，其方法一般是将仪器安置于柱中线控制点上，照准柱子下端的中线点，仰视向柱子上端投点，并作标记（图 3.3.12）。若安置位置与柱子间距过短，不便于投点时，可将中线端点 $A$ 用正倒镜法延长至远端的 $A'$点，然后安置仪器于 $A'$在投点。其标高的引测偏差为±5mm；纵横中心线投点偏差，投点高度 5m 以内时为±3mm，5m 以外时为±5mm。

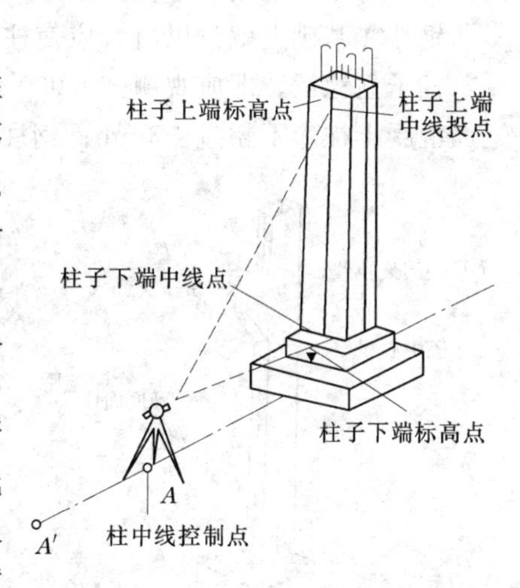


图 3.3.12 柱子中线及标高引测

### 3.3.5.4 厂房预制构件安装测量

装配式单层厂房主要由柱子、梁、吊车轨道、屋架、天窗和屋面板等主要构件组成。一般工业厂房都采用预制构件在现场安装的方法进行施工。一般要进行以下测设工作。

1. 柱子的安装测量

(1) 柱子安装前的准备工作。

1) 对基础中心线及其间距，基础顶面和杯底标高进行复核，符合设计要求后，才可以进行安装工作。

2) 把每根柱子按轴线位置进行编号，并检查柱子的尺寸是否符合图纸的尺寸要求，如柱长、断面尺寸、柱底到牛腿面的尺寸、牛腿面到柱顶的尺寸等，无误后，才可进行弹线。

3) 在柱身的三面，用墨线弹出柱中心线，每个面在中心线上画出上、中、下三点水平标记，并精密量出各标记间距离。

4）调整杯底标高、检查牛腿面到柱底的长度，看其是否符合设计要求，如不相符，就要根据实际柱长修整杯底标高，以使柱子吊装后，牛腿面的标高基本符合设计要求。具体做法是：在杯口内壁测设某一标高线（如一般杯口顶面标高为－0.500m，则在杯口内抄上－0.600m的标高线，图3.3.7）。然后根据牛腿面设计标高，用钢尺在柱身上量出±0.00和某一标高线（如－0.600m的标高线）的位置，并涂画红三角“▼”标志。分别量出杯口内某一标高线至杯底高度、柱身上某一标高线至柱底高度，并进行比较，以修整杯底，高的地方凿去一些，低的地方用水泥砂浆填平，使柱底与杯底吻合。

(2) 柱子安装时的测量。为保证柱子的平面和高程位置均符合设计要求，且柱身垂直，在预制钢筋混凝土柱吊起插入杯口后，应使柱底三面的中线与杯口中线对齐，并用硬木楔或钢楔作临时固定，如有偏差可用锤敲打楔子拨正。其偏差限值为±5mm。

钢柱吊装时要求：基础面设计标高加上柱底到牛腿面的高度，应等于牛腿面的设计标高。安放垫板时须用水准仪抄平予以配合，使其符合设计标高。

钢柱在基础上就位以后，应使柱中线与基础面上的中线对齐。

柱子立稳后，即应观测±0.000点标高是否符合设计要求，其允许误差，一般的预制钢筋混凝土柱应不超过±3mm；钢柱应不超过±2mm。

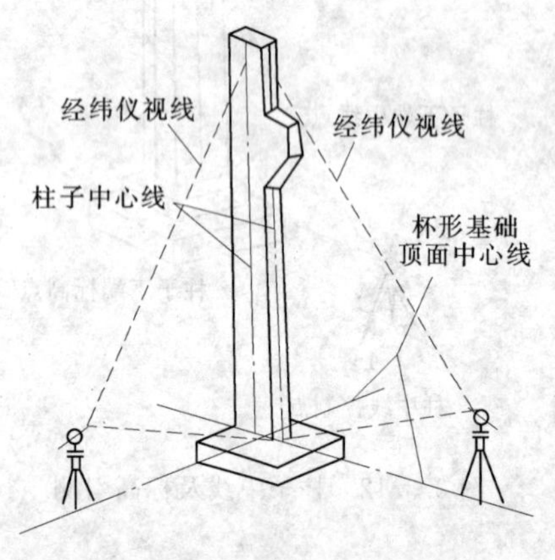

图3.3.13 柱子垂直校正测量

(3) 柱子垂直校正测量。进行柱子垂直校正测量时，应将两架经纬仪安置在柱子纵、横中心轴线上，且距离柱子约为柱高的1.5倍的地方，如图3.3.13所示，先照准柱底中线，固定照准部，再逐渐仰视到柱顶，若中线偏离竖丝，表示柱子不垂直，可指挥施工人员用调节拉绳、支撑或敲打楔子等方法使柱子垂直。经校正后，柱的中线与轴线偏差不得大于±5mm；柱子垂直度容许误差为$H/1000$，当柱高在10m以上时，其最大偏差不得超过±20mm；柱高在10m以内时，其最大偏差不得超过±10mm。满足要求后，要立即灌浆，以固定柱子位置。

在实际工作中，一般是一次把成排的柱子都竖起来，然后再进行垂直校正。这时可把两台经纬仪分别安置在纵、横轴线一侧，偏离中线不得大于3m，安置一次仪器即可校正几根柱子。但在这种情况下，柱子上的中心标点或中心墨线必须在同一平面上，否则仪器必须安置在中心线上。

2. 吊车梁的安装测量

吊车梁的安装，其测量工作主要是测设吊车梁的中线位置和标高位置，以满足设计要求。

(1) 吊车梁安装时的中线测设。根据厂房矩形控制网或柱中心轴线端点，在地面上定出吊车梁中心线（亦即吊车轨道中心线）控制桩，然后用经纬仪将吊车梁中心线投测在每根柱子牛腿上，并弹以墨线，投点误差为±3mm。吊装时使吊车梁中心线与牛腿上中心线对齐。

(2) 吊车梁安装时的标高测设。吊车梁顶面标高，应符合设计要求。根据±0.000标高线，沿柱子侧面向上量取一段距离，在柱身上定出牛腿面的设计标高点，作为修平牛腿面及加垫板的依据。同时在柱子的上端比梁顶面高5～10cm处测设一标高点，据此修平梁顶面。梁顶面置平以后，应安置水准仪于吊车梁上，以柱子牛腿上测设的标高点为依据，检测梁面的标高是否符合设计要求，其容许误差应不超过±3～±5mm。

3. 吊车轨道的安装测量

吊车轨道的安装，其测设工作主要是进行轨道中心线和轨顶标高的测量，以符合要求。

(1) 在吊车梁上测设轨道中心线。

1) 用平行线法测定轨道中心线。吊车梁在牛腿上安放好后，第一次投在牛腿上的中心线已被吊车梁所掩盖，所以在梁面上须投测轨道中心线，以便安装吊车轨道。

具体测设方法是：先在地面上沿垂直于柱中心线的方向$AB$和$A'B'$各量一段距离$AE$和$A'E'$，令$AE=A'E'=l+1$（$l$为柱列中心线到吊车轨道中心线的距离），则$EE'$为与吊车轨道中心线相距1m的平行线（图3.3.14）。然后将经纬仪安置在$E$点，照准$E'$点，固定照准部，将望远镜逐渐仰视以向上投点。这时指挥一人在吊车梁上横放一支1m长的木尺，并使木尺一端在视线上，则另一端即为轨道中心线位置，同时在梁面上画线标记此点位。同法定出轨道中心线的其他各点。用同样方法测设吊车轨道的另一条中心线位置。也可以按照轨道中心线间的间距，根据已定好的一条轨道中心线，用悬空量距的方法定出来。

2) 根据吊车梁两端投测的中线点测定轨道中心线。根据地面上柱子中心线控制点或厂房矩形控制网点，测设出吊车梁（吊车轨道）中心线点。然后根据此点用经纬仪在厂房两端的吊车梁面上各投一点，两条吊车梁共投测四点，其投点容许误差为±2mm。再用钢尺丈量两端所投中线点的跨距，看其是否符合设计要求，如超过±5mm，则以实测长度为准予以调整。将仪器安置于吊车梁一端中线点上，照准另一端点，在梁面上进行中线投点加密，一般每隔18～24m加密一点。若梁面过窄，不能安置三脚架，应采用特殊仪器架来安置仪器。

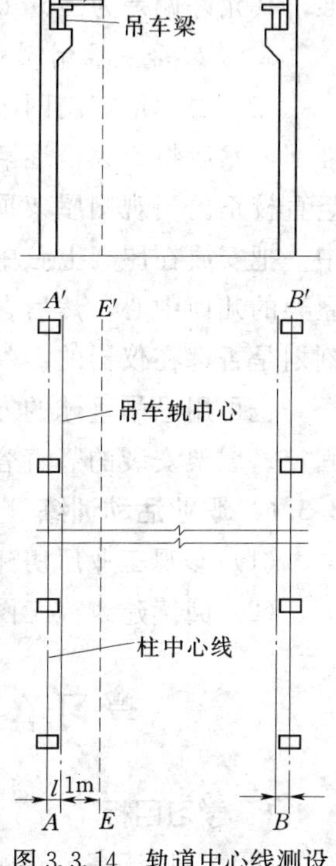

图3.3.14 轨道中心线测设

轨道中心线最好在屋面安装后测设，否则当屋面安装完毕后，应重新检查中心线。在测设吊车梁中心线时，应将其方向引测在墙上或屋架上。

(2) 吊车轨道安装时的标高测设。在吊车轨道面上投测好中线点后，应根据中线点弹出墨线，以便安放轨道垫板。在安装轨道垫板时，应根据柱子上端测设的标高点。测设出垫板标高，使其符合设计要求，以便安装轨道。梁面垫板标高测设时的容许误差为±2mm。

(3) 吊车轨道的校核。在吊车梁上安装好吊车轨道以后，必须进行轨道中心线检查测量，以校核其是否成一直线；还应进行轨道跨距及轨顶标高的测量，看其是否符合设计要求。检测结果要做出记录，作为竣工验收资料。轨道安装竣工校核测量容许误差应满足以下各检查要求。

1）轨道中心线的检查：安置经纬仪于吊车梁上，照准预先在墙上或屋架上引测的中心线两端点，用正倒镜法将仪器中心移至轨道中心线上，而后每隔18m投测一点，检查轨道的中心是否在一直线上，容许偏差为±2mm，若超限，则应重新调整轨道，直至达到要求为止。

2）跨距检查：在两条轨道对称点上，用钢尺精密丈量其跨距尺寸，其实测值与设计值相差不得超过±3～±5mm，否则应予以调整。

轨道安装中心线调整后，应保证轨道安装中心线与吊车梁实际中心线偏差小于±10mm。

（4）轨顶标高检查：吊车轨道安装好后，必须根据柱子上端测设的标高点（水准点）检查轨顶标高。且在每两轨接头之处各测一点，中间每隔6m测量一点，其容许误差为±2mm。

#### 3.3.5.5 屋架安装测量

1. 柱顶抄平测量

屋架是搁在柱顶上的，安装之前，必须根据各柱面上的±0.000标高线，利用水准仪或钢尺，在各柱顶部测设相同高程数据的标高点，作为柱顶抄平的依据，以保证屋架安装平齐。

2. 屋架定位测量

安装前，用经纬仪或其他方法在柱顶上测设出屋架的定位轴线，并弹出屋架两端的中心线，作为屋架定位的依据。屋架吊装就位时，应使屋架的中心线与柱顶上的定位线对准，其允许偏差为±5mm。

3. 屋架垂直控制测量

在厂房矩形控制网边线上的轴线控制桩上安置经纬仪，照准柱子上的中心线，固定照准部，然后将望远镜逐渐抬高，观测屋架的中心线是否在同一竖直面内，以此进行屋架的竖直校正。当观测屋架顶有困难时，也可在屋架上横放三把1m长的小木尺进行观测，其中一把安放在屋架上弦中点附近，另外两把分别安放在屋架的两端，使木尺的零刻划正对屋架的几何中心，然后在地面上距屋架中心线为1m处安置经纬仪，观测三把尺子的1m刻划是否都在仪器的竖丝上，以此即可判断屋架的垂直度。

也可用悬吊垂球的方法进行屋架垂直度的校正。屋架校至垂直后，即可将屋架用电焊固定。屋架安装的竖直容许误差为屋架高度的1/250，但不得超过±15mm。

### 3.3.6 职业活动训练

（1）参观工业厂房建筑施工工地，了解工地的施工测量。

（2）阅读建筑施工图，进行柱列轴线测设实训。

## 学习单元3.4 高层建筑施工测量和变形监测

### 3.4.1 学习目标

（1）会识读高层建筑测量与变形观测的规定及要求。

(2) 会布设高层建筑施工与变形监测控制网（点）。

(3) 会高层建筑轴线的投测和高程传递。

(4) 会进行建筑物的平面和高程位移观测。

(5) 会整理变形观测的资料。

### 3.4.2　学习任务

(1) 能够根据设计书布设高层建筑施工和变形观测的控制网。

(2) 能进行高层建筑的轴线测设和高程传递。

(3) 能观测建筑物的平面和高程位移。

(4) 能进行变形观测资料的整理。

### 3.4.3　学习内容

(1) 高层建筑施工测量和变形观测的特点。

(2) 高层建筑施工和变形观测的控制网的布设。

(3) 高层建筑轴线的投测和高程传递。

(4) 建筑物的平面和高程位移观测。

(5) 变形观测资料的整理。

### 3.4.4　任务描述

了解高层建筑物施工测量和变形观测的特点及要求，掌握高层建筑的轴线测设和高程传递方法，掌握建筑物平面和高程位移观测的方法及精度，掌握变形观测资料的整理方法。

### 3.4.5　任务实施

#### 3.4.5.1　高层建筑施工测量概述

由于高层建筑的层数多、高度高、结构复杂、设备及装修标准高，特别是高速电梯的安装要求最高，因此，在施工过程中对建筑各部位的水平位置、垂直度及轴线位置尺寸、标高等的测设精度要求均十分严格。总体的建筑限差有严格的规定，对质量检测的允许偏差也有严格要求。如：层间标高测量偏差和竖向测量偏差均要求不超过±3mm，建筑全高（$H$）测量偏差和竖向偏差不应超过 $3/10000H$，且 $30m<H\leqslant 60m$ 时，不应超过±10mm；$60m<H\leqslant 90m$ 时，不应超过±15mm；$H>90m$ 时，不应超过±20mm。

另外，由于高层建筑工程量大，多设地下工程，且分期施工，工期长，施工现场变化大，因而，为保证工程的整体性和局部性施工的精度，在进行高层建筑施工测量之前，必须谨慎地制定测设方案，选用适当的仪器，并拟出各种控制和检测的措施以确保放样精度。

高层建筑一般用桩基础，主体结构为现浇框架结构工程，而且平面、立面造型新颖又复杂多变，因而，其测设方法与一般建筑既有相似之处，又有独特的地方，按测设方案实施时，务必精密计算，严格操作、校核，方可保证测设质量达到规定的建筑限差要求。

#### 3.4.5.2　高层建筑施工测量的实施步骤

在高层建筑施工过程中有大量的施工测量工作，具体如下。

1. *施工控制网的布设*

高层建筑施工必须建立施工控制网。其平面控制一般布设建筑方格网较为实用、方便，精度可以保证，自检也方便。布设方格网，须从整个施工过程考虑，以应用于打桩、挖土、浇筑基础垫层及其他施工工序中的轴线测设等施工活动。由于打桩、挖土对控制网的影响较大，除了经常进行控制网点的复测校核之外，最好随着施工的进行，将控制网延伸到施工影响区之外。而且，须及时将控制轴线投测到相应的建筑面层上，这样便可根据投测的控制轴线，进行柱列轴线等细部放样，以备绑扎钢筋、立模板和浇筑混凝土之用。为了高层建筑的空间位置测设到实地，同时简化设计点位的坐标计算，便于在现场进行细部放样，布设的控制网轴系应严格平行于建筑物的主轴线或道路的中心线，且必须与建筑总平面图相配合，以便在施工过程中能够保存最多数量的方格控制点。

建筑方格网的实施流程，与一般建筑场地上控制网的实施过程一样，首先在建筑总平面图上设计，然后依据高等级测图点将其测设到现场，最后，进行校核调整，以确保精度。

高层建筑施工中，高程的测设工作量在整个测量工作中占的比例很大，且是施工测量中的重要部分。正确而周密地在现场布置好水准高程控制点，能在很大程度上使立面布置、管道敷设和建筑施工得以顺利进行，施工场地上的高程控制须达到施工的质量对其的要求。

其高程控制点，必须与国家水准点上或城市水准点联测。场区的外部水准点高程系统应与城市水准点的高程系统统一，因为要由城市向建筑场区敷设许多管道和电缆等。

一般施工场区的高程控制用三、四等水准测量方法进行施测，且应把建筑方格网的方格点纳入到高程系统中，以保证高程控制点密度，满足工程建设高程测设工作所需。所建网型要附合水准或闭合水准。具体的测设技术要求见表 3.2.1。

*2. 高层建（构）筑物主要轴线的定位和放线*

在软土地基区的高层建筑其基础常用桩基，桩基础的作用在于将上部建筑结构的荷载传递到深处承载力较大的持力层中，分为预制桩和灌注桩两种，一般采用钢管桩或钢筋混凝土方桩。特点是：基坑较深，且位于市区，施工场地不宽畅；建筑定位大都是根据建筑方格网或建筑红线进行。由于高层建筑的上部荷载主要由桩承受，所以对桩位的定位精度要求较高。一般规定，根据建筑物主轴线测设桩基和板桩轴线位置的允许偏差为 20mm，对单排桩则为 10mm。沿轴线测设桩位时，纵向（沿轴线方向）偏差不宜大于 3cm，横向偏差不宜大于 2cm。位于群桩外周边上的桩，测设偏差不得大于桩径或桩边长（方形桩）的 1/10；群桩中间的桩不大于桩径或边长的 1/5。故在定桩位时须依据建筑施工控制网，先定出控制轴线，再按设计的桩位图标示尺寸逐一定出桩位，实地控制轴线测设好后，务必进行校核，检查无误后，方可进行桩位的测设工作。

施工控制网一般都确定一条或两条主轴线。因此，在建筑物放样时，按照建筑物柱列线或轮廓线与主控制轴线的关系，依据场地上的控制轴线逐一定出建筑物的轮廓线。对于目前一些几何图形复杂的建筑物，可以使用全站仪进行建筑物的定位。具体做法是：通过图纸将设计要素如轮廓坐标、曲线半径、圆心坐标及施工控制网点的坐标等识读清楚，并计算各自的测设元素，然后在控制点上安置全站仪建立测站，按极坐标法完成各点的实地测设。将所有建筑物轮廓点定出后，再行检查是否满足设计要求。

总之，根据施工场地的具体条件和建筑物几何图形的繁简情况，可以选择最合适的方

法完成高层建筑物的轴线定位。

轴线定位之后，即可依据轴线来测设各桩位或柱列轴线上的桩位。桩的排列随着建筑物形状、基础结构的不同而异。最简单的排列是格网形状，此时只要根据轴线，精确地测设出格网的四个角点进行加密即可测设出其他各桩位。有的基础则是由若干个承台和基础梁连接而成。承台下面是群桩；基础梁下面有的是单排桩，有的是双排桩。承台下群桩的排列，有时也会不同。测设时一般是按照“先整体、后局部，先外廓、后内部”的顺序进行。

测设出的桩位均用小木桩表示其位置，且应在木桩上用中心钉标表示桩的中心位置，以供校核。其校核方法一般是：根据轴线，重新在桩顶上测设出桩的设计位置，并用油漆标明，然后量出桩中心与设计位置的纵、横向两个偏差分量 $\delta_x$、$\delta_y$，若其偏差值在允许范围内，即可进行下一工序的施工。

桩的平面位置测设好后，即可进行桩的灌注施工，此时需进行桩的灌入深度的测设。一般是根据施工场地上已测设的±0.000标高，测定桩位的地面标高，依据桩顶设计标高、设计桩长，计算出各桩相应灌入的深度，进行测设。同时可用经纬仪控制桩的铅直度。

3. 高层建筑物的轴线投测

当完成建筑物的基础工程后，为保证在后期各层的施工中其相应轴线能处于同一竖直面内，应进行建筑物各轴线的投测。进行轴线投测前，为保证投测精度，首先须向基础平面引测各轴线控制点。因为在采用流水作业法施工中，当第一层柱子施工好后，马上开始围护墙的砌筑，这样原有建立的轴线控制标桩与基础之间的通视即被阻断，因而，为了轴线投测的需要，必须在基础面上直接标定出各轴线标志。

当施工场地比较宽阔时，可采用经纬仪引桩投测法（又称外控法）进行轴线的投测，按此方法分别在建筑物纵轴、横轴线控制桩（或轴线引桩）上安置经纬仪（或全站仪），就可将建筑物的主轴线点投测到同一层楼面上，各轴线投测点的连线就是该层楼面上的主轴线，同时再依据该楼层的平面图中的尺寸测设出层面上的其他轴线。最后进行检测，确保投测精度。

当在建筑物密集的建筑区，施工场地狭小，无法在建筑物轴线以外位置安置仪器时，多采用内控法。施测时必须先在建筑物基础面上测设室内轴线控制点，然后用垂准线原理将各轴线点向建筑物上部各层进行投测，作为各层轴线测设的依据。

首先，在基础平面上利用地面上测设的轴线控制桩测设主轴线，然后选择适当位置测设出与建筑物主轴线平行的辅助轴线，并建立室内辅助轴线的控制点。室内轴线控制点的布置视建筑物的平面形状而定，对一般平面形状不复杂的建筑物，可布设成“L”形或矩形。内控点应设在角点的柱子附近，各控点连线与柱子设计轴线平行，间距约为0.5～0.8m，且应选择在能保持垂直通视（不受梁等构件的影响）和水平通视（不受柱子等影响）的位置。内控点的测设，应在基础工程完成后进行，先根据建筑物施工控制网点校测建筑轴线控制桩的桩位，看其是否移位变动，若无变化，依据轴线控制桩点，将轴线内控点测设到基础平面上，并埋设标志，一般是预埋一块小铁皮，上面划十字丝，交点上冲一小孔，作为轴线投测的依据。为了将基础层上的轴线点投测到各层楼面上，在内控点的垂直方向上的各层楼面预留约300mm×300mm的传递孔（又称垂准孔），并在孔周围用砂浆做成20mm高的防水斜坡，以防投点时施工用水通过此孔流落到下方的仪器上。其投测仪器现在为激光铅垂仪。

激光铅垂仪是一种供铅直定位的专用仪器，如图3.4.1为苏州一光仪器有限公司生产的$DZJ_2$激光铅垂仪，适用于高层建筑、水塔、烟囱等工程施工中的铅直定位测量，主要进行铅垂线的轴线点位传递。仪器使用方便、铅直定位精度高、速度快。仪器上装置有上、下两只半导体激光器，可用来上、下对点进行点位传递，其中下激光器利用下对点系统用激光束对准底面基准点，快速直观，然后利用上激光器通过上垂准望远镜发射激光以向上投点，完成点位的向上传递（也可以向下投点完成轴线点的向下传递）。如图3.4.2所示，投测时，安置仪器于测站点（底层轴线内控点上），进行对中、整平，在对中时，打开对点激光开关，使激光束聚焦在测站基准点上，然后调整三脚架的高度，使圆水准气泡居中，以完成仪器对中操作，再利用脚螺旋调置水准管，使其在任何方向都居中，以完成仪器的整平，最终进行检查以确认仪器严格对中、整平，此时可将对点激光器关闭；同时在上层传递孔处放置网格激光靶，对其照准，打开垂准激光开关，会有一束激光从望远镜物镜中射出，并聚焦在靶上，激光光斑中心处的读数即为投测的观测值。这样即将基础底层内控点的位置投测到上层楼面，然后依据内控点与轴线点的间距，在楼层面上测设出轴线点，并将各轴线点依次相连即为建筑物主轴线，再根据主轴线在楼面上测设其他轴线，完成轴线的传递工作。按同法逐层上传，但应注意，轴线投测时，要控制并检校轴线向上投测的竖直偏差值在本层内不得超过±5mm，整栋楼的累积偏差不超过±20mm。同时还应用钢尺精确丈量投测的轴线点之间的距离，并与设计的轴线间距相比较，其相对误差对高层建筑而言不得低于1/10000。否则，必须重新投测，直至达到精度要求。图3.4.2（a）、（b）为向上投点，图3.4.2（c）为向下投点。

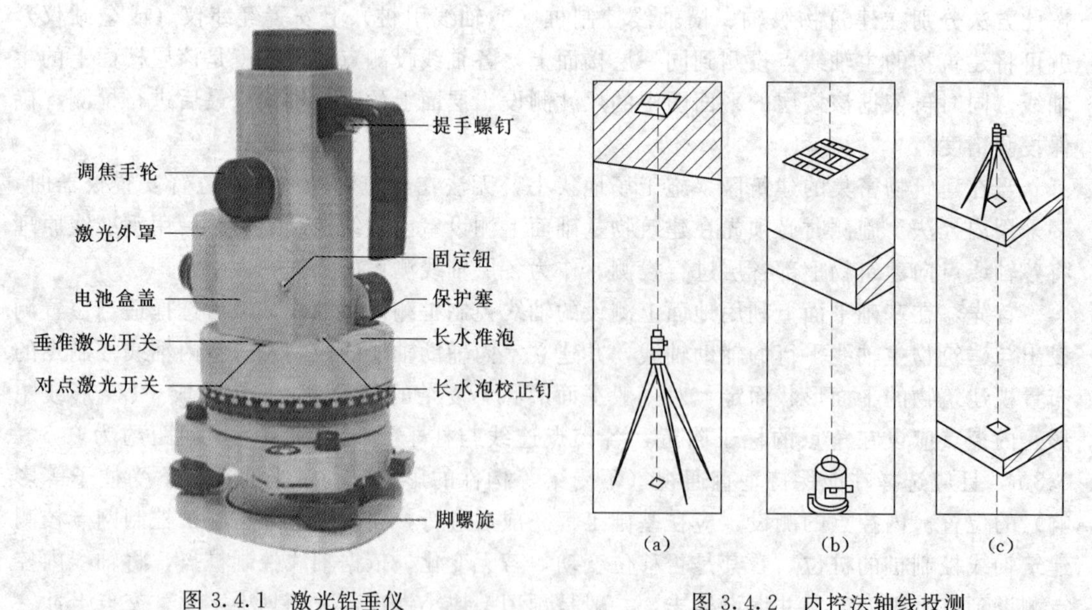


图3.4.1 激光铅垂仪

图3.4.2 内控法轴线投测

4. 高层建筑物的高程传递

高层建筑施工中，要由下层楼面向上层传递高程，以使上层楼板、门窗、室内装修等工

程的标高符合设计要求。楼面标高误差不得超过±10mm。传递高程的方法有以下几种。

（1）利用皮数杆传递高程。皮数杆上自±0.000标高线起，门窗、楼板、过梁等构件的标高都已标明。一层楼砌筑好后，则可从一层皮数杆一层一层往上接，就可以把标高传递到各楼层。在接杆时要注意检查下层杆位置是否正确。

（2）利用钢尺直接丈量。若标高精度要求较高，可用钢尺沿某一墙角自±0.000标高处起直接丈量，把高程传递上去。然后根据下面传递上来的高程立皮数杆，作为该层墙身砌筑和安装门窗、过梁及室内装修、地坪抹灰时控制标高的依据。

（3）悬吊钢尺法（水准仪高程传递法）。根据高层建筑物的具体情况也可用水准仪高程传递法进行高程传递，不过此时需用钢尺代替水准尺作为数据读取的工具，从下向上传递高程。如图3.4.3所示，由地面已知高程点$A$向建筑物楼面$B$传递高程，先从楼面上（或楼梯间）悬挂一支钢尺，钢尺下端挂重锤。观测时，为了使钢尺稳定，可将重锤浸于一盛满油的容器中。然后在地面及楼面上各安置一台水准仪，按水准测量方法同时读取$a_1$、$b_1$及$a_2$读数，则可计算出楼面$B$上设计标高为$H_B$的测设数据$b_2=H_A+a_1-b_1+a_2-H_B$，据此可按照测设已知高程的测设方法测设出楼面$B$的标高位置。

（4）全站仪天顶测高法。如图3.4.4所示，利用高层建筑中的传递孔（或电梯井等），在底层高程控制点上安置全站仪，置平望远镜（显示屏上显示竖直角为0°或天顶距为90°），然后将望远镜指向天顶方向（天顶距为0°或竖直角为90°），在需要传递高程的层面传递孔上安置反射棱镜，即可测得仪器横轴至棱镜横轴的垂直距离，加仪器高，减棱镜常数（棱镜面至棱镜横轴的间距），就可以算得两层面间的高差，据此即可计算出测量层面的标高，最后与设计标高相比较，进行调整即可。

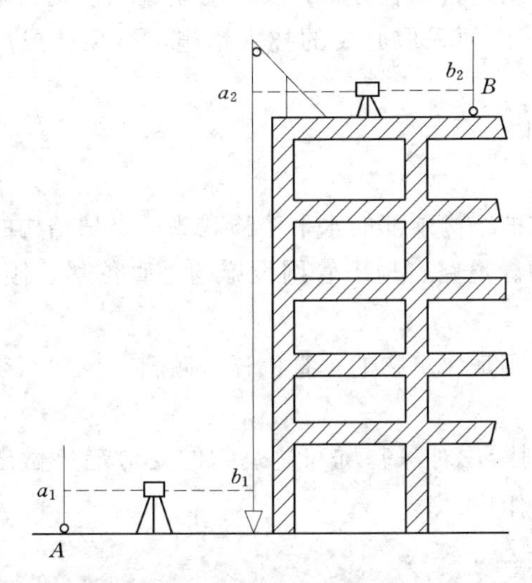


图3.4.3　水准仪高程传递法

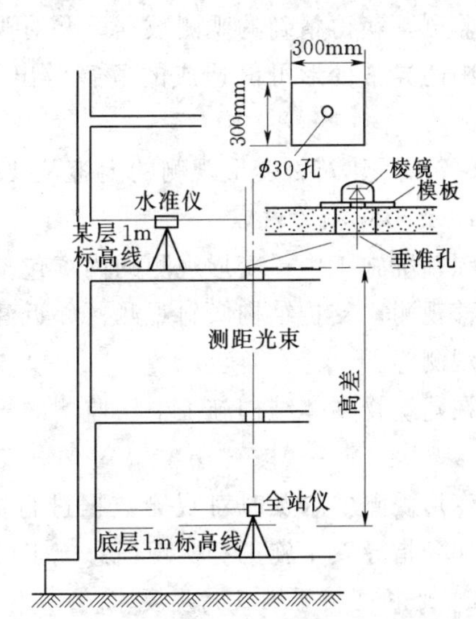


图3.4.4　全站仪测距法传递高程

### 3.4.5.3　建筑物变形监测

#### 3.4.5.3.1　变形观测的意义和特点

建筑物在施工过程和使用期间，因受地基的工程地质条件、地基处理方法、建（构）筑物上部结构的荷载等多种因素的综合影响，将引起基础及其四周地层发生变形，而建筑

物本身因基础变形及其外部荷载与内部应力的作用，也要发生变形。这种变形在一定的范围内，可视为正常现象，但超出某一限度就会影响建筑物的正常使用，会对建筑物的安全产生严重影响，或使建筑物发生不均匀沉降而导致倾斜，或造成建筑物开裂，甚至造成建筑物整体坍塌。因此，为了建筑物的安全使用，研究变形的原因和规律，在建筑物的设计、施工和运营管理期间需要进行建筑物的变形观测。

另外，在建筑物密集的城市修建高层建筑、地下车库时，往往要在狭窄的场地上进行深基坑的垂直开挖，这就需要采用支护结构对基坑边坡土体进行支护。由于施工中许多难以预料因素的影响，使得在深基坑开挖及施工过程中，可能产生边坡土体较大变形，造成支护结构失稳或边坡坍塌的严重事故。因此，在深基坑开挖和施工中，也应对支护结构和周边环境进行变形监测。

通过对支护结构及周边环境、建筑物实施变形观测，便可得到相对应的变形数据，因而可分析和监视基坑及周围环境的变形情况，才能对基坑工程的安全性和对周围环境的影响程度有全面的了解，以确保工程的顺利进行，当发现有异常变形时，可以及时分析原因，采取有效措施，以保证工程质量和安全生产，同时也为以后进行建筑物结构和地基基础合理设计积累资料。

所谓变形观测，是用测量仪器或专用仪器测定建（构）筑物及其地基或一定范围内岩石和土体在建筑物荷载和外力作用下随时间变形（包括垂直位移、水平位移、倾斜、裂缝、挠度等）的工作。进行变形观测时，一般在建筑物或基础支护结构的特征部位埋设变形监测标志，在变形影响范围之外埋设测量基准点，定期测量监测标志相对于基准点的变形量。从历次监测结果的比较中了解变形随时间变化的情况。其特点是：通过对变形体的动态监测，获得精确的观测数据，并对观测数据进行综合分析，及时对基坑或建筑物施工过程中的异常变形可能造成的危害做出预报，以便采取必要的技术措施，避免造成严重后果。

**3.4.5.3.2** 建筑物变形观测的内容及技术要求

1. 变形观测的内容

深基坑施工中，变形观测的内容包括：支护结构顶部的水平位移观测；支护结构的垂直位移观测；支护结构倾斜观测；邻近建筑物、道路、地下管网设施的垂直位移、倾斜、裂缝观测等。

在建筑物主体结构施工中，监测的主要内容是建筑物的垂直位移、倾斜、挠度和裂缝观测。

变形观测要求及时对观测数据进行分析判断，对深基坑和建筑物的变形趋势做出评价，起到指导安全施工和实现信息施工的重要作用。

2. 变形观测等级及精度要求

变形观测的精度要求，取决于该建筑物设计的允许变形值的大小和进行变形观测的目的。若观测的目的是为了使变形值不超过某一允许值从而确保建筑物的安全，则观测的中误差应小于允许变形值的1/10～1/20；若观测的目的是为了研究其变形过程及规律，则中误差应比允许变形值小得多。依据规范，对建筑物进行变形观测应能反映1～2mm的沉降量。建筑变形测量的等级划分及其精度要求见表3.4.1。

表 3.4.1　　建筑变形测量的等级及其精度要求

| 变形测量等级 | 沉降观测（垂直位移） | 水平位移观测 | 适用范围 |
|---|---|---|---|
| | 观测点测站高差中误差（mm） | 观测点坐标中误差（mm） | |
| 特级 | ≤0.05 | ≤0.3 | 特高精度要求的特种精密工程和重要科研项目变形观测 |
| 一级 | ≤0.15 | ≤1.0 | 高精度要求的大型建筑物和科研项目变形观测 |
| 二级 | ≤0.50 | ≤3.0 | 中等精度要求的建筑物和科研项目变形观测；重要建筑物主体倾斜观测、场地滑坡观测 |
| 三级 | ≤1.05 | ≤11.0 | 低精度要求的建筑物变形观测；一般建筑物主体倾斜观测、场地滑坡观测 |

观测的周期取决于变形值的大小和变形速度，以及观测的目的。通常观测的次数应既能反映出变化的过程，又不遗漏变化的时刻。在施工阶段，观测频率应大些，一般有3天、7天、半个月三种周期，到了竣工营运阶段，频率可小一些，一般有1个月、2个月、3个月、半年及一年等不同的周期。除了系统的周期观测以外，有时还应进行紧急观测。

**3.4.5.3.3**　建筑物及深基坑垂直位移观测

建筑物及深基坑的垂直位移监测是采用精密水准测量的方法进行的，为此应建立高精度的水准测量控制网。其具体做法是：在建筑物的外围布设一条闭合水准环形路线，再由水准环中的固定点测定各测点的标高，这样每隔一定周期进行一次精密水准测量，将测量的外业成果进行严密平差，求出各水准点和沉降监测点的高程（最或然值）。某一沉降监测点的沉降量即为首次监测求得的高程与该次复测后求得的高程之差。

1. 水准基点的布设及高精度水准网的建立

水准基点是固定不动且作为沉降观测高程基点的水准点。它是监测建筑物地基及深基坑变形的基准，一般设置三个水准点构成一组，在每组三个水准点的中心位置设置固定测站，测定三点间的高差，用以判断水准基点的高程本身有无变动。在布设时必须考虑下列因素。

（1）根据监测精度的要求，应布置成网形最合理、测站数最少的监测环路。图3.4.5为某建筑场区布设的水准基点及水准监测网。

（2）在整个水准网里，应有四个埋设深度足够的水准基点作为高程起算点，其余的可埋设一般地下水准点或墙上水准点。施测时可选择一些稳定性较好的沉降点，作为水准线路基点与水准网统一监测和平差。因为施测时不可能将所有的沉降点均纳入水准线路内，大部分沉降点只能采用安置一次仪器直接测定，因为转站会影响成果精度，所以选择一些沉降点作为水准点极为重要。

（3）水准基点应根据建筑场区的现场情况，设置在较明显而且通视良好、安全的地方，且要求便于进行联测。

（4）水准基点应布设在拟监测的建筑物之间，距离一般为20～40m左右，一般工业与民用建筑物应不小于15m，较大型并略有震动的工业建筑物应不小于25m，高层建筑物应不小于30m。总之，应埋设在建筑物变形影响范围之外、不受施工影响的地方。

(5) 监测单独建筑物时，至少布设三个水准基点，对建筑面积大于 $5000m^2$ 或高层建筑，则应适当增加水准基点的个数。

(6) 一般水准点应埋设在冻土线以下半米处，设在墙上的水准点应埋在永久性建筑物上，且离开地面高度约为半米。

(7) 水准基点的标志构造，必须根据埋设地区的地质条件、气候情况及工程的重要程度进行设计。对于一般建筑物及深基坑沉降监测，可参照水准测量规范中二等、三等水准的规定进行标志设计与埋设；对于高精度的变形监测，需设计和选择专门的水准基点标志。

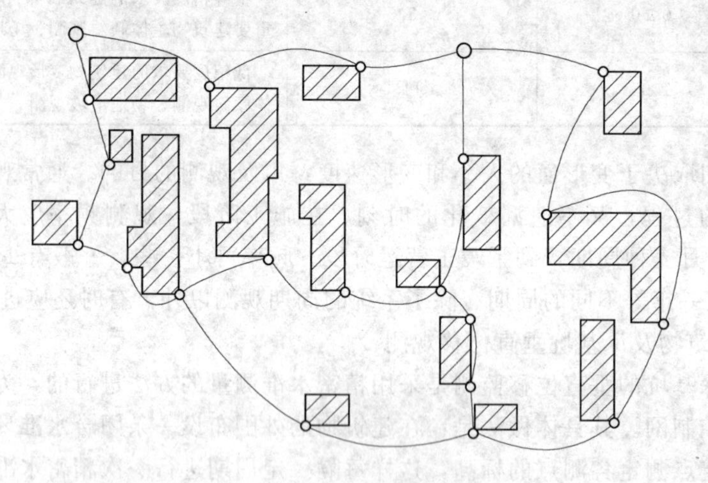

图 3.4.5 水准网的布设

○—水准点；○—沉降点

2. 沉降监测点的布设

沉降监测点是设立在变形体上、能反映其变形特征的点。沉降监测布设的监测点的位置及数量，应根据建（构）筑物荷载大小、基础形式、结构特征、地质条件以及支护结构形式、基坑周边环境等因素确定。一般可根据下列几方面布设。

(1) 监测点应布置在深基坑及建筑物本身沉降变化较显著的地方，并要考虑到在施工期间和竣工后，能顺利进行监测的地方。

(2) 深基坑支护结构的沉降观测点应埋设在锁口梁上，一般间距 10～15m 埋设一点，在支护结构的阳角处和原有建筑物离基坑很近处应加密设置监测点。

(3) 在建筑物四周角点、中点及内部承重墙（柱）上均需埋设监测点，并应沿房屋周长每间隔 10～12m 设置一个监测点，但工业厂房的每根柱子均应埋设监测点。

(4) 由于相邻建筑及深基坑与周边环境之间相互影响的关系，在高层和低层建筑物、新老建筑物连接处，以及在相接处的两边都应布设监测点。

(5) 在人工加固地基与天然地基交接和基础砌筑深度相差悬殊处，以及在相接处的两边都应布设监测点。

(6) 当基础形式不同时需在结构变化位置埋设监测点。当地基土质不均匀，可压缩性土层的厚度变化不一或有暗浜等情况时需适当埋设监测点。

(7) 在震动中心基础上也要布设监测点，对烟囱等刚性整体基础，应不少于三个监

测点。

(8) 当宽度大于15m的建筑物在设置内墙体的监测标志时，应设在承重墙上，并且要尽可能布置在建筑物的纵横轴线上，监测标志上方应有一定的空间，以保证测尺直立。

(9) 重型设备基础的四周及邻近堆置重物之处，有大面积堆荷的地方，也应布设监测点。

沉降监测点应埋设在稳固，不易被破坏，能长期保存的地方。其埋设点的标高位置，一般在室外地坪+0.500m较为适宜，但在布置时应根据建筑物层高、管道标高、室内走廊、平顶标高等情况来综合考虑。点的高度、朝向等要便于立尺和观测。同时还应注意所埋设的监测点要避开柱子间的横隔墙、外墙上的雨水管等，以免所埋设的监测点无法监测而影响监测资料的完整性。

设备基础、支护结构锁口梁上的监测点，可将直径20mm的铆钉或钢筋头（上部锉成半球状）埋设于混凝土中作为标志（图3.4.6）。墙体上或柱子上的监测点，可将直径20～22mm的钢筋按图3.4.7的形式设置。

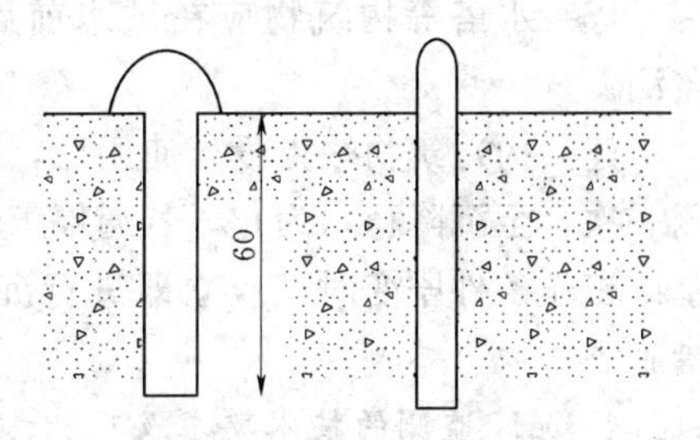

图3.4.6　设备基础沉降观测点的埋设（单位：mm）

在浇筑基础时，应根据沉降监测点的相应位置，埋设临时的基础监测点。若基础本身荷载很大，可能在基础施工时产生一定的沉降，即应埋设临时的垫层监测点或基础杯口上的临时监测点，待永久监测点埋设完毕后，立即将高程引测到永久监测点上。

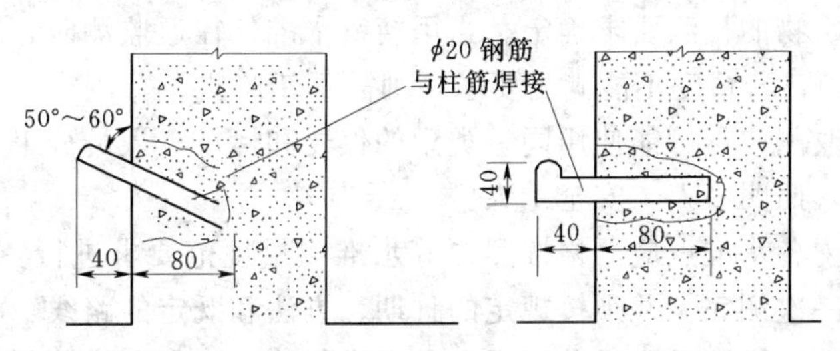

图3.4.7　墙体沉降观测点的埋设（单位：mm）

3. 沉降观测的周期确定

沉降观测的周期应根据建（构）筑物的特征、变形速率、观测精度和工程地质条件等因素综合考虑，并根据沉降量的变化情况适当调整。对沉降监测时间安排，施工期间的沉降监测次数，不得少于四次，以得出荷载与沉降量的关系，一般可参照下面几点进行确定。

(1) 深基坑开挖时，锁口梁会产生较大的水平位移，沉降观测周期应较短，一般每隔1～2天观测一次；浇筑地下室底板后，可每隔3～4天观测一次，直至支护结构变形稳定为止。当出现暴雨、管涌、变形急剧增大时，要加密观测。

(2) 工业建筑物包括装配式钢筋混凝土结构、砖砌外墙的单层或多层的工业厂房。

1) 各柱上的沉降监测点在柱子安装就位固定后进行第一次监测。

2）屋架、屋面板吊装完毕后监测一次。

3）外墙高度在10m以下者，砌到顶时监测一次，外墙高度大于10m者当砌到10m时监测一次，以后每砌5m监测一次。

4）土建工程完工时监测一次。

5）吊车试运转前后各监测一次，吊车试运转时，应按最大设计负荷情形进行，最好将吊车满载后，在每一柱边停留一段时间，再进行监测。

（3）民用建筑物及其他工业建筑物主体结构施工时，每安装完毕一层楼后，应进行一次监测，结构封顶后每两个月左右观测一次，房屋完工交付使用前再监测一次。

（4）楼层荷重较大的建筑物如仓库或多层工业厂房，应在每加一次荷重前后各监测一次。

（5）水塔等构筑物应在试水前后各监测一次，必要时在试水过程中根据要求进行监测。

建（构）筑物竣工投入使用后，观测周期视沉降量大小而定，一般可每三个月左右观测一次，至沉降稳定为止。若遇停工时间过长，停工期间也要适当观测。遇特殊情况，使基础工作条件剧变时，应立即进行沉降监测工作，以便掌握沉降变化，采取必要的预防措施。

4. 沉降监测的技术要求及观测方法

（1）仪器和标尺要按照规范要求进行检查。水准基点要联测检查，以便保证沉降监测成果的正确性。

（2）每次沉降监测工作，均需采用环形闭合方法或往返闭合方法进行检查，闭合差大小应根据不同的建筑物的检测要求确定。当用精密水准仪往返监测时，闭合差为$\pm 0.3\sqrt{n}$（mm）（$n$为测站数），若精度不能满足要求，则需重新监测。

（3）每次沉降监测应尽可能使用同一类型的仪器和标尺，人员分工为：监测1人，记录1人，立尺2人，照明2人，安全1人。

（4）施工场区内各水准点应严格按照二等水准测量规范要求进行。须连续进行监测，且全部测点需连续一次测完。并须按规定的日期、方法和既定的路线、测站进行观测。

（5）在建筑施工或安装重型设备期间、仓库进货阶段进行沉降监测时，必须将监测时的施工进展、进货数量、分布情况等详细记录在附注栏内，以算出各阶段作用在地基上的压力。

5. 沉降观测的成果整理

（1）整理原始观测数据记录。每次观测结束后，应检查记录中的数据和计算是否正确，精度是否合格，如果误差超限则需重新观测。然后调整闭合差，推算各观测点的高程，列入成果表中。

（2）计算沉降量。根据各观测点本次所观测高程与上次所观测高程之差，计算各观测点本次沉降量和累计沉降量，并将观测日期和荷载情况记入观测成果表（表3.4.2）。

（3）绘制沉降曲线。为了更清楚地表示沉降量、荷载、时间三者之间的关系，还需绘制各观测点的时间与沉降量关系曲线图以及时间与荷载关系曲线图，如图3.4.8所示。

时间与沉降量的关系曲线是以沉降量$s$为纵轴，时间$T$为横轴，按每次观测日期和相

**表 3.4.2　某建筑物6个观测点的沉降观测结果**

| 观测日期（年．月．日） | 荷重（$t/m^2$） | 观测点 1 高程（m） | 1 本次下沉（mm） | 1 累计下沉（mm） | 2 高程（m） | 2 本次下沉（mm） | 2 累计下沉（mm） | 3 高程（m） | 3 本次下沉（mm） | 3 累计下沉（mm） | 4 高程（m） | 4 本次下沉（mm） | 4 累计下沉（mm） | 5 高程（m） | 5 本次下沉（mm） | 5 累计下沉（mm） | 6 高程（m） | 6 本次下沉（mm） | 6 累计下沉（mm） |
|---|---|---|---|---|---|---|---|---|---|---|---|---|---|---|---|---|---|---|---|
| 1997.4.20 | 4.5 | 50.157 | ±0 | ±0 | 50.154 | ±0 | ±0 | 50.155 | ±0 | ±0 | 50.155 | ±0 | ±0 | 50.156 | ±0 | ±0 | 50.154 | ±0 | ±0 |
| 1997.5.5 | 5.5 | 50.155 | −2 | −2 | 50.153 | −1 | −1 | 50.153 | −2 | −2 | 50.154 | −1 | −1 | 50.155 | −1 | −1 | 50.152 | −2 | −2 |
| 1997.5.20 | 7.0 | 50.152 | −3 | −5 | 50.150 | −3 | −4 | 51.151 | −2 | −4 | 50.153 | −1 | −2 | 50.151 | −4 | −5 | 50.148 | −4 | −6 |
| 1997.6.5 | 9.5 | 50.148 | −4 | −9 | 50.148 | −2 | −6 | 50.147 | −4 | −8 | 50.150 | −3 | −5 | 50.148 | −3 | −8 | 50.146 | −2 | −8 |
| 1997.6.20 | 10.5 | 50.145 | −3 | −12 | 50.146 | −2 | −8 | 50.143 | −4 | −12 | 50.148 | −2 | −7 | 50.146 | −2 | −10 | 50.144 | −2 | −10 |
| 1997.7.20 | 10.5 | 50.143 | −2 | −14 | 50.145 | −1 | −9 | 50.141 | −2 | −14 | 50.147 | −1 | −8 | 50.145 | −1 | −11 | 50.142 | −2 | −12 |
| 1997.8.20 | 10.5 | 50.142 | −1 | −15 | 50.144 | −1 | −10 | 50.140 | −1 | −15 | 50.145 | −2 | −10 | 50.144 | −1 | −12 | 50.140 | −2 | −14 |
| 1997.9.20 | 10.5 | 50.140 | −2 | −17 | 50.142 | −2 | −12 | 50.138 | −2 | −17 | 50.143 | −2 | −12 | 50.142 | −2 | −14 | 50.139 | −1 | −15 |
| 1997.10.20 | 10.5 | 50.139 | −1 | −18 | 50.140 | −2 | −14 | 50.137 | −1 | −18 | 50.142 | −1 | −13 | 50.140 | −2 | −16 | 50.137 | −2 | −17 |
| 1998.1.20 | 10.5 | 50.137 | −2 | −20 | 50.139 | −1 | −15 | 50.137 | ±0 | −18 | 50.142 | ±0 | −13 | 50.139 | −1 | −17 | 50.136 | −1 | −18 |
| 1998.4.20 | 10.5 | 50.136 | −1 | −21 | 50.139 | ±0 | −15 | 50.136 | −1 | −19 | 50.141 | −1 | −14 | 50.138 | −1 | −18 | 50.136 | ±0 | −18 |
| 1998.7.20 | 10.5 | 50.135 | −1 | −22 | 50.138 | −1 | −16 | 50.135 | −1 | −20 | 50.140 | −1 | −15 | 50.137 | −1 | −19 | 50.136 | ±0 | −18 |
| 1998.10.20 | 10.5 | 50.135 | ±0 | −22 | 50.138 | ±0 | −16 | 50.134 | −1 | −21 | 50.140 | ±0 | −15 | 50.136 | −1 | −20 | 50.136 | ±0 | −18 |
| 1999.1.20 | 10.5 | 50.135 | ±0 | −22 | 50.138 | ±0 | −16 | 50.134 | ±0 | −21 | 50.140 | ±0 | −15 | 50.136 | ±0 | −20 | 50.136 | ±0 | −18 |

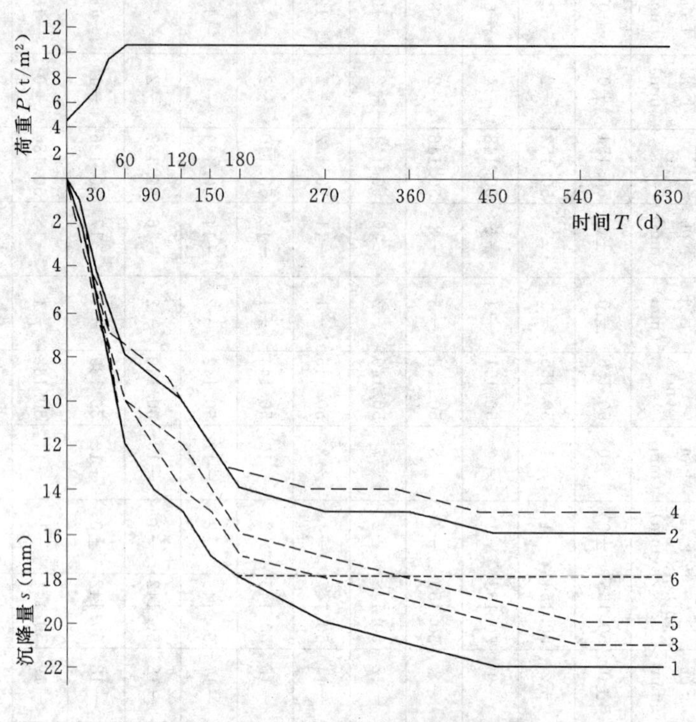


图 3.4.8 沉降曲线图

应的沉降量的比例画出各点的位置，再将各点依次连接起来，并在曲线一端注明观测点号码。

时间与荷载的关系曲线是以荷载重量 $P$ 为纵轴，时间 $T$ 为横轴，根据每次观测日期和相应的荷载画出各点，然后将各点依次连接起来所形成的曲线图。

(4) 沉降观测提交的资料。

1) 沉降观测（水准测量）记录手簿。

2) 沉降观测成果表。

3) 观测点位置图。

4) 沉降量、地基荷载与延续时间三者的关系曲线图。

5) 编写沉降观测分析报告。

6. 沉降观测中常遇到的问题及其处理

(1) 曲线在首次观测后即出现回升现象。在第二次观测时即发现曲线上升，至第三次后，曲线又逐渐下降。出现此种现象，一般都是由于首次观测成果存在较大误差所引起的。此时，应将首次观测成果作废，而采用第二次观测成果作为首次测量成果。

(2) 曲线在中间某点突然回升。出现此种现象，其原因多半是因为水准基点或沉降观测点被碰所致，如水准基点被压低或沉降观测点被撬高，此时，应仔细检查水准基点和沉降观测点的外形有无损伤。如果多数沉降观测点均出现此种现象，则水准基点被压低的可能性很大，此时可改用其他水准点作为水准基点来继续观测，并另外埋设新的水准点以替代此被压低的水准基点。如果只有一个沉降观测点出现此现象，则多半是该点被撬高，此

时则需另外埋设新点以替代之。

(3) 曲线自某点起逐渐回升。出现此种现象一般是由于水准基点下沉所致。此时，应根据水准点之间的高差来判断出最稳定的水准点，并以其作为新的水准基点，将原来下沉的水准基点废除。但是，需注意埋在裙楼上的沉降观测点，由于受主楼的影响，也可能出现属于正常的逐渐回升的现象。

(4) 曲线的波浪起伏现象。曲线在观测后期呈现微小波浪起伏现象，其原因一般是观测误差所致。曲线在前期波浪起伏之所以不突出，是因为各观测点的下沉量大于测量误差之故。但到后期，由于建筑物下沉极微或已接近稳定，因此在曲线上就出现测量误差比较突出的现象。此时，可将波浪曲线改成水平线，并适当地延长监测的间隔时间。

**3.4.5.3.4**　建筑物及深基坑水平位移测量

进行深基坑及建筑物主体的水平位移监测时，可根据施工现场的地形条件，一般选用基准线法、视准线小角法、变形监测点设站法、导线法和前方交会等方法。

实施水平位移监测工作，首先应建立高精度的变形监测平面控制网，其基准点通常埋设在稳定的基岩上或基坑及建筑物变形影响范围之外且能长期保存的地方。同时还应布设工作点（是基准点与变形监测点之间的联系点）。工作点与基准点构成变形监测的首级网，用来测量工作点相对于基准点的变形量，由于该变形量一般较小，要求进行高精度监测。其次，应在监测对象上埋设变形观测点，与监测对象构成一个整体。变形观测点与工作点构成变形监测的次级网，该网用来测量变形观测点相对于工作点的变形量。水平位移同沉降观测一样，也必须进行周期性的观测工作。一般来说，首级网的复测间隔时间长，但次级网复测间隔时间短，因为后者的变形量较大，经常对变形观测点进行监测，便可依据其坐标的变化量，反映出基坑或建筑物主体的空间位置的变化。

1. 基准线法

在基坑开挖或打桩过程中，常常需要对施工区周边进行水平位移监测。基准线法的原理是在与水平位移相垂直的方向上建立一个固定不动的铅垂面，测定各变形观测点相对该铅垂面的距离变化，从而求得水平位移量。

进行深基坑监测，如图 3.4.9 所示，可在支护结构的锁口梁轴线两端基坑的外侧分别设立两个稳定的工作点 $A$ 和 $B$，两工作点的连线即为基准线方向。锁口梁上的变形监测点应埋设在基准线的铅垂面上，偏离的距离不大于 2cm。观测点标志可埋设 16～18mm 的钢筋头，顶部锉平后，划上“+”字标志，一般每 8～10m 设置一个变形观测点。观测时，将精密经纬仪安置于一端工作点 $A$ 上，瞄准另一端工作点 $B$（即后视点），此视线方向即为基准线方向，通过量测观测点 $P$ 偏离视线的距离，即可得到观测点水平位移偏距，通过两次偏距的比较来发现该点的水平位移量。

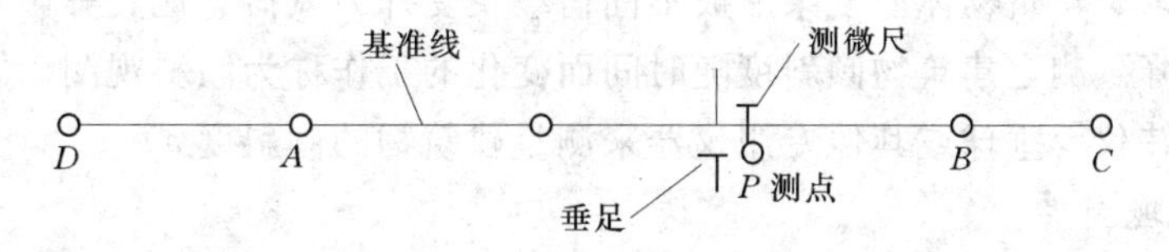


图 3.4.9　基准线法测位移

该方法方便直观，但要求仪器架设在变形区外，并且测站与变形观测点距离不宜太远。

2. 视准线小角法

用小角法测量水平位移同基准线法相类似，也是沿基坑周边建立一条轴线（即一个固定方向），通过测量固定方向与测站至变形观测点方向的小角变化 $\Delta\beta_i$，并测得测站至变形位移点的距离 $D$，从而计算出监测点的位移量 $\Delta_i=\frac{\Delta\beta_i}{\rho}D$（式中 $\rho=206265''$）。如图3.4.10所示，将精密经纬仪安置于工作点 $A$，在后视点 $B$ 和变形监测点 $P$ 上分别安置观测觇牌，用测回法测出 $\angle BAP$。设第一次观测值为 $\beta_1$，后一次为 $\beta_2$，计算出两次角度的变化量 $\Delta\beta=\beta_2-\beta_1$，即可计算出 $P$ 点的水平位移量 $\Delta_P$。其位移方向根据 $\Delta\beta_i$ 的符号确定。

此法也要求仪器架设在变形区外，并且测站与位移监测点距离不宜太远。

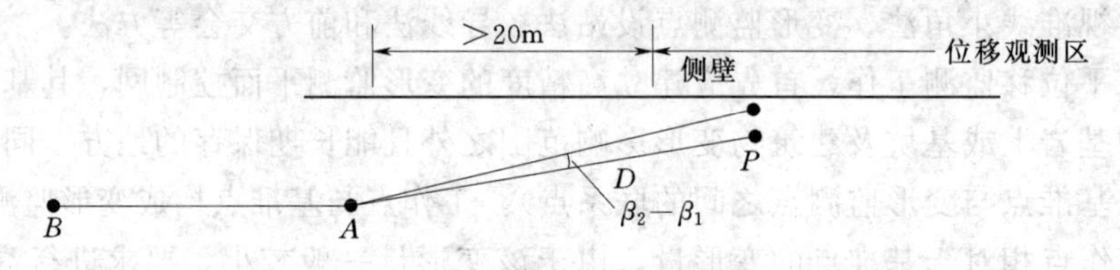


图3.4.10 视准线小角法测位移

3. 变形观测点设站法

此法将仪器架设在变形观测点上，通过测得测站上两端固定目标的夹角变化，就可计算出变形观测点的水平位移量 $\Delta_i=\frac{S_1S_2}{S_1+S_2}\frac{\Delta\beta_i}{\rho}$。

该法虽然克服了视准线小角法的缺陷，但监测时每设一站，只能测得该站本身的位移量，在有较多变形观测点时，就需架设许多站，这样就增加了外业的工作量。

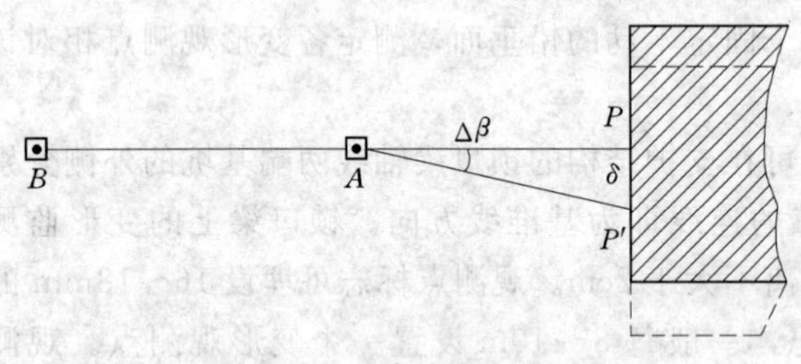


图3.4.11 建筑物位移观测

建筑物水平位移观测方法与深基坑水平位移的观测方法基本相同，只是受通视条件限制，工作点、后视点和校核点一般都应设在建筑物主体的同一侧（图3.4.11）。变形观测点设在建筑物上，可在墙体上用红油漆作标记“▼”，然后按前面两种方法监测。

**3.4.5.3.5** 建筑物倾斜观测

建筑物产生倾斜的原因主要是地基承载力的不均匀、建筑物体型复杂形成不同荷载及受外力风荷、地震等影响引起建筑物基础的不均匀沉降。测定建筑物倾斜度随时间而变化的工作称为倾斜观测。倾斜观测一般是用水准仪、经纬仪、垂球或其他专用仪器来测量建筑物的倾斜度 $\alpha$。

1. 水准仪观测法

建筑物的倾斜观测可采用精密水准仪进行监测，其原理是通过测量建筑物基础的沉降量来确定建筑物的倾斜度，是一种间接测量建筑物倾斜的方法。

如图 3.4.12 所示，定期测出基础两端点的沉降量，并计算出沉降量的差 $\Delta h$，再根据两点间的距离 $L$，即可计算出建筑物基础的倾斜度 $\alpha$：

$$\alpha=\frac{\Delta h}{L}$$

若知道建筑物的高度 $H$，同时可计算出建筑物顶部的倾斜位移值 $\Delta$：

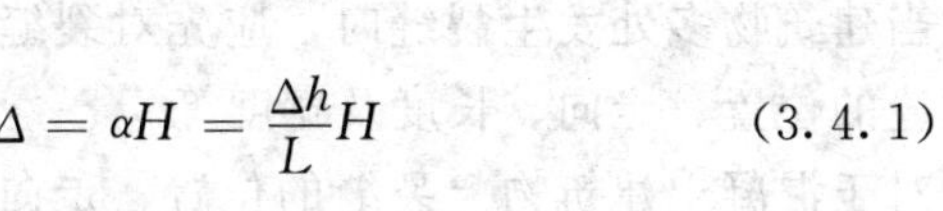

$$\Delta=\alpha H=\frac{\Delta h}{L}H \tag{3.4.1}$$

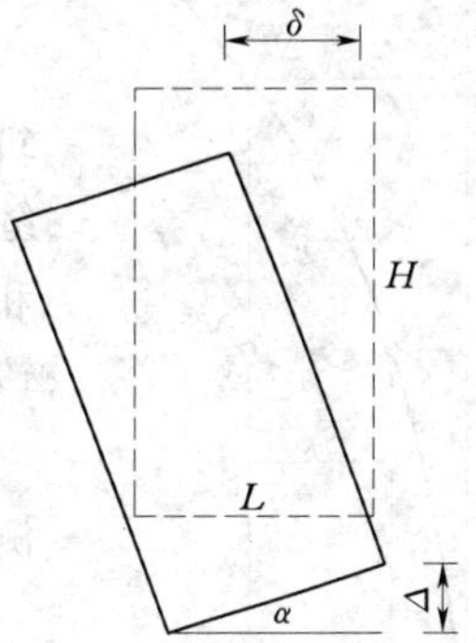

图 3.4.12　基础倾斜观测

2. 经纬仪观测法

利用经纬仪可以直接测出建筑物的倾斜度，其原理是用经纬仪测量出建筑物顶部的倾斜位移值 $\Delta$，则可计算出建筑物的倾斜度 $\alpha$：

$$\alpha=\frac{\Delta}{H} \tag{3.4.2}$$

式中：$H$ 为建筑物的高度。

该方法是一种直接测量建筑物倾斜的方法。

3. 悬挂垂球法

此方法是直接测量建筑物倾斜的最简单的方法，适合于内部有垂直通道的建筑物。从建筑物的上部悬挂垂球，根据上下应在同一位置上的点，直接量出建筑物的倾斜位移值 $\Delta$，最后计算出倾斜度 $\alpha$：

$$\alpha=\frac{\Delta}{H}$$

### 3.4.5.3.6　挠度和裂缝观测

1. 挠度观测

建筑物在应力的作用下产生弯曲和扭曲时，应进行挠度监测。对于平置的构件，至少在两端及中间设置三个沉降点进行沉降监测，可以测得在某时间段内三个点的沉降量，分别为 $h_a$、$h_b$、$h_c$，则该构件的挠度值为

$$\tau=\frac{1}{2}(h_a+h_c-2h_b)\frac{1}{S_{ac}} \tag{3.4.3}$$

式中：$h_a$、$h_c$ 为构件两端点的沉降量；$h_b$ 为构件中间点的沉降量；$S_{ac}$ 为两端点间的平距。

对于直立的构件，至少要设置上、中、下三个位移监测点进行位移监测，利用三点的位移量求出挠度大小。在这种情况下，把在建筑物垂直面内各不同高程点相对于底点的水平位移称为挠度。

挠度监测的方法常采用正垂线法，即从建筑物顶部悬挂一根铅垂线，直通至底部，在铅垂线的不同高程上设置测点，借助坐标仪表量测出各点与铅垂线最低点之间的相对位移。如图 3.4.13 所示，任意点 $N$ 的挠度 $S_N$ 按下式计算：

$$S_N=S_0-\overline{S}_N \tag{3.4.4}$$

式中：$S_0$ 为铅垂线最低点与顶点之间的相对位移；$S_N$ 为任一测点 $N$ 与顶点之间的相对位移。

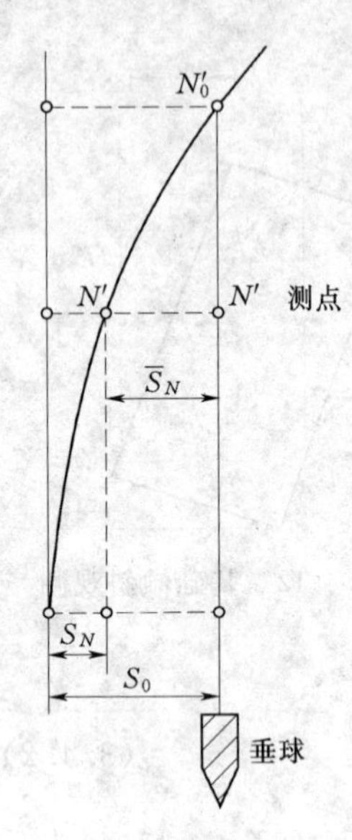


图 3.4.13 直立构件挠度监测

2. 裂缝观测

当基础挠度过大时，建筑物就会出现剪切破坏而产生裂缝。建筑物出现裂缝时，除了要增加沉降观测的次数外，还应立即进行裂缝观测，以掌握裂缝发展趋势。同时，要根据沉降观测、倾斜观测和裂缝观测的数据资料，研究和查明变形的特性及原因，用以判定该建筑物是否安全。

当建筑物多处发生裂缝时，应先对裂缝进行编号，然后分别监测裂缝的位置、走向、长度及宽度等。

对于混凝土建筑物上裂缝的位置、走向及长度的监测，应在裂缝的两端用红色油漆画线作标志或在混凝土表面绘制方格坐标，用钢尺丈量。

根据裂缝分布情况，在裂缝观测时，应在有代表性的裂缝两侧各设置一个固定的观测标志，然后定期量取两标志的间距，即可得出裂缝变化的尺寸（长度、宽度和深度）。如图 3.4.14 所示，埋设的观测标志是用直径为 20mm，长约 80mm 的金属棒，埋入混凝土内 60mm，外露部分为标志点，其上各有一个保护盖。两标志点的距离不得少于 150mm，用游标卡尺定期测量两个标志点之间距离变化值，以此来掌握裂缝的发展情况。

墙面上的裂缝，可采取在裂缝两端设置石膏薄片，使其与裂缝两侧固联牢靠，当裂缝裂开或加大时石膏片亦裂开，监测时可测定其裂口的大小和变化。还可以采用两铁片，平行固定在裂缝两侧，使一片搭在另一片上，保持密贴。其密贴部分涂红色油漆，露出部分涂白色油漆，如图 3.4.15 所示。这样即可定期测定两铁片错开的距离，以监视裂缝的变化。

对于比较整齐的裂缝（如伸缩缝），则可用千分尺直接量取裂缝的变化。

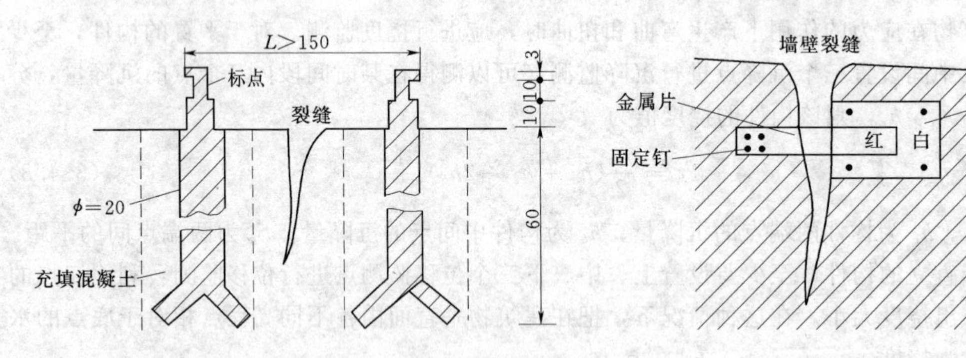


图 3.4.14 埋设标志测裂缝　　图 3.4.15 设置两金属片测裂缝

**3.4.5.3.7** 竣工测量及竣工总平面图的编绘（单位：mm）

1. 概述

竣工测量指工程建设竣工、验收时所进行的测量工作。它主要是对施工过程中设计有所更改的部分，直接在现场指定施工的部分，以及资料不完整无法查对的部分，根据施工控制网进行现场实测或加以补测。其提交的成果主要包括：竣工测量成果表，竣工总平面

图、专业图、断面图，以及细部点坐标和细部点高程坐标明细表等。

竣工总平面图是设计总平面图在施工后实际情况的全面反映，所以设计总平面图不能完全代替竣工总平面图。编绘竣工总平面图的目的在于：在施工过程中可能由于设计时没有考虑到的问题而使设计有所变更，这种临时变更设计的情况必须通过测量反映到竣工总平面图上；便于日后进行各种设施的维修工作，特别是地下管道等隐蔽工程的检查和维修工作；为建筑场区的扩建提供了原有各项建筑物、构筑物、地上和地下各种管线及交通线路的坐标，高程等资料。

新建的建筑场区竣工总平面图的编绘，最好是随着工程的陆续竣工相继进行编绘。一面竣工，一面利用竣工测量成果编绘竣工总平面图。如发现地下管线的位置有问题，可及时到现场变更，使竣工图能真实反映实际情况。边竣工边编绘的优点是：当场区工程全部竣工时，竣工总平面图也大部分编制完成，既可作为交工验收的资料，又可大大减少实测工作量，从而节约了人力和物力。

竣工总平面图（简称总图）的编绘，包括室外实测和室内资料编辑两方面的内容。在场地总平面图上反映出场地的边界，表示出实地上现有的全部建筑物和构筑物的平面位置和高程。它是工程项目的重要技术资料。

总图是具有一定特点的大比例尺专用图。一般常用1：500的比例尺施测，有时允许用1：1000或大于1：500的比例尺来测量。总图一般有若干附图和附件，其中最重要的是细部点坐标和高程表，此外有管线专题图等。总图与一般大比例尺地形图的差别首先在于要测定许多细部点坐标和高程。特别是对于工业厂区中的永久性的建筑物和构筑物，如正规的生产车间、仓库、办公楼、水塔、烟囱及生产设备装置等，必须施测细部坐标及高程，并注明其结构。

2. 竣工测量的内容

在每一个单项工程完成后，必须由施工单位进行竣工测量。提出工程的竣工测量成果，作为编绘竣工总平面图的依据。其内容包括以下各方面。

（1）工业厂房及一般建筑物。其竣工测量的内容包括房角坐标，各种管线进出口的位置和高程，并附房屋编号、结构层数、面积和竣工时间等资料。

（2）铁路和公路等交通线路。其竣工测量的内容包括起止点、转折点、交叉点的坐标，曲线元素、桥涵等构筑物的位置和高程，人行道、绿化带界线等。

（3）地下管网。检修井、转折点、起终点的坐标，井盖、井底、沟槽和管顶等的高程，并附注管道及检修井的编号、名称、管径、管材、间距、坡度和流向。

（4）架空管网。其竣工测量的内容包括转折点、结点、交叉点的坐标，支架间距，基础面高程。

（5）特种构筑物。沉淀池、污水处理池、烟囱、水塔等的外形，位置及高程。

（6）其他。测量控制网点的坐标及高程，绿化环境工程的位置及高程。

3. 竣工总平面图的编绘方法

竣工总平面图上应包括建筑方格网点，水准点、厂房、辅助设施、生活福利设施、架空及地下管线、铁路等建筑物或构筑物的坐标和高程，以及建筑场区内空地和未建区的地形。有关建筑物、构筑物的符号应与设计图例相同，有关地形图的图例应使用国家地形图图式符号。

竣工总平面图的编绘，一般采用建筑坐标系统。其坐标轴应与主要建筑物平行或垂直，图面大小要考虑使用与保管方便。对于工业厂区，一般应从主厂区向外分幅，避免主要车间被分幅切割，并要照顾生产系统的完整性，使之尽可能绘制在一幅图纸上。如果线条过于密集而不醒目，则可采用分类编图。如综合竣工总平面图、交通运输竣工总平面图和管线竣工总平面图等。竣工总平面图一般包括：比例尺 1∶1000 的综合平面图和管线专用平面图，及比例尺为 1∶200～1∶500 的独立设备与复杂部件的平面图。对于小型的工业建设项目，最好能编绘一种比例尺为 1∶500 的总平面图来代替前两种比例尺为1∶1000 的平面图。对于大型和联合企业应编绘比例尺为 1∶2000～1∶5000 的不同颜色绘制的综合总平面图。

如果施工的单位较多或多次转手，造成竣工测量资料不全、图面不完整或与现场情况不符时，只好进行实地施测，这样绘出的平面图，称为实测竣工总平面图。

对凡有竣工测量资料的工程，若竣工测量成果与设计值之比差不超过所规定的建筑容许限差时，应按设计值编绘总图，否则应按竣工测量资料编绘。

对于各种地上、地下管线，应用各种不同颜色的墨线绘出其中心位置，注明转折点及井位的坐标、高程及有关注记。在一般没有设计变更的情况下，墨线绘出的竣工位置与按设计原图用铅笔绘的设计位置应重合。在图上按坐标展绘工程竣工位置时，与在底图上展绘控制点的要求一致，均以坐标格网为依据进行展绘，展点对邻近的方格而言，其容许误差为±0.3mm。

4. 竣工总平面图的附件

为了全面反映竣工成果，便于日后的管理、维修、扩建或改建，下列与竣工总平面图有关的一切资料，应分类装订成册，作为总图的附件保存。

（1）建筑场地及其附近的测量控制点布置图、坐标与高程一览表。

（2）建筑物和构筑物沉降与变形观测资料。

（3）地下管线竣工纵断面图。

（4）工程定位、放线检查及竣工测量的资料。

（5）设计变更文件及设计变更图。

（6）建筑场地原始地形图等。

### 3.4.6 职业活动训练

（1）阅读某工程变形观测任务设计书和相关变形资料。

（2）参观变形观测控制点，了解变形观测现场情况。

# 学习情境4 土方工程施工

## 学习单元4.1 土方工程量计算

### 4.1.1 学习目标

(1) 能识读建筑基础施工图。

(2) 能合理选定土方开挖断面。

(3) 能合理选择土方开挖的边坡系数。

(4) 能准确计算土方开挖工程量。

(5) 能编制土方调配方案并进行优化设计。

### 4.1.2 学习任务

(1) 识读一般建筑基础施工图。

(2) 合理确定土方开挖的基本参数。

(3) 准确计算土方开挖工程量。

### 4.1.3 学习内容

(1) 识读建筑基础施工图。

(2) 选择土方开挖的边坡系数及沟槽断面形式。

(3) 场地平整土方工程量计算。

(4) 土方调配方案的编制及优化设计。

(5) 挖沟槽土方工程量计算。

(6) 基础大开挖土方工程量计算。

### 4.1.4 任务描述

准确计算土方量，是合理选择施工方案和组织施工的前提，尽可能减少土方量，是降低工程成本的有效措施。在组织土方工程施工时，既要尽可能地采用新技术和机械化施工，以加快工程进度，又要准确计算土方量，尽可能地减少土方量以降低工程成本。

### 4.1.5 任务实施

#### 4.1.5.1 识读建筑基础施工图

基础施工图一般包括基础平面图、基础断面详图和设计说明等内容。基础平面图是假想用一个水平面沿着首层地坪把整个建筑物切断，移去上部房屋和基础上的填土，将基础裸露出来并向水平投影面投射得到的水平剖视图；基础断面详图是将基础垂直剖切开所得到的断面图（图 4.1.1）。

基础图施工图示的内容包括：

(1) 基础平面图。

1) 土方开挖的范围。

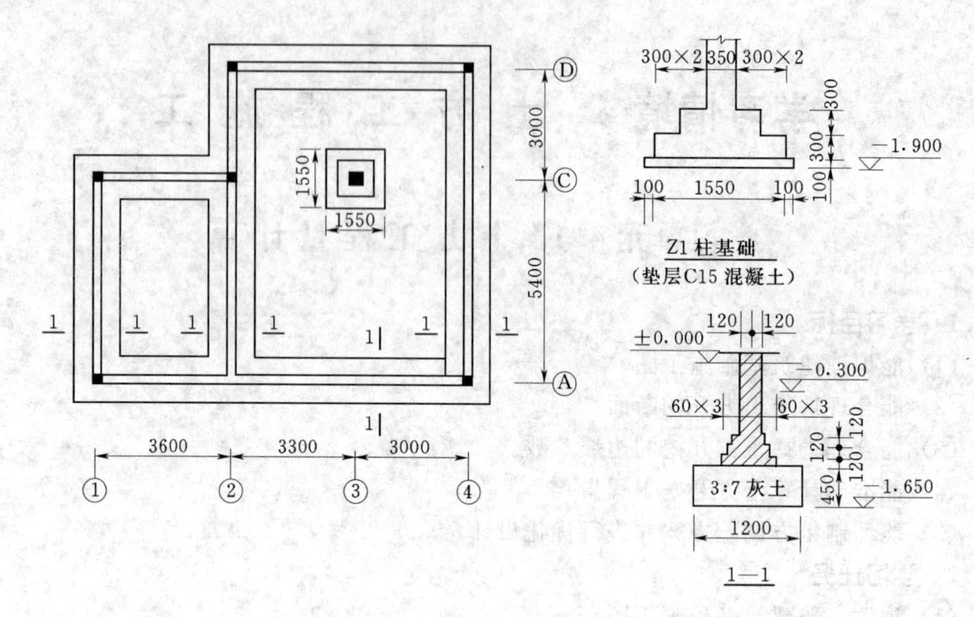


图 4.1.1　基础施工图（单位：mm）

2）纵、横向定位轴线及其编号。

3）基础墙、柱、基础底面的形状、大小及其与轴线的关系。

4）基础梁、柱、独立基础等构件的位置及代号，基础详图的剖切位置及编号。

5）其他专业需要设置的穿墙孔洞、管沟等的位置、洞口尺寸、洞底标高等。

（2）基础断面详图。

1）基础断面图轴线及其编号（当一个基础详图适用于多个基础断面或采用通用图时，可不标注轴线编号）。

2）基础各部分的断面形状、所用材料及配筋。

3）基础各部分的详细构造尺寸及标高。

4）防潮层的做法和位置。

（3）设计说明一般包括地面设计标高、地基的允许承载力、基础材料强度等级、防潮层的做法以及对基础施工的其他要求等。

由于基础的形式不同，其图示的内容和特点也有所不同，但识图的重点基本相同，以下简要说明识图时的要点。

1）查明基础的类型及其平面布置，与建筑施工图的首层平面图是否一致。

2）阅读基础平面图，了解基础边线的宽度尺寸。

3）将基础平面图与基础断面详图结合起来阅读，查清轴线对应关系。

4）结合基础平面图的剖切位置及编号，了解不同部位的基础断面形状、配筋、材料、防潮层位置、各部位的尺寸及主要部位标高。

5）通过基础平面图，查清构造柱的位置及数量。

6）查明基础留洞位置。一般一些设备管线的布置经常穿过基础墙（例室内地沟），识读时应注意其留洞的位置、尺寸及洞底标高。

7）明确基础开挖的范围及开挖深度，一般在基础平面图或设计说明中有基坑（槽）底开挖的范围的规定，例基础边外放 3m 或轴线外放 3m 等，通过基础的详图和室内外的高差或设计说明，可计算出基坑开挖的深度。

**4.1.5.2**　土方开挖的断面形式

基坑（槽）的断面有直槽、大开槽和混合槽三种（图 4.1.2）。其断面形式与土方量直接有关，选择时应根据土的性质、地下水的情况、施工现场大小、施工方法、工期以及基础埋深等条件而定。如当土质好、无地下水、工期短、基础浅时，可选择直槽，不需设置土壁支撑；而当基础深、现场小、工期长、有地下水的情况、则宜选用直槽，但应设置支撑。大开槽适用于基础浅、土质好、现场宽或采用机械开挖的情况下；混合槽则适用于上层土质好，不设支撑，而下层土质坏，需设置支撑的情况下，这样当基础埋深较大时，既省土方、支撑又能保证施工安全。

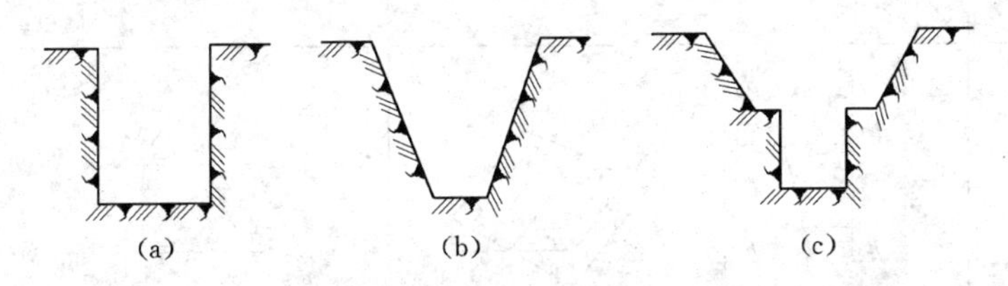


图 4.1.2　基坑（槽）断面形式

（a）直槽；（b）大开槽；（c）混合槽

为了保持土体的稳定和施工安全，挖方和填方的边沿，均应作成一定坡度的边坡。边坡表示方法如图 4.1.3 所示，为 $1:m$。即

$$土方边坡坡度 = h/b = 1/(h/b) = 1:m$$

式中：$m=b/h$，称为坡度系数。其含义为：当边坡高度已知为 $h$ 时，其边坡宽度则等于 $mh$。

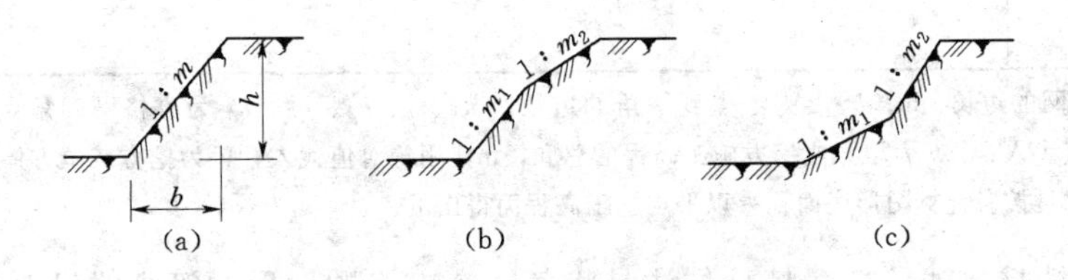


图 4.1.3　土方边坡

（a）直线边坡；（b）不同土层折线边坡；（c）相同土层折线边坡

边坡坡度应根据不同的挖填高度，土的性质和工程的重要性而定，既要保证安全，又要节约土方。在山坡整体稳定的情况下，如地质条件良好，土质较均匀，高度在 10m 以内的临时性挖方边坡应执行规范规定；挖方经过不同类别的土层或深度超过 10m 时，其边坡可作成折线形或台阶形［图 4.1.3（b）、(c)］，以减少土方量。

至于永久性挖方或填方边坡坡度，则均应按设计要求施工。

**4.1.5.3**　土方量计算的基本方法

土方量计算的基本方法主要有平均高度法和平均断面法两种。

1. 平均高度法

(1) 四方棱柱体法。四方棱柱体法，是将施工区域划分为若干个边长等于 $a$ 的方格网，每个方格网的土方体积等于底面积 $a^2$ 乘于四个角点高度的平均值（图 4.1.4）。

$$V = a^2(h_1 + h_2 + h_3 + h_4)/4 \tag{4.1.1}$$

若方格四个角点部分是挖方、部分是填方时，可按表 4.1.1 中所列的公式计算。

**表 4.1.1　常用方格网点计算公式**

| 项　目 | 图　式 | 计 算 公 式 |
|---|---|---|
| 一点填方或挖方（三角形） | | $V = \frac{1}{2}bc\frac{\sum h}{3} = \frac{bch_3}{6}$<br>当 $b = c = a$ 时，$V = \frac{a^2h_3}{6}$ |
| 二点填方或挖方（梯形） | | $V_+ = \frac{b+c}{2}a\frac{\sum h}{4} = \frac{a}{8}(b+c)(h_1+h_3)$<br>$V_- = \frac{d+e}{2}a\frac{\sum h}{4} = \frac{a}{8}(d+e)(h_2+h_4)$ |
| 三点填方或挖方（五角形） | | $V = \left(a^2 - \frac{bc}{2}\right)\frac{\sum h}{5}$<br>$= \left(a^2 - \frac{bc}{2}\right)\frac{h_1+h_2+h_4}{5}$ |
| 四点填方或挖方（正方形） | | $V = \frac{a^2}{4}\sum h = \frac{a^2}{4}(h_1+h_2+h_3+h_4)$ |

注　1. $a$ 为方格网的边长，m；$b$、$c$ 为零点到一角的边长，m；$h_1$、$h_2$、$h_3$、$h_4$ 为方格网四角点的施工高程，m，用绝对值代入；$\sum h$ 为填方或挖方施工高程的总和，m，用绝对值代入；$V$ 为挖方或填方体积，$m^3$。
2. 本表公式是按各计算图形底面积乘以平均施工高程而得出的。

(2) 三角棱柱体法。三角棱柱体法是将每一个方格顺地形的等高线沿对角分成两个三角形，然后分别计算每一个三角棱柱体的土方量。

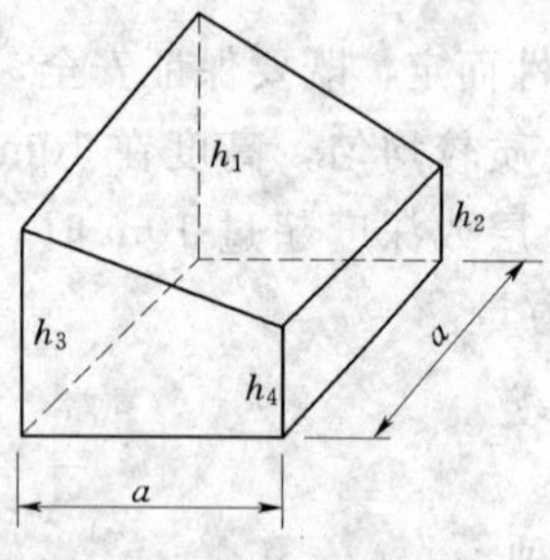

图 4.1.4　四方棱柱体法

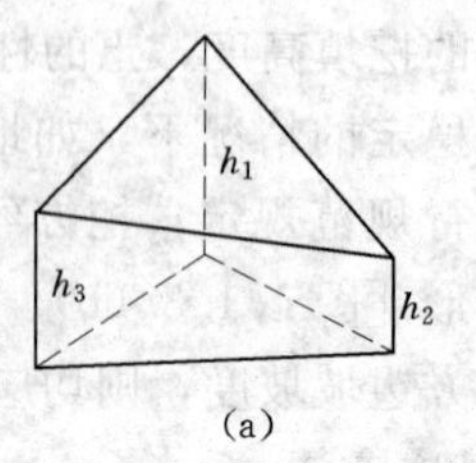

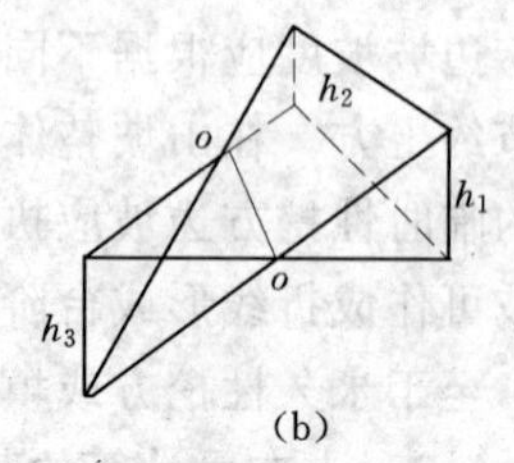

图 4.1.5　三角棱柱体法

(a) 全挖或全填；(b) 有挖有填

当三角形为全挖或全填时［图 4.1.5 (a)］：

$$V = a^2(h_1 + h_2 + h_3)/6 \tag{4.1.2}$$

当三角形有填有挖时［图 4.1.5 (b)］，则其零线将三角形分成两个部分，一个是底面为三角形的锥体，一个是底面为四边形的楔体。其土方量分别为：

$$V_{锥} = \frac{a^2}{6}\frac{h_3^3}{(h_1 + h_3)(h_2 + h_3)} \tag{4.1.3}$$

$$V_{楔} = \frac{a^2}{6}\left[\frac{h_3^3}{(h_1 + h_3)(h_2 + h_3)} - h_3 + h_2 + h_1\right] \tag{4.1.4}$$

2. 平均断面法

平均断面法（图 4.1.6），可按近似公式和较精确的公式进行计算。

（1）近似计算。

$$V = (F_1 + F_2)L/2$$

（2）较精确计算。

$$V = L(F_1 + 4F_0 + F_2)/6$$

式中：$F_1$、$F_2$ 为两端的断面积，$m^2$；$F_0$ 为 $L/2$ 处的断面面积，$m^2$。

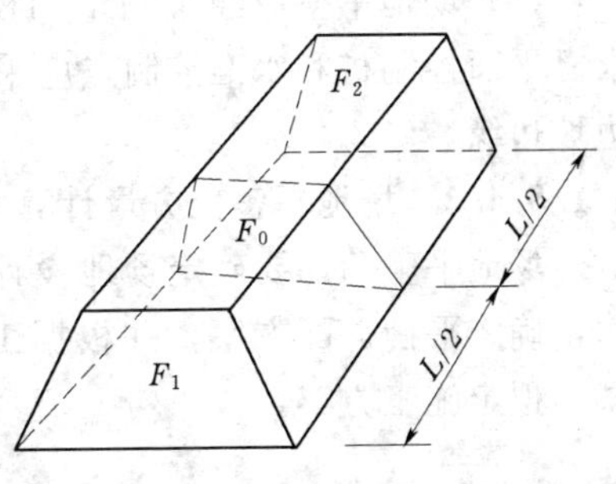


图 4.1.6 平均断面法

根据计算结果分析知，当地形起伏变化较大时，采用三角棱柱体法比用四方棱柱体法计算要准确。所以，在地形平坦地区可将方格尺寸划分得大些，宜采用四方棱柱体法计算；而在地形起伏较大的地区，则应将方格尺寸划分得小些，宜采用三角棱柱体法计算。

**4.1.5.4 场地平整土方量的计算**

**4.1.5.4.1 场地平整的程序**

场地平整是将需进行建筑范围内的自然地面，通过人工或机械挖填平整改造成为设计所需要的平面，以利现场平面布置和文明施工。在工程总承包施工中，三通一平工作常常是由施工单位来实施．因此场地平整也成为工程开工前的一项重要内容。

场地平整要考虑满足总体规划、生产施工工艺、交通运输和场地排水等要求，并尽量使土方的挖填平衡，减少运土量和重复挖运。

场地平整是施工中的一个重要项目，其一般施工程序是：现场勘察→清除地面障碍物→标定整平范围→设置水准基点→设置方格网、测量标高→计算土方挖填工程量→平整场地→场地碾压→验收。

当确定平整工程后，施工人员首先应到现场进行勘察，了解场地地形、地貌和周围环境。根据建筑总平面图及规划了解并确定现场平整场地的大致范围。

平整前必须把场地平整范围内的障碍物如树木、电线、电杆、管道、房屋、坟墓等清理干净，然后根据总平面图要求的标高，从水准基点引进基准标高作为确定土方量计算的基点。

土方量的计算有方格网法和横截面法，可根据地形具体情况采用。现场抄平的程序和方法由确定的计算方法进行。通过抄平测量。可计算出该场地按设计要求平整需挖土和回

填的土方量。再考虑基础开挖还有多少挖出（减去回填）的土方量，并进行挖填方的平衡计算，做好土方平衡调配，减少重复挖运，以节约费用。

大面积场地平整土方宜采用机械进行。如用推土机、铲运机推运平整土方；有大量挖方应用挖土机等进行。在平整过程中要交错用压路机压实。

场地平整的一般要求如下：

(1) 场地平整应做好地面排水。平整场地的表面坡度应符合设计要求．如设计无要求时，一般应向排水沟方向做成不小于0.2%的坡度。

(2) 平整后的场地表面应逐点检查，检查点为每100～400m² 取1点．但不少于10点；长度、宽度和边坡均为每20m取1点，每边不少于1点，其质量检验标准应符合学习表4.2.7的要求。

(3) 场地平整应经常测量和校核其平面位置、水平标高和边坡坡度是否符合设计要求。平面控制桩和水准控制点应采取可靠措施加以保护，定期复测和检查；土方不应堆在边坡边缘。

**4.1.5.4.2　场地平整土方量计算**

场地平整前，要确定场地设计标高，计算挖填土方量以便据此进行土方挖填平衡计算，确定平衡调配方案，并根据工程规模、施工期限、现场机械设备条件，选用土方机械，拟定施工方案。

1. 场地平整高度的计算

对较大面积的场地平整，正确地选择场地平整高度（设计标高），对节约工程投资、加快建设速度均具有重要意义。一般选择原则是：在符合生产工艺和运输的条件下，尽量利用地形，以减少挖方数量；场地内的挖方与填方量应尽可能达到互相平衡，以降低土方运输费用；同时应考虑最高洪水位的影响等。

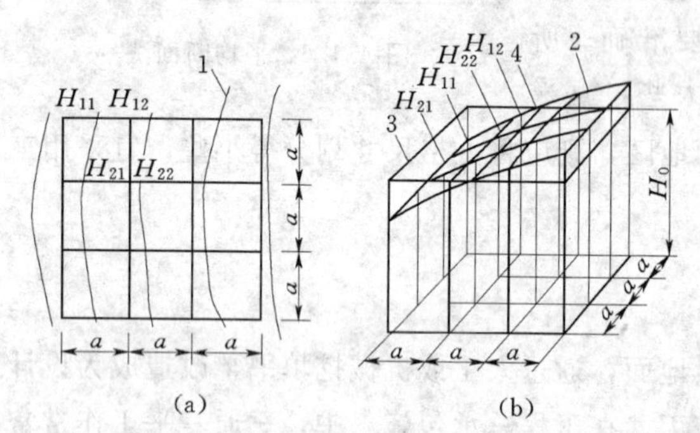


图 4.1.7　场地设计标高计算简图

(a) 地形图上划分方格；(b) 设计标高示意图
1—等高线；2—自然地坪；3—设计标高平面；
4—自然地面与设计标高平面的交线（零线）；
$a$—方格网边长；$H_{11}$，…，$H_{22}$—任一方格的四个角点的标高

场地平整高度计算常用的方法为“挖填土方量平衡法”，因其概念直观，计算简便，精度能满足工程要求，应用最为广泛。其计算步骤和方法如下。

(1) 计算场地设计标高。如图4.1.7(a) 所示，将地形图划分方格网（或利用地形图的方格网），每个方格的角点标高，一般可根据地形图上相邻两等高线的标高，用插入法求得。当无地形图时，亦可在现场打设木桩定好方格网，然后用仪器直接测出。

一般要求是，使场地内的土方在平整前和平整后相等而达到挖方和填方量平衡，如图4.1.7(b)所示。设达到挖填平衡的场地平整标高为 $H_0$，根据挖填平衡，$H_0$ 值可由下式求得：

$$H_0 = \frac{\sum H_1 + 2\sum H_2 + 3\sum H_3 + 4\sum H_4}{4N} \tag{4.1.5}$$

式中：$N$ 为方格网数，个；$H_1$ 为一个方格共有的角点标高，m；$H_2$ 为二个方格共有的角点标高，m；$H_3$ 为三个方格共有的角点标高，m；$H_4$ 为四个方格共有的角点标高，m。

（2）场地设计标高的调整。

式（4.1.5）计算的 $H_0$ 为一理论数值，实际上尚需考虑以下因素进行调整。

1）土的可松性。

2）设计标高以下各种填方工程用土量或设计标高以上的各种挖方工程量。

3）边坡填挖土方量不等。

4）部分挖方就近弃土于场外或部分填方就近从场外取土等因素。

考虑这些因素所引起的挖填土方量的变化后，适当提高或降低设计标高。

例：考虑土的可松性，一般填土会有多余，需相应地提高设计标高。

$\Delta h$＝按理论设计标高计算的总挖方体积×（土的最终可松性系数－1）

÷（按理论设计标高计算的填方区总面积与挖方区总面积×土的最终可松性系数）

（3）考虑排水坡度对设计标高的影响。

式（4.1.5）计算的 $H_0$ 未考虑场地的排水要求（即场地表面均处于同一个水平面上），实际应有一定排水坡度。如场地面积较大，应有2‰以上排水坡度，尚应考虑排水坡度对设计标高的影响。故场地内任一点实际施工时所采用的设计标高 $H_n$（m）可由下式计算：

单向排水时

$$H_n = H_0 + Li$$

双向排水时

$$H_n = H_0 \pm L_x i_x \pm L_y i_y \tag{4.1.6}$$

式中：$L$ 为该点至 $H_0$ 的距离，m；$i$ 为 $X$ 方向或 $Y$ 方向的排水坡度（不少于2‰）；$L_x$、$L_y$ 为该点于 $X—X$、$Y—Y$ 方向距场地中心线的距离，m；$i_x$、$i_y$ 分别为 $X$ 方向和 $Y$ 方向的排水坡度。

2．场地平整土方工程量的计算

在编制场地平整土方工程施工组织设计或施工方案、进行土方的平衡调配以及检查验收土方工程时，常需要进行土方工程量的计算。计算方法有方格网法和横截面法两种。

（1）方格网法。用于地形较平缓或台阶宽度较大的地段。计算方法较为复杂，但精度较高，其计算步骤和方法如下：

1）划分方格网。根据已有地形图（一般用1∶500的地形图）将欲计算场地划分成若干个方格网，尽量与测量的纵、横坐标网对应，方格一般采用20m×20m～40m×40m，将相应设计标高和自然地面标高分别标注在方格点的右上角和右下角。将自然地面标高与设计地面标高的差值，即各角点的施工高度（挖或填），填在方格网的左上角，挖方为（－），填方为（＋）。

2）计算零点位置。在一个方格网内同时有填方或挖方时，应先算出方格网边上的零点的位置，并标注于方格网上，连接零点即得填方区与挖方区的分界线（即零线）。

零点的位置按式（4.1.7）计算（图4.1.8）：

$$x_1=\frac{h_1}{h_1+h_2}a;\quad x_2=\frac{h_2}{h_1+h_2}a \tag{4.1.7}$$

式中：$x_1$、$x_2$ 分别为角点至零点的距离，m；$h_1$、$h_2$ 为相邻两角点的施工高度（m），均用绝对值；$a$ 为方格网的边长，m。

为省略计算，亦可采用图解法直接求出零点位置，如图4.1.9所示，方法是用尺在各角上标出相应比例，用尺相接，与方格相交点即为零点位置。这种方法可避免计算（或查表）出现的错误。

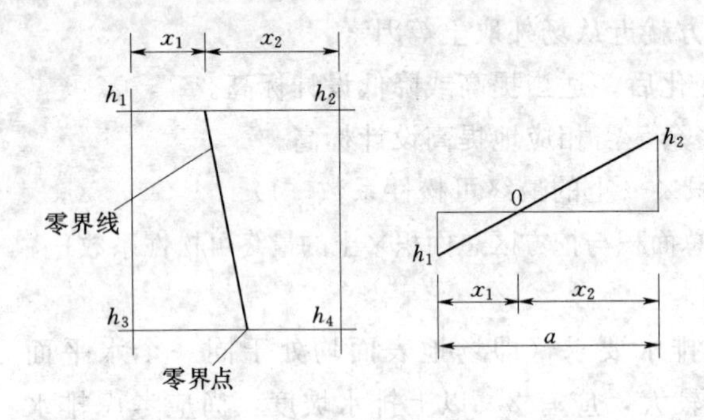


图4.1.8 零点位置计算示意图

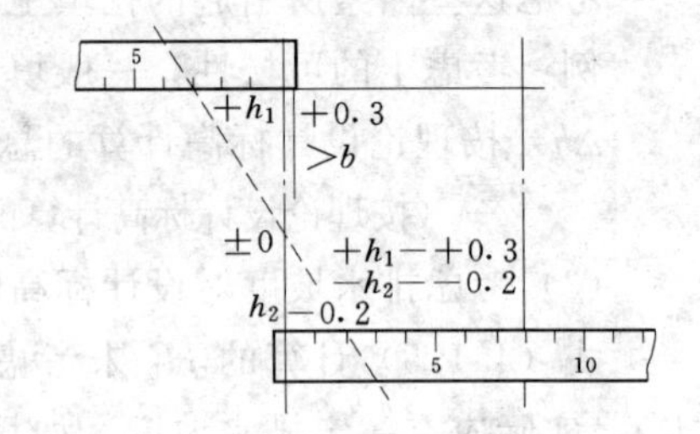


图4.1.9 零点位置图解法

3）计算土方工程量。按方格网底面积图形和表4.1.1所列体积计算公式计算每个方格内挖方或填方量，或用查表法计算，有关计算用表见表4.1.1。

4）计算土方总量。将挖方区（或填方区）所有方格计算土方量汇总，即得该场地挖方和填方的总土方量。

**【例4.1.1】** 某一厂房场地平整，部分方格网如图4.1.10所示。方格边长为20m×20m，试计算挖填总土方工程量。

**【解】** （1）划分方格网、标注高程。根据图4.1.10（a）方格各点的设计标高和自然地面标高，计算方格各点的施工高度，标注于图4.1.10（b）中各点的左角上。

（2）计算零点位置。从图4.1.10（b）中可看出1～2、2～7、3～8三条方格边两端角的施工高度符号不同，表明此方格边上有零点存在，由表4.1.1第2项公式：

1～2线 $$x_1=\frac{0.13\times 20}{0.10+0.13}=11.30(\text{m})$$

2～7线 $$x_1=\frac{0.13\times 20}{0.41+0.13}=4.81(\text{m})$$

3～8线 $$x_1=\frac{0.15\times 20}{0.21+0.15}=8.33(\text{m})$$

将各零点标注于图4.1.10（b）。并将零点线连接起来。

（3）计算土方工程量。

方格Ⅰ底面为三角形和五角形，由表4.1.1第1、3项公式：

三角形土方量 $$V_+=\frac{0.13}{6}\times 11.30\times 4.81=1.18(\text{m}^3)$$

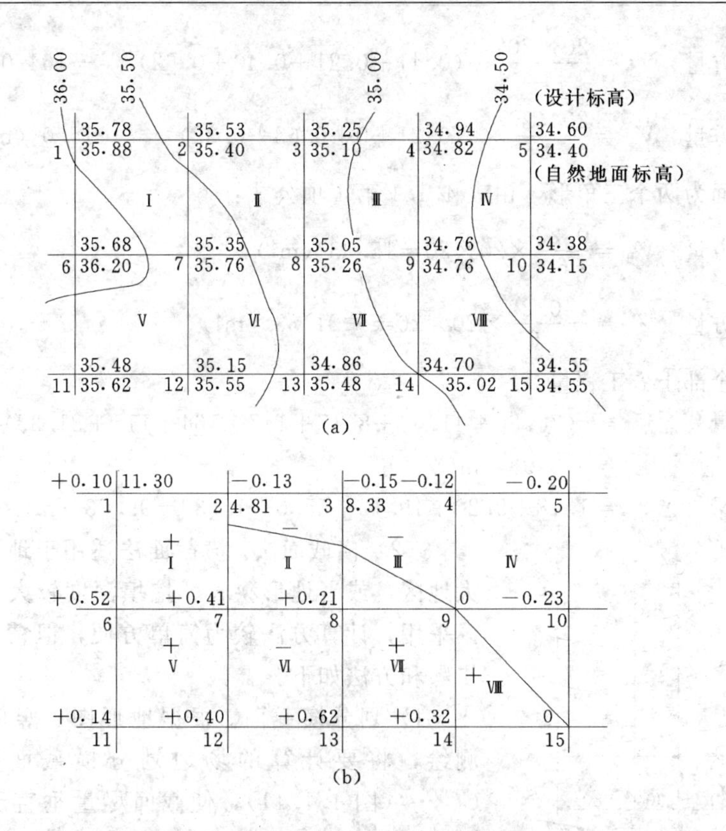


图 4.1.10 方格网法计算土方量

(a) 方格角点标高、方格编号、角点编号图；(b) 零线、角点挖、填高度图

(图中Ⅰ、Ⅱ、Ⅲ等为方格编号；1、2、3等为角点号)

五角形土方量 $V_- = -\left(20^2 - \frac{1}{2}\times 11.30\times 4.81\right)\times\left(\frac{0.10+0.52+0.41}{5}\right)$

$= -76.80\ (\mathrm{m}^3)$

方格Ⅱ底面为二个梯形，由表4.1.1第2项公式：

梯形填方土方量 $V_+ = \frac{20}{8}\times(4.81+8.33)(0.13+0.15) = 9.20\ (\mathrm{m}^3)$

梯形挖方土方量 $V_- = -\frac{20}{8}\times(15.19+11.67)(0.41+0.21) = -41.63\ (\mathrm{m}^3)$

方格Ⅲ底面为一个梯形和一个三角形，由表4.1.1第1、2项公式：

梯形土方量 $V_+ = \frac{20}{8}\times(8.33+20)(0.15+0.12) = 19.12\ (\mathrm{m}^3)$

三角形土方量 $V_- = -\frac{11.67\times 20}{6}\times 0.21 = = -8.17\ (\mathrm{m}^3)$

方格Ⅳ、Ⅴ、Ⅵ、Ⅶ底面均为正方形，由表4.1.1第4项公式：

正方形土方量 $V_+ = \frac{20\times 20}{4}\times(0.12+0.20+0+0.23) = 55.0\ (\mathrm{m}^3)$

正方形土方量 $V_- = \frac{20\times 20}{4}\times(0.52+0.41+0.14+0.40) = -147.0\ (\mathrm{m}^3)$

正方形土方量 $V_{-}=\frac{20\times20}{4}\times(0.41+0.21+0.40+0.62)=-164.0\ (\mathrm{m}^3)$

正方形土方量 $V_{-}=\frac{20\times20}{4}\times(0.21+0+0.62+0.32)=-115.0\ (\mathrm{m}^3)$

方格Ⅷ底面为两个三角形，由表4.1.1第1项公式：

三角形土方量 $V_{+}=\frac{0.23}{6}\times20\times20=15.33\ (\mathrm{m}^3)$

三角形土方量 $V_{-}=-\frac{0.23}{6}\times20\times20=-21.33\ (\mathrm{m}^3)$

(4) 汇总全部土方工程量。

全部挖方量 $\sum V_{-}=(76.80+41.63+8.17+147+164+115+21.33)$
$=573.93\ (\mathrm{m}^3)$

全部填方量 $\sum V_{+}=1.18+9.20+19.12+55.0+15.33=99.83\ (\mathrm{m}^3)$

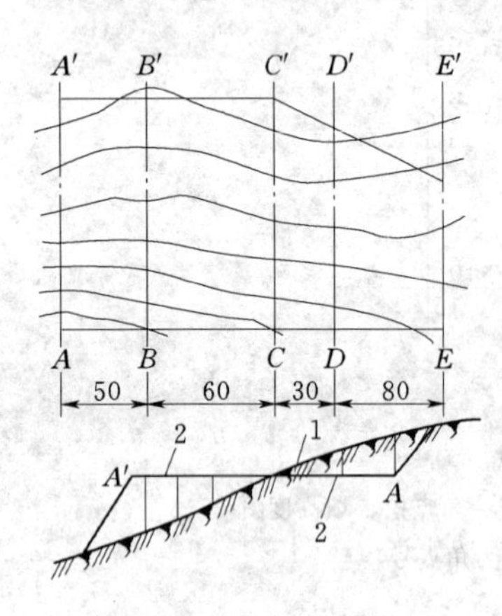


图 4.1.11 划分横截面示意图（单位：m）
1—自然地面；2—设计地面

(2) 横截面法。横截面法适用于地形起伏变化较大地区，或者地形狭长、挖填深度较大又不规则的地区采用，计算方法较为简单方便，但精度较低。计算步骤和方法如下。

1) 划分横截面。根据地形图、竖向布置或现场测绘，将要计算的场地划分横截面 $AA'$、$BB'$、$CC'$…（图4.1.11），使截面尽量垂直于等高线或主要建筑物的边长，各截面间的间距可以不等，一般可用10～20m. 在平坦地区可用大些，但最大不大于100m。

2) 画横截面图形。按比例绘制每个横截面的自然地面和设计地面的轮廓线。自然地面轮廓线与设计地面轮廓线之间的面积，即为挖方或填方的截面。

3) 计算横截面面积。按表4.1.2横截面面积计算公式，计算每个截面的挖方或填方截面面积。

**表 4.1.2　　常用横截面计算公式**

| 横截面图式 | 截面积计算公式 |
|---|---|
| h, 1:n, b | $A=h(b+nb)$ |
| 1:m, 1:n, b | $A=h\left[b+\frac{h(m+n)}{2}\right]$ |

续表

| 横截面图式 | 截面积计算公式 |
| --- | --- |
|  | $A=b\frac{h_1+h_2}{2}+nh_1h_2$ |
|  | $A=h_1\frac{a_1+a_2}{2}+h_2\frac{a_2+a_3}{2}+h_3\frac{a_3+a_4}{2}+h_4\frac{a_4+a_5}{2}$ |
|  | $A=\frac{a}{2}(h_0+2h+h_n)$<br>$h=h_1+h_2+h_3+h_4+h_5$ |

4）计算土方量。根据横截面面积按下式计算土方量：

$$V=\frac{A_1+A_2}{2}s \tag{4.1.8}$$

式中：$V$ 为相邻两横截面间的土方量，$m^3$；$A_1$、$A_2$ 分别为相邻两横截面的挖（－）或填（＋）的截面积，$m^2$；$s$ 为相邻两横截面的间距，m。

5）土方量汇总。按表 4.1.3 格式汇总全部土方量。

**表 4.1.3　　土方量汇总表**

| 截　面 | 填方面积（$m^2$） | 挖方（$m^2$） | 截面间距（m） | 填方体积（$m^3$） | 挖方体积（$m^3$） |
| --- | --- | --- | --- | --- | --- |
| $A—A'$ |  |  |  |  |  |
| $B—B'$ |  |  |  |  |  |
| $C—C'$ |  |  |  |  |  |
|  |  |  |  |  |  |
| 合　计 |  |  |  |  |  |

3. 边坡土方量计算

用于平整场地、修筑路基、路堑的边坡挖、填土方量计算，常用图算法。

图算法系根据地形图和边坡竖向布置图或现场测绘，将要计算的边坡划分为两种近似的几何形体（图 4.1.12），一种为三角棱锥体（如体积①～③、⑤～⑩）；另一种为三角棱柱体（如体积④），然后应用表 4.1.4 几何公式分别进行土方计算，最后将各块汇总即得场地总挖土（－）、填土（＋）的量。

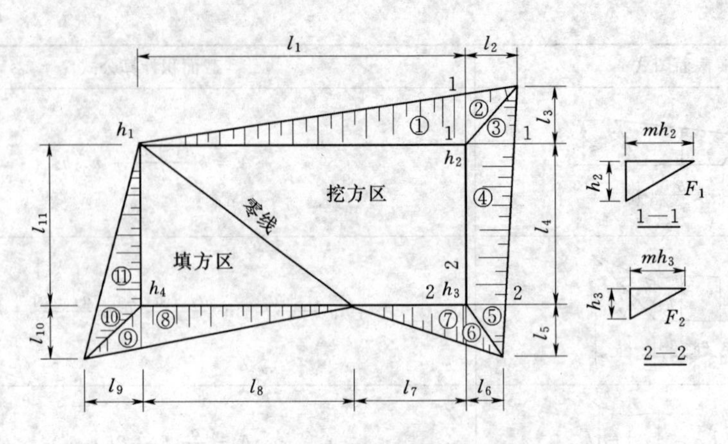


图 4.1.12 场地边坡计算简图

**表 4.1.4** 常用边坡三角棱锥体、棱柱体计算公式

| 项目 | 计 算 公 式 | 符 号 意 义 |
|---|---|---|
| 边坡三角棱锥体体积 | 边坡三角棱锥体体积 $V$ 可按下式计算（例如图 4.1.12 中的①）<br>$V_1=\frac{1}{3}F_1l_1$<br>其中 $F_1=\frac{h_2(mh_2)}{2}=\frac{mh_2^2}{2}$<br>$V_2$、$V_3$、$V_5\sim V_{11}$ 计算方法同上 | $V_1$、$V_2$、$V_3$，$V_5\sim V_{11}$—边坡①、②、③、⑤～⑩三角棱锥体体积，$m^3$；<br>$l_1$—边坡①的边长，m；<br>$F_1$—边坡①的端面积，$m^2$；<br>$h_2$—角点的挖土高度，m；<br>$m$—边坡的坡度系数；<br>$V_4$—边坡④三角棱柱体体积，$m^3$；<br>$l_4$—边坡④的长度，m；<br>$F_1$、$F_2$、$F_0$—边坡④两端及中部的横截面面积，$m^2$。 |
| 边坡三角棱柱体体积 | 边坡三角棱柱体体积 $V_4$ 可按下式计算（例如图 4.1.12 中的④）<br>$V_4=\frac{F_1+F_2}{2}l_4$<br>当两端横截面面积相差很大时，则<br>$V_4=\frac{l_4}{6}(F_1+4F_0+F_2)$<br>$F_1$、$F_2$、$F_0$ 计算方法同上 | |

**【例 4.1.2】** 场地平整工程，长 80m、宽 60m，土质为粉质黏土。取挖方区边坡坡度为 1∶1.25，填方边坡坡度为 1∶1.5，已知平面图挖填分界线尺寸及角点标高如图 4.1.12 所示，试求边坡挖、填土方量。

**【解】** 先求边坡角点 1～4 的挖、填方宽度：

角点 1 填方宽度 0.85×1.50=1.28（m）

角点 2 挖方宽度 1.54×1.25=1.93（m）

角点 3 挖方宽度 0.40×1.25=0.50（m）

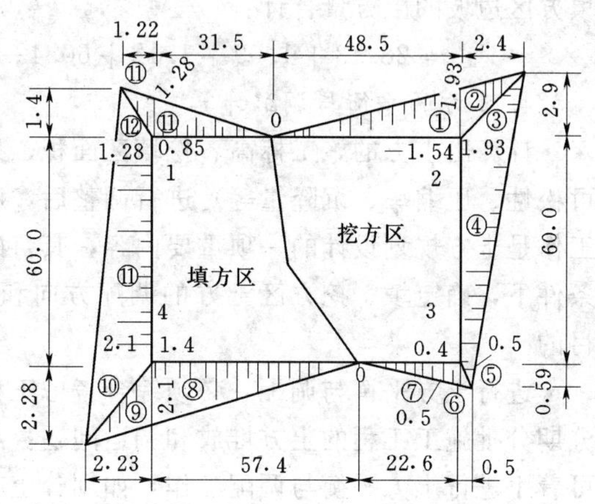

图 4.1.13 场地边坡平面轮廓尺寸图

角点 4 填方宽度 1.40 × 1.50 = 2.10(m)

按照场地四个控制角点的边坡宽度，利用作图法可得出边坡平面尺寸（图 4.1.13），边坡土方工程量，可划分为三角棱锥体和三角棱柱体两种类型，按表 4.1.4 公式计算如下：

(1) 挖方区边坡土方量。

$$V_1 = \frac{1}{3} \times \frac{1.93 \times 1.54}{2} \times 48.5 = 24.03(\text{m}^3)$$

$$V_2 = \frac{1}{3} \times \frac{1.93 \times 1.54}{2} \times 2.4 = 1.19(\text{m}^3)$$

$$V_3 = \frac{1}{3} \times \frac{1.93 \times 1.54}{2} \times 2.9 = 1.44(\text{m}^3)$$

$$V_4 = \frac{1}{2} \times \left(\frac{1.93 \times 1.54}{2} + \frac{0.4 \times 0.5}{2}\right) \times 60 = 47.58(\text{m}^3)$$

$$V_5 = \frac{1}{3} \times \frac{0.5 \times 0.4}{2} \times 0.59 = 0.02(\text{m}^3)$$

$$V_6 = \frac{1}{3} \times \frac{0.5 \times 0.4}{2} \times 0.5 \approx 0.02(\text{m}^3)$$

$$V_7 = \frac{1}{3} \times \frac{0.5 \times 0.4}{2} \times 22.6 = 0.75(\text{m}^3)$$

挖方区边坡的土方量合计：

$$V_{挖} = -(24.03 + 1.19 + 1.44 + 47.58 + 0.02 \times 2 + 0.75) = -75.03(\text{m}^3)$$

(2) 填方区边坡的土方量合计：

$$V_8 = \frac{1}{3} \times \frac{2.1 \times 1.4}{2} \times 57.4 = 28.13(\text{m}^3)$$

$$V_9 = \frac{1}{3} \times \frac{2.1 \times 1.4}{2} \times 2.23 = 1.09(\text{m}^3)$$

$$V_{10} = \frac{1}{3} \times \frac{2.1 \times 1.4}{2} \times 2.28 = 1.12(\text{m}^3)$$

$$V_{11} = \frac{1}{2} \times \left(\frac{2.1 \times 1.4}{2} + \frac{1.28 \times 0.85}{2}\right) \times 60 = 60.42(\text{m}^3)$$

$$V_{12} = \frac{1}{3} \times \frac{1.28 \times 0.85}{2} \times 1.4 = 0.25(\text{m}^3)$$

$$V_{13} = \frac{1}{3} \times \frac{1.28 \times 0.85}{2} \times 1.22 = 0.22(\text{m}^3)$$

$$V_{14} = \frac{1}{3} \times \frac{1.28 \times 0.85}{2} \times 31.5 = 5.71(\text{m}^3)$$

填方区边坡的土方量合计：

$$V_{填} = 28.13 + 1.09 + 1.12 + 60.42 + 0.25 + 0.22 + 5.71 = +96.94\ (m^3)$$

4. 土方的平衡与调配计算

计算出土方的施工标高、挖填区面积、挖填区土方量，并考虑各种变动因素（如土的可松性、压缩率、沉降量等）进行调整后，应对土方进行综合平衡与调配。土方平衡调配工作是土方规划设计的一项重要内容，其目的在于使土方运输量或土方运输成本为最低的条件下，确定填、挖方区土方的调配方向和数量，从而达到缩短工期和提高经济效益的目的。

进行土方平衡与调配，必须综合考虑工程和现场情况、进度要求和土方施工方法以及分期分批施工工程的土方堆放和调运问题。经过全面研究，确定平衡调配的原则之后，才可着手进行土方平衡与调配工作，如划分土方调配区，计算土方的平均运距、单位土方的运价，确定土方的最优调配方案。

（1）土方的平衡与调配原则。

1）挖方与填方基本达到平衡，减少重复倒运。

2）挖（填）方量与运距的乘积之和尽可能为最小，即总土方运输量或运输费用最小。

3）好土应用在回填密实度要求较高的地方，以避免出现质量问题。

4）取土或弃土应尽量不占农田或少占农田，弃土尽可能有规划地造田。

5）分区调配应与全场调配相协调，避免只顾局部平衡，任意挖填而破坏全局平衡。

6）调配应与地下构筑物的施工相结合，地下设施的填土，应留土后填。

7）选择恰当的调配方向、运输路线、施工顺序，避免土方运输出现对流和乱流现象，同时便于机具调配、机械化施工。

（2）土方平衡与调配的步骤及方法。土方平衡与调配需编制相应的土方调配图，其步骤如下：

1）划分调配区。在平面图上先划出挖填区的分界线，并在挖方区和填方区适当划出若干调配区，确定调配区的大小和位置。划分时应注意以下几点：

a. 划分应与房屋和构筑物的平面位置相协调，并考虑开工顺序、分期施工顺序。

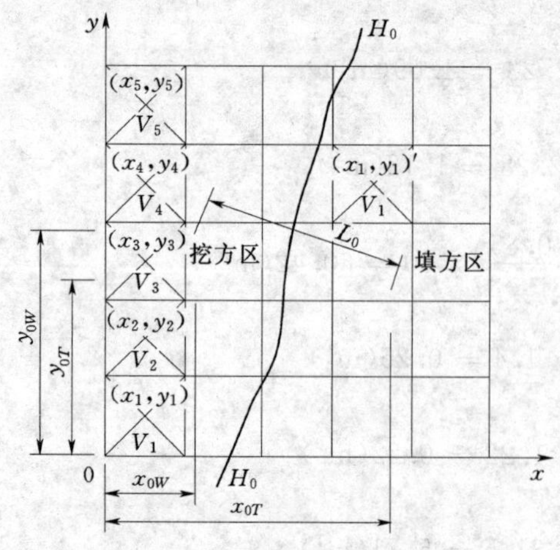

图 4.1.14　土方调配区间的平均运距

b. 调配区大小应满足土方施工用主导机械的行驶操作尺寸要求。

c. 调配区范围应和土方工程量计算用的方格网相协调。一般可由若干个方格组成一个调配区。

d. 当土方运距较大或场地范围内土方调配不能达到平衡时，可考虑就近借土或弃土，此时一个借土区或一个弃土区可作为一个独立的调配区。

2）计算各调配区的土方量并标明在图上。

3）计算各挖、填方调配区之间的平均运距，即挖方区土方重心至填方区土方重心的距

离，取场地或方格网中的纵横两边为坐标轴，以一个角作为坐标原点（图 4.1.14），按式（4.1.9）求出各挖方或填方调配区土方重心坐标 $X_0$ 及 $Y_0$：

$$X_0 = \frac{\sum(x_i V_i)}{\sum V_i}$$

$$Y_0 = \frac{\sum(y_i V_i)}{\sum V_i} \qquad (4.1.9)$$

式中：$x_i$、$y_i$ 分别为 $i$ 块方格的重心坐标；$V_i$ 为 $i$ 块方格的土方量。

填、挖方区之间的平均运距 $L_0$ 为：

$$L_0 = \sqrt{(x_{0T} - x_{0W})^2 + (y_{0T} - y_{0W})^2} \qquad (4.1.10)$$

式中：$x_{0T}$、$y_{0T}$ 为填方区的重心坐标；$x_{0W}$、$y_{0W}$ 为挖方区的重心坐标。

一般情况下，亦可用作图法近似地求出调配区的形心位置 $O$ 以代替重心坐标。重心求出后，标于图上，用比例尺量出每对调配区的平均运输距离（$L_{11}$，$L_{12}$，$L_{13}$，…）。

所有填挖方调配区之间的平均运距均需一一计算，并将计算结果列于土方平衡与运距表内（表 4.1.5）。

**表 4.1.5　土方平衡与运距表**

| 挖方区＼填方区 | $T_1$ | $T_2$ | $T_3$ | $T_j$ | … | $T_n$ | 挖方量（$m^3$） |
|---|---|---|---|---|---|---|---|
| $W_1$ | $x_{11}$　$L_{11}$ | $x_{12}$　$L_{12}$ | $x_{13}$　$L_{13}$ | $x_{1j}$　$L_{1j}$ | … | $x_{1n}$　$L_{1n}$ | $a_1$ |
| $W_2$ | $x_{21}$　$L_{21}$ | $x_{22}$　$L_{22}$ | $x_{23}$　$L_{23}$ | $x_{2j}$　$L_{2j}$ | … | $x_{2n}$　$L_{2n}$ | $a_2$ |
| … | … | … | … | … | … | … | … |
| $W_m$ | $x_{m1}$　$L_{m1}$ | $x_{m2}$　$L_{m2}$ | $x_{m3}$　$L_{m3}$ | $x_{mj}$　$L_{mj}$ | … | $x_{mn}$　$L_{mn}$ | $a_m$ |
| 填方量（$m^3$） | $b_1$ | $b_2$ | $b_3$ | $b_j$ | … | $b_n$ | $\sum_{i=1}^{m} a_i = \sum_{j=1}^{n} b_j$ |

注　$L_{11}$，$L_{12}$，$L_{13}$，…，为挖填方之间的平均运距；$x_{11}$、$x_{12}$、$x_{13}$，…，为调配土方量。

当填、挖方调配区之间的距离较远，采用自行式铲运机或其他运土工具沿现场道路或规定路线运土时，其运距应按实际情况进行计算。

4）确定土方最优调配方案。对于线性规划中的运输问题，可以用“表上作业法”来求解，使总土方运输量 $W$ 为最小值. 即为最优调配方案。

$$W = \sum_{i=1}^{m} \sum_{j=1}^{n} L_{ij} x_{ij}$$

式中：$L_{ij}$ 为各调配区之间的平均运距，m；$x_{ij}$ 为各调配区的土方量，$m^3$。

5）绘出土方调配图。根据以上计算，标出调配方向、土方数量及运距（平均运距再加施工机械前进、倒退和转弯必需的最短长度）。

（3）最优调配方案的确定。最优调配方案的确定，是以线性规划为基本理论，常用“表上作业法”求解。现就结合示例介绍如下：

**【例 4.1.3】**　已知某场地有四个挖方区和三个填方区，其相应的挖、填土方量和各对调配区的运距见表 4.1.5。利用“表上作业法”进行调配的步骤如下。

**表 4.1.5　　填挖方平衡及运距表**

| 填方区<br>挖方区 | $T_1$ | $T_2$ | $T_3$ | 挖方量（$m^3$） |
|---|---|---|---|---|
| $W_1$ | 50 | 70 | 100 | 500 |
| $W_2$ | 70 | 40 | 90 | 500 |
| $W_3$ | 60 | 110 | 70 | 500 |
| $W_4$ | 80 | 100 | 40 | 400 |
| 填方量（$m^3$） | 800 | 600 | 500 | 1900 |

（1）用“最小元素法”编制初始调配方案。

即先在运距表（小方格）中找一个最小值，如 $C_{22}=C_{43}=40$（任取其中一个，现取 $C_{43}$），于是先确定 $x_{43}$ 的值，使其尽可能的大，即 $x_{43}=\max$（400，500）$=400$。由于 $w_3$ 挖方区的土方全部调到 $T_3$ 填方区，所以 $x_{41}$ 和 $x_{42}$ 都等于零。此时，将 400 填入 $x_{43}$ 格内，同时将 $x_{41}$，$x_{42}$ 格内画上一个“×”号，然后在没有填上数字和“×”号的方格内，再选择一个运距最小的方格，即 $C_{22}=40$，便可确定 $x_{22}=500$，同时使 $x_{21}=x_{23}=0$。此时，又将 500 填入 $x_{22}$ 格内，并在 $x_{21}$、$x_{23}$ 格内画上“×”号。重复上述步骤，依次确定其余的 $x_j$ 数值，最后得出表 4.1.6 初始调配方案。

**表 4.1.6　　土 方 初 始 调 配 方 案**

| 填方区<br>挖方区 | $T_1$ | $T_2$ | $T_3$ | 挖方量（$m^3$） |
|---|---|---|---|---|
| $W_1$ | 50<br>（500） | 70<br>× | 100<br>× | 500 |
| $W_2$ | 70<br>× | 40<br>（500） | 90<br>× | 500 |
| $W_3$ | 60<br>（300） | 110<br>（100） | 70<br>（100） | 500 |
| $W_4$ | 80<br>× | 100<br>× | 40<br>（400） | 400 |
| 填方量（$m^3$） | 800 | 600 | 500 | 1900 |

（2）最优方案的判别法。由于利用“最小元素法”编制初始调配方案，也就优先考虑了就近调配的原则，所以求得的总运输量是较小的。但这并不能保证其总运输量最小，因此还要进行判别，看它是否是最优方案。判别的方法有“闭合路法”和“位势法”，其实质均一样，都是求检验数 $\lambda_{ij}$ 来判别。只要所有的检验数 $\lambda_{ij} \geqslant 0$，则该方案即为最优方案；否则，不是最优方案，尚需进行调整。

现就用“位势法”求检验数予以介绍：

首先将初始方案中有调配数方格的 $C_{ij}$ 列出，然后按下式求出两组位势数 $\mu_i$（$i=1, 2, \cdots, m$）和 $v_j$（$j=1, 2, \cdots, n$）。

$$C_{ij} = \mu_i + v_j \tag{4.1.11}$$

式中：$C_{ij}$ 为平均运距（或单位土方运价或施工费用）；$\mu_i$、$v_j$ 分别为位势数。

位势数求出后，便可根据下式计算各空格的检验数：

$$\lambda_{ij} = C_{ij} - \mu_i - v_j \tag{4.1.12}$$

例如，本例两组位势数见表4.1.7。

**表4.1.7　　平均运距和位势表**

| 填方区<br>挖方区 | 位势 | $T_1$ | $T_2$ | $T_3$ |
|---|---|---|---|---|
| | $v_j$<br>$\mu_i$ | $v_1=50$ | $v_2=100$ | $v_3=60$ |
| $W_1$ | $\mu_1=0$ | 50<br>0 | | |
| $W_2$ | $\mu_2=-60$ | | 40<br>0 | |
| $W_3$ | $\mu_3=10$ | 60<br>0 | 110<br>0 | 70<br>0 |
| $W_4$ | $\mu_4=-20$ | | | 40<br>0 |

先令 $\mu_1=0$，则

$$v_1 = C_{11} - \mu_1 = 50 - 0 = 50$$

$$v_2 = 110 - 10 = 100$$

$$v_2 = 40 - 100 =- 60$$

$$\mu_3 = 60 - 50 = 10$$

$$v_3 = 70 - 10 = 60$$

$$\mu_4 = 40 - 60 =- 20$$

本例各空格的检验数见表4.1.8。如 $\lambda_{21}=70-(-60)-50=+80$（在表4.1.8中只写“+”或“−”，可不必填入数值）。

表 4.1.8　　　　　　　　　　　　　**位势、运距和检验数表**

| 挖方区＼填方区 | 位势 $\mu_i$＼$v_j$ | $T_1$<br>$v_1=50$ | $T_2$<br>$v_2=100$ | $T_3$<br>$v_3=60$ |
|---|---|---|---|---|
| $W_1$ | $\mu_1=0$ | 50<br>0 | 70<br>− | 100<br>＋ |
| $W_2$ | $\mu_2=-60$ | 70<br>＋ | 40<br>0 | <br>＋ |
| $W_3$ | $\mu_3=10$ | 60<br>0 | 110<br>0 | 70<br>0 |
| $W_4$ | $\mu_4=-20$ | <br>＋ | <br>＋ | 40<br>0 |

从表 4.1.8 已知，在表中出现了负的检验数，这说明初始方案不是最优方案，需要进一步进行调整。

(3) 方案的调整。

1) 在所有的负检验数中选一个（一般可选择最小的一个，本例中为 $C_{12}$），把它所对应的变量 $x_{12}$ 作为调整对象。

2) 找出 $x_{12}$ 的闭合回路：从 $x_{12}$ 格出发，沿水平或竖直方向前进，遇到适当的有数字的方格作 90°转弯，然后依次继续前进再回到出发点，形成一条闭合回路（表 4.1.9）。

表 4.1.9　　　　　　　　　　　　　**$x_{12}$ 的闭合回路**

| 填方区＼挖方区 | $T_1$ | $T_2$ | $T_3$ |
|---|---|---|---|
| $W_1$ | 500 ← | ← $x_{12}$ | |
| $W_2$ | ↓ | ↑<br>500<br>↑ | |
| $W_3$ | 300 → | → 100 | |
| $W_4$ | | | |

3) 从空格 $x_{12}$ 出发，沿着闭合回路（方向任意）一直前进，在个奇数次转角点的数字中，挑出一个最小的（本表即为 500、100 中选出 100），将它由 $x_{32}$ 调到 $x_{12}$ 方格中（即空格中）。

4) 将 100 填入 $x_{12}$ 方格中，被挑出的 $x_{32}$ 变为 0（变为空格）；同时将闭路上其奇数次转角上的数字都减去 100，偶次转角上数字都增加 100，使得填挖方区的土方量仍然保持平衡，这样调整后，便可得表 4.1.10 的新调配方案。

表 4.1.10　　新的调配方案

| 挖方区＼填方区 | 位势 | $T_1$ | $T_2$ | $T_3$ | 挖方量（$m^3$） |
|---|---|---|---|---|---|
| | $\mu_i v_j$ | $v_1=50$ | $v_2=70$ | $v_3=60$ | |
| $W_1$ | $\mu_1=0$ | 50<br>400 | 70<br>100 | 100<br>+ | 500 |
| $W_2$ | $\mu_2=-30$ | 70<br>+ | 400<br>500 | 90<br>+ | 500 |
| $W_3$ | $\mu_3=10$ | 60<br>400 | 110<br>+ | 70<br>100 | 500 |
| $W_4$ | $\mu_4=-20$ | 80<br>+ | 100<br>+ | 40<br>400 | 400 |
| 填方量（$m^3$） | | 800 | 600 | 500 | 1900 |

对新调配方案，仍用“位势法”进行检验，看其是否是最优方案。若检验数中仍有负数出现那就仍按上述步骤继续调整，直到找出最优方案为止。

表 4.1.10 中所有检验数均为正号，故该方案即为最优方案。其土方的总运输量为：

$$Z=400\times50+100\times70+500\times40+400\times60+100\times70+400\times40=94000(m^3)$$

（4）土方调配图。最后将调配方案绘成土方调配图（图 4.1.15）。在土方调配图上应注明挖填调配区、调配方向、土方数量以及每对挖、填之间的平均运距。图 4.1.15（a）为本例的土方调配，仅考虑场内的挖填平即可解决。

图 4.1.15（b）亦为四个挖方区、三个填方区，挖、填土方量虽然相等，但由于地形窄长，运距较远，故采取就近弃土和就近借土的平衡调配方案更为经济。

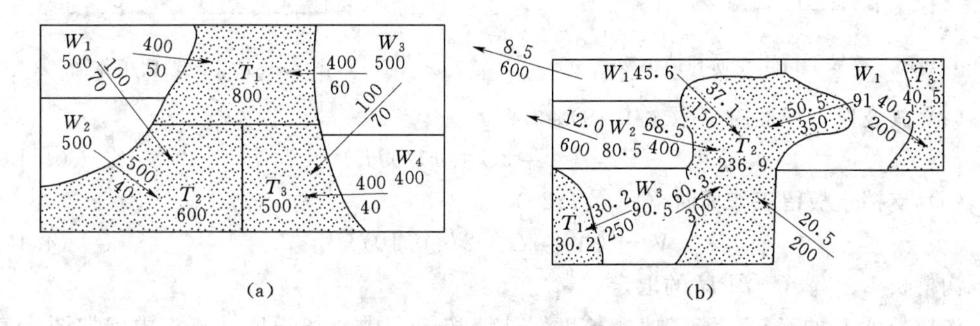


图 4.1.15　土方调配图

（a）挖、填平衡调配图；（b）有弃土和借土调配图

#### 4.1.5.5　沟槽、基坑等土方量的计算

1. 沟槽土方量计算

凡槽底宽度在 3m 以内，且槽长大于槽宽 3 倍以上的挖土工程，均属于挖沟槽项目，包括挖基槽和挖管道沟槽等类别。

挖沟槽土方工程量，均按天然密实体积（自然方）计算。计算时，应根据是否放坡，是否支挡土板以及是否增加工作面等情况，分别采用不同的计算公式。

(1) 不放坡不设挡土板不留工作面时（图 4.1.16）。

$$V = FL = AHL$$

式中：$V$ 为挖土体积，$m^3$；$A$ 为沟槽底的宽度，m；$H$ 为沟槽的深度，m；$L$ 为沟槽的长度，m。

(2) 不放坡不支挡土板留工作面（图 4.1.17）。

$$V = (A + 2C)HL \tag{4.1.13}$$

式中：$C$ 为定额中规定的工作面宽度，m。

(3) 放坡不留工作面不设挡土板时（图 4.1.18）。

$$V = FL = (A + mH)HL \tag{4.1.14}$$

式中：$m$ 为放坡系数，依据设计或规范确定。

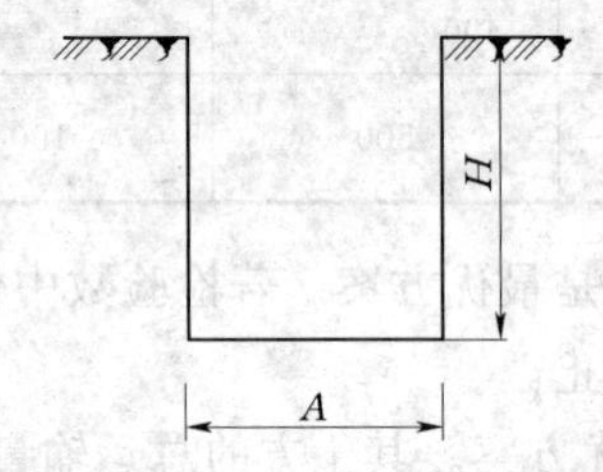


图 4.1.16　不放坡不支挡土板不留工作面

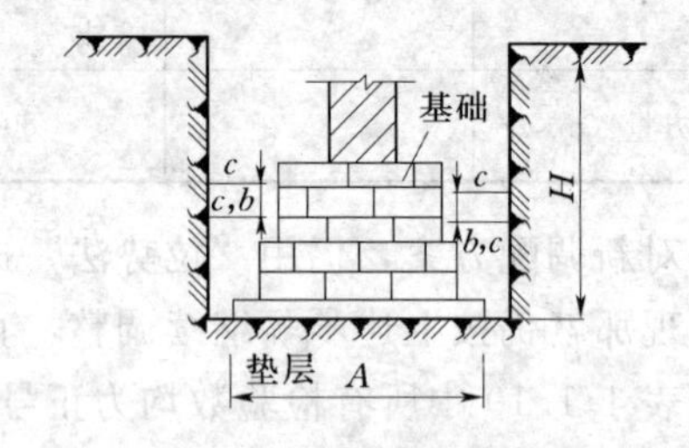


图 4.1.17　不放坡不支挡土板留工作面

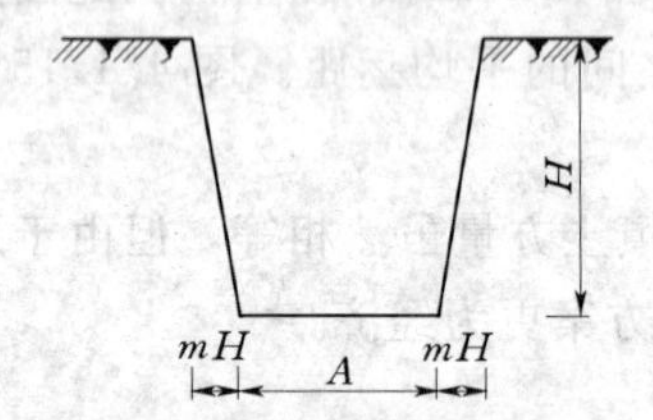


图 4.1.18　放坡不留工作面和挡土板

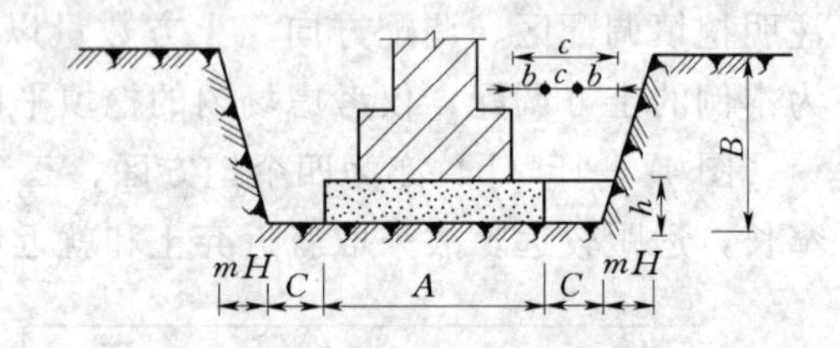


图 4.1.19　放坡留工作面

(4) 放坡留工作面时（图 4.1.19）。

$$V = (A + 2C + mH)HL \tag{4.1.15}$$

(5) 支挡土板留工作面时（图 4.1.20）

$$V = (A + 2C + 2 \times 0.10)HL \tag{4.1.16}$$

沟槽长 $L$、宽 $A$、深 $H$ 的取定。

沟槽长度 $L$ 的确定。墙基地槽长度，外墙按图示中心线长度计算；内墙按图示基础底面间净长线长度计算，当基础底面下有垫层时应按垫层底面间净长线长度计算；其内外突出部分体积并入地槽土方工程量内。管道沟槽的长度按图示中心线长度（不扣除检查井所占长度）计算。

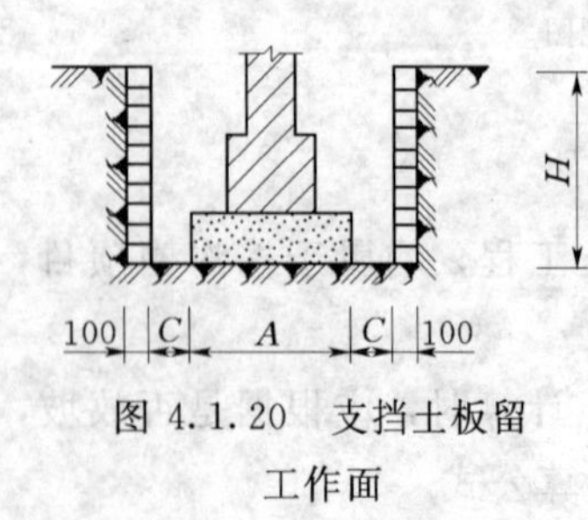


图 4.1.20　支挡土板留工作面

沟槽深度 $H$ 的确定。基槽、管道沟槽的深度，均按图示槽底至室外自然地坪深度计算。当各段深度不同时，应分段分别计算。

沟槽底宽 $A$ 的确定。内外墙基槽底宽 $A$，无垫层时均应以基础底宽度计算；基础下有垫层时，应以垫层底面宽度计算。需增加基础工作面宽度 $C$ 的，可依据沟槽土方量计算公式算出槽底增宽值。需支挡土板时，在 $A$ 定出后，单面支挡土板还应增加 10cm，双面支设则增加 20cm。管道沟槽的底宽应按设计规定计算。各种检查进和管道接口处，因加宽而增加的土方量不另计算，底面积大于 $20m^2$ 的井类，其增加工程量并入管沟土方量内计算。

2. 基坑工程量计算

挖基坑的形状有方形、矩形、圆形三种。计算时，其放坡、支挡土板、工作面等增加的土方量都应并入其基坑工程量内计算。

(1) 放坡、无工作面、不支挡土板的基坑体积 $V$。

矩形（或方形）基坑　　$V = ABH$　　(4.1.17)

式中：$A$ 为坑底长，m；$B$ 为坑底宽度，m；$H$ 为地坑开挖深度，m。

$$圆形基坑=坑底面积\times基坑开挖的深度=SH$$

(2) 放坡、有工作面时基坑体积 $V$。

$$矩形(或方形)基坑 = (A+mH)(B+mH)H+mH^3/3 \qquad (4.1.18)$$

$$圆形基坑 = \pi H(R_{12}+R_{22}+R_1R_2)/3 \qquad (4.1.19)$$

式中：$A$ 为坑底长度；$B$ 为坑底宽度；$H$ 为基坑开挖深度；$m$ 为边坡系数；$R_1$ 为圆形基坑坑底半径；$R_2$ 为圆形基坑坑顶半径。

### 4.1.6　职业活动训练

(1) 阅读某一工程的场地平整及土方调配施工方案。

(2) 计算图 4.1.21 土方开挖工程量（室内外高差±15cm）。

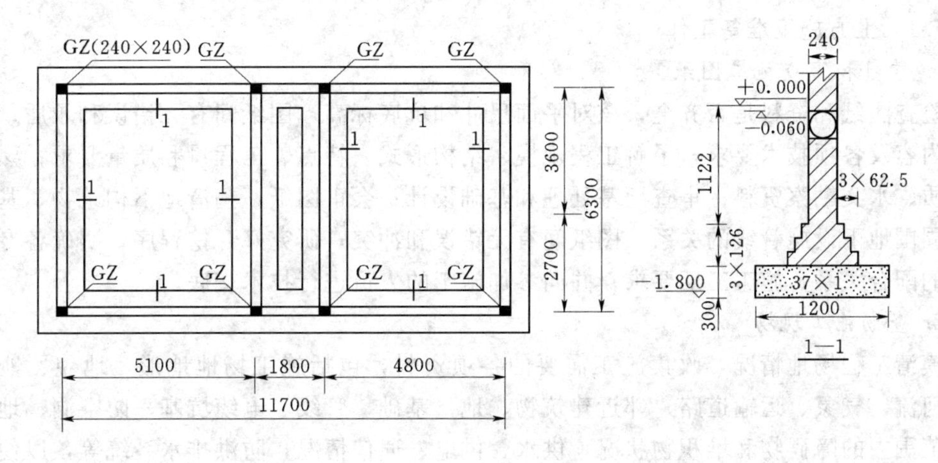


图 4.1.21　基础土方开挖工程示意图（单位：mm）

## 学习单元 4.2　土方开挖及回填

### 4.2.1　学习目标

(1) 能编制土方开挖的准备工作计划。

(2) 能编制浅基坑（槽）土方开挖的施工方案。

（3）能编制深基坑土方开挖施工方案。

（4）能编制浅基槽土壁支护方案。

（5）能编制土方回填方案。

（6）能进行回填土的质量检测。

### 4.2.2 学习任务

（1）土方施工的准备工作计划。

（2）浅基坑、槽和管沟的土方开挖与支护。

（3）土方机械化施工。

（4）土方回填及安全措施。

### 4.2.3 学习内容

（1）土方施工的准备工作。

（2）浅基坑、槽和管沟的土方开挖与支护措施。

（3）土方机械化施工。

（4）深基坑土方开挖。

（5）土方回填、质量检测及安全措施。

### 4.2.4 任务描述

如何合理选择土方工程施工方案和组织施工，是降低工程成本的有效措施之一。在组织土方工程施工时，既要尽可能地采用新技术和机械化施工，以加快工程进度，又要保证土方工程施工的质量及施工的安全。

### 4.2.5 任务实施

#### 4.2.5.1 土方施工准备工作

1. 学习和审查施工图纸

检查图纸和资料是否齐全，核对平面尺寸和坑底标高，图纸间有无错误和矛盾；掌握设计内容及各项技术要求，了解工程规模、结构形式、特点、工程量和质量要求；熟悉土层地质、水文勘察资料；审查地基处理和基础设计；会审图纸，搞清地下构筑物、基础平面与周围地下设施管线的关系，图纸间有无错误和冲突；研究好开挖程序，明确各专业工序间的配合关系、施工工期要求；并向参加施工的人员进行技术交底。

2. 查勘施工现场

摸清工程场地情况，收集施工需要的各项资料，包括施工场地地形，地貌、地质水文、河流、气象、运输道路、邻近建筑物、地下基础、管线、电缆坑基、防空洞、地面上施工范围内的障碍物和堆积物状况，供水、供电、通信情况，防洪排水系统等，以便为施工规划和准备提供可靠的资料和数据。

3. 编制施工方案

研究制定现场场地平整、基坑开挖施工方案；绘制基坑土方开挖图，确定开挖路线、顺序、范围、槽（坑）底标高、边坡坡度、排水沟、集水井位置，以及挖出的土方堆放地点；提出需用施工机具、劳力、推广新技术计划。

4. 平整施工场地

按设计或施工要求范围和标高平整场地，将土方弃到规定弃土区；凡在施工区域内，

影响工程质量的软弱土层、淤泥、腐殖土、大卵石、孤石、垃圾、树根、草皮以及不宜做填土和回填土料的稻田湿土，应视情况分别采取全部挖除或设排水沟疏干、抛填块石、砂砾等方法进行妥善处理，以免影响地基承载力。

5. 清除现场障碍物

将施工区域内所有障碍物，如高压电线、电杆、塔架、地上和地下管道、电缆、坟墓、树木、沟渠以及旧有房屋、基础等进行拆除或进行搬迁、改建、改线；对附近原有建筑物、电杆、塔架等采取有效地防护加固措施，可利用的建筑物应充分利用。

6. 进行地下墓探

在黄土地区或有古墓地区，应在工程基础部位，按设计要求位置，用洛阳铲进行铲探，发现墓穴、土洞、地道（地窖）、废井等，应对地基进行局部处理。

7. 做好排水降水设施

在施工区域内设置临时性或永久性排水沟，将地面水排走或排到低洼处，再用水泵排走；或疏通原有排水系统，使场地不积水；山坡地区，在离边坡上沿5～6m处，设置截水沟、排洪沟，阻止坡顶雨水流入开挖基坑区域内或在需要的地段修筑挡水堤坝阻水。地下水位高的基坑，在开挖前一周将水位降低到要求的深度。

8. 设置测量控制网

根据给定的国家永久性控制坐标和水准点，按建筑物总平面要求，引测到现场。在工程施工区域设置测量控制网。包括控制基线、轴线和水平基准点；做好轴线控制的测量和校核。控制网要避开建筑物、构筑物、土方机械操作及运输线路，并有保护标志；场地平整应设10m×10m～20m×20m方格网，在各方格点上做控制桩，并测出各标桩处的自然地形、标高，作为计算挖、填土方量和施工控制的依据。对建筑物应做定位轴线的控制测量和校核；进行土方工程的测量定位放线，设置龙门板、放出基坑（槽）挖土灰线、上部边线、底部边线和水准标志。龙门板桩一般应离开坑缘1.5～2.0m，以利保存，灰线、标高、轴线应进行复核无误后，方可进行场地平整和基坑开挖。

9. 修建临时设施及道路

根据土方和基础工程规模、工期长短、施工力量安排等修建简易的临时性生产和生活设施（如工具库、材料库、油库、机具库、修理棚、休息棚、茶炉棚等），同时敷设现场供水、供电、供压缩空气（爆破石方用）管线路，并进行试水、试电、试气。

修筑施工场地内机械运行的道路，主要临时运输道路宜结合永久性道路的布置修筑。行车路面按双车道，宽度不应小于7m，最大纵向坡应不大于6%，最小转弯半径不小于15m；路基底层可铺砌20～30cm厚的块石或卵（砾）石层作简易泥结石路面，尽量使一线多用，重车下坡行驶。道路的坡度、转弯半径应符合安全要求，两侧作排水沟。道路通过沟渠应设涵洞，道路与铁路、电信线路、电缆线路以及各种管线相交处，应按有关安全技术规定设置平交道和标志。

10. 准备机具、物资及人员

做好设备调配，对进场挖土、运输车辆及各种辅助设备进行维修检查。试运转，并运至使用地点就位；准备好施工用料及工程用料，按施工平面图要求堆放。

组织并配备土方工程施工所需各专业技术人员、管理人员和技术工人；组织安排好作业班次；制定较完善的技术岗位责任制和技术、质量、安全、管理网络；建立技术责任制和质量保证体系；拟采用的土方工程新机具、新工艺、新技术，组织力量进行研制试验。

#### 4.2.5.2　开挖的一般要求

1. 场地开挖

挖方边坡应根据使用时间、土的种类、物理力学性质、水文情况等确定。对于永久性场地，挖方边坡坡度应按设计要求放坡，如设计无规定，可按表4.2.1所列采用。对使用时间较长的临时性挖方边坡坡度，应根据工程地质和边坡高度，结合当地实践经验确定。在山坡整体稳定的情况下。如地质条件良好，土质较均匀，高度在10m内的边坡坡度可按表4.2.2确定。

**表 4.2.1　　永久性土工构筑物挖方的边坡坡度**

| 项次 | 挖土性质 | 边坡坡度 |
|---|---|---|
| 1 | 在天然湿度、层理均匀、不易膨胀的黏土、粉质黏土和砂土（不包括细砂、粉砂）内挖方深度不超过3m | 1∶1.00～1∶1.25 |
| 2 | 土质同上．深度为3～12m | 1∶1.25～1∶1.50 |
| 3 | 干燥地区内土质结构未经破坏的干燥黄土及类黄土，深度不超过12m | 1∶0.10～1∶1.25 |
| 4 | 在碎石土和泥灰岩土的地方，深度不超过12m，根据土的性质、层理特性和挖方深度确定 | 1∶0.50～1∶1.50 |
| 5 | 在风化岩内的挖方，根据岩石性质、风化程度、层理特性和挖方深度确定 | 1∶0.20～1∶1.50 |
| 6 | 在微风化岩石内的挖方，岩石无裂缝开无倾向挖方坡脚的岩层 | 1∶0.10 |
| 7 | 在末风化的完整岩石内的挖方 | 直立的 |

**表 4.2.2　　土质边坡坡度允许值**

| 土的类别 | 密实度或状态 | 坡度允许值（高宽比） | |
|---|---|---|---|
| | | 坡高在5m以内 | 坡高为5～10m |
| 碎石土 | 密　实 | 1∶0.35～1∶0.50 | 1∶0.50～1∶0.75 |
| | 中　密 | 1∶0.50～1∶0.75 | 1∶0.75～1∶1.00 |
| | 稍　密 | 1∶0.75～1∶1.00 | 1∶1.00～1∶1.25 |
| 黏性土 | 坚　硬 | 1∶0.75～1∶1.00 | 1∶1.00～1∶1.25 |
| | 硬　塑 | 1∶1.00～1∶1.25 | 1∶1.25～1∶1.50 |

注　1. 表中碎石土的充填物为坚硬或硬塑状态的黏性土。
2. 对于砂土或充填物为砂土的碎石土，其边坡坡度允许值均按自然休止角确定。

挖方上边缘至土堆坡脚的距离，当土质干燥密实时，不得小于3m；当土质松软时，不得小于5m，在挖方下侧弃土时，应将弃土堆表面平整至低于挖方场地标高并向外倾斜。

2. 边坡开挖

(1) 场地边坡开挖应采取沿等高线自上而下，分层、分段依次进行，在边坡上采取多台阶同时进行机械开挖时，上台阶应比下台阶开挖进深不少于30m，以防塌方。

(2) 边坡台阶开挖，应作成一定坡势，以利泄水。边坡下部设有护脚及排水沟时，应尽快处理台阶的反向排水坡，进行护脚矮墙和排水沟的砌筑和疏通，以保证坡脚不被冲刷和在影响边坡稳定的范围内不积水，否则应采取临时性排水措施。

(3) 边坡开挖。对软土土坡或易风化的软质岩石边坡在开挖后应对坡面、坡脚采取喷浆、抹面、嵌补、护砌等保护措施，并做好坡顶、坡脚排水，避免在影响边坡稳定的范围内积水。

3. 浅基坑开挖

(1) 开挖前，应根据工程结构形式、基坑深度、地质条件、周围环境、施工方法、施工工期和地面荷载等资料，确定基坑开挖方案和地下水控制施工方案。

(2) 基坑边缘堆置土方和建筑材料，或沿挖方边缘移动运输工具和机械。一般应距基坑上部边缘不少于2m，堆置高度不应超过1.5m。在垂直的坑壁边，此安全距离还应适当加大。软土地区不宜在基坑边堆置弃土。

(3) 基坑周围地面应进行防水、排水处理，严防雨水等地面水浸入基坑周边土体。

(4) 基坑开挖完成后，应及时清底、验槽，减少暴露时间，防止暴晒和雨水浸刷破坏地基土的原状结构。

**4.2.5.3** 浅基坑、槽和管沟开挖

(1) 浅基坑（槽，下同）开挖，应先进行测量定位，抄平放线，定出开挖长度，按放线分块（段）分层挖土。根据土质和水文情况．采取在四侧或两侧直立或放坡开挖，以保证施工操作安全。

当土质为天然湿度、构造均匀、水文地质条件良好，且无地下水时，开挖基坑亦可不必放坡，采取直立开挖不加支护，但挖方深度应符合表4.2.3的规定，如超过表4.2.3规定的深度，应采取放坡或支护方式。临时性挖方的边坡值可按表4.2.4采用。放坡后基坑上口宽度由基坑底面宽度及边坡坡度来决定，坑底宽度应按设计规定，同时考虑工作面，以便施工操作。

**表 4.2.3　　基坑（槽）和管沟不加支撑时的容许深度表**

| 项　次 | 土的种类 | 容许深度（m） |
|---|---|---|
| 1 | 密实、中密的砂子和碎Ⅰ类土（充填物为砂土） | 1.00 |
| 2 | 硬塑、可塑的粉质黏土及粉土 | 1.25 |
| 3 | 硬塑、可塑的黏土和碎Ⅱ类土（充填物为黏性土） | 1.50 |
| 4 | 坚硬的黏土 | 2.00 |

**表 4.2.4　　临时性挖方边坡值**

| 土的类别 | | 边坡值（高：宽） |
|---|---|---|
| 砂土（不包括细砂、粉砂） | | 1：1.25～1：1.50 |
| 一般性黏土 | 硬 | 1：0.75～1：1.00 |
| | 硬塑 | 1：1～1：1.25 |
| | 软 | 1：1.5或更缓 |
| 碎石类土 | 充填坚硬、硬塑黏性土 | 1：0.5～1：1.0 |
| | 充填砂土 | 1：1～1：1.5 |

**注** 1. 有成熟施工经验．可不受本表限制。设计有要求时，应符合设计标准。
2. 如采用降水或其他加固措施，也不受本表限制。
3. 开挖深度对软土不超过4m，对硬土不超过8m。

(2) 当开挖基坑（槽）的土体含水量大而不稳定，或基坑较深，或受到周围场地限制而需用较陡的边坡或直立开挖而土质较差时，应采用临时性支撑加固，基坑、槽每边的宽度应比基础宽 15～20cm。以便于设置支撑加固结构。挖土时，土壁要求平直。挖好一层，支一层支撑，挡土板要紧贴土面，并用小木桩或横撑木顶住挡板。开挖宽度较大的基坑，当在局部地段无法放坡或下部土方受到基坑尺寸限制不能放较大坡度时，应在下部坡脚处采取加固措施，如采用短桩与横隔板支撑或砌砖、毛石或用编织袋、草袋装土堆砌临时矮挡土墙保护坡脚。

(3) 基坑开挖程序：测量放线→切线分层开挖→排降水→修坡→整平→留足预留土层等。相邻基坑开挖时，应遵循先深后浅或同时进行的施工程序。挖土应自上而下水平分段分层进行，每层 0.3m 左右，边挖边检查坑底宽度及坡度，不够时应及时修整。每 3m 左右修一次坡，至设计标高，再统一进行一次修坡清底，检查坑底宽和标高，要求坑底凹凸不超过 2.0cm。

(4) 基坑开挖应尽量防止对地基土的扰动。人工挖土时，基坑挖好后不能立即进行下道工序时，应预留 15～30cm 一层土不挖，待下道工序开始时再挖至设计标高。机械开挖时，为避免破坏基底土，应在基底标高以上预留一层由人工挖掘修整。使用铲运机、推土机时，预留土层厚度为 15～20cm，使用正铲、反铲或拉铲挖土时为 20～30cm。

(5) 在地下水位以下挖土，应在基坑（槽）四侧或两侧挖好临时排水沟和集水井，或采用井点降水，将水位降低至坑、槽底以下 0.50m，以利挖方进行。降水工作应持续到基础（包括地下水位下回填土）施工完成。

(6) 雨季施工时，基坑槽应分段开挖，挖好一段浇筑一段垫层，并在基槽两侧围以土堤或挖排水沟，以防地面雨水流入基坑槽，同时应经常检查边坡和支撑情况，以防止坑壁受水浸泡造成塌方。

(7) 基坑开挖时，应对平面控制桩、水准点、基坑平面位置、水平标高、边坡坡度等经常复测检查。

(8) 基坑挖完后应进行验槽，做好记录，如发现地基土质与地质勘探报告、设计要求不符时，应与有关人员研究及时处理。

**4.2.5.4** 浅基坑、槽和管沟的支护方法

(1) 基坑槽和管沟的支撑方法见表 4.2.5，一般浅基坑的支撑方法见表 4.2.6。

(2) 土方开挖和支撑施工注意事项。

1) 大型挖土及降低地下水位时，应经常注意观察附近已有建筑或构筑物、道路、管线，有无下沉和变形。如有下沉和变形，应与设计和建设单位研究采取防护措施。

**表 4.2.5　　基坑槽和管沟的支撑方法**

| 支撑方式 | 简　图 | 支撑方法及适用条件 |
|---|---|---|
| 间断式水平支撑 | 木楔 横撑<br>水平挡土板 | 两侧挡土板水平放置。用工具式或木横撑借木楔顶紧，挖一层土。支顶一层。适于能保持立壁的干土或天然湿度的黏土类土，地下水很少、深度在 2m 以内 |

续表

| 支撑方式 | 简图 | 支撑方法及适用条件 |
| --- | --- | --- |
| 断续式水平支撑 | 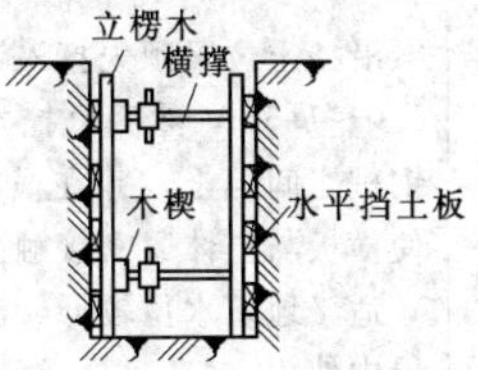 立楞木 横撑 木楔 水平挡土板 | 挡土板水平放置，中间留出间隔，并在两侧同时对称立竖方木，再用工具式或木横撑顶紧。适用于能保持直立壁的干土或天然湿度的黏土类土，地下水很少，深度在3m以内 |
| 连续式水平支撑 | 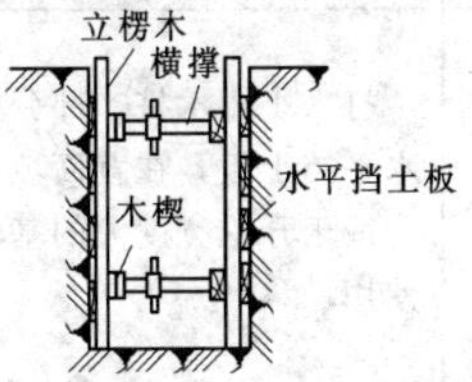 立楞木 横撑 水平挡土板 木楔 | 挡土板水平连续放置，不留间隔，然后两侧同时对称立竖方木，上、下各顶一根撑木，端头加木楔顶紧。适用较松散的干土或天然湿度的黏土类土，地下水很少，深度在3～5m |
| 连续或间断式垂直支撑 | 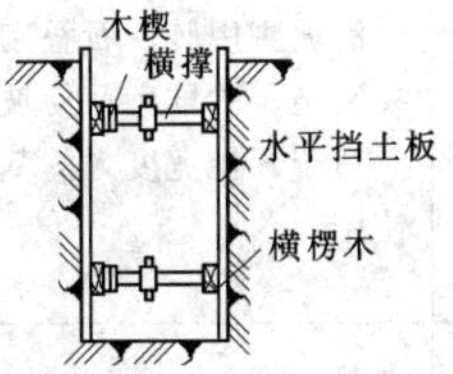 木楔 横撑 水平挡土板 横楞木 | 挡土板垂直放置，可连续或留适当间隔，然后每侧上、下各水平顶一根方木，再用横撑顶紧。适用土质较松散或湿度很高的土，地下水很少，深度不限 |
| 水平垂直混合式支撑 | 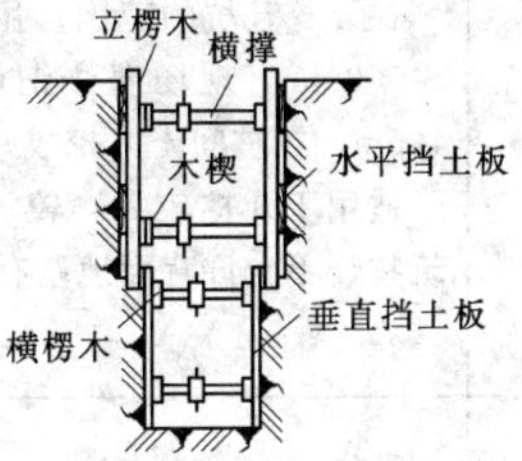 立楞木 横撑 木楔 水平挡土板 垂直挡土板 横楞木 | 沟槽上部连续式水平支撑，下部设连续式垂直支撑。适用沟槽深度较大，下部有含水土层的情况 |

表 4.2.6 一般浅基坑的支撑方法

| 支撑方式 | 简图 | 支撑方法及适用条件 |
| --- | --- | --- |
| 斜柱支撑 | 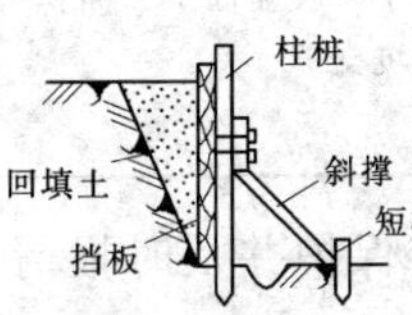 柱桩 回填土 斜撑 短桩 挡板 | 水平挡土板钉在柱桩内侧，柱桩外侧用斜撑支顶，斜撑底端支在木桩上，在挡土板内侧回填土，适于开挖较大型、深度不大的基坑或使用机械挖土时使用 |
| 锚拉支撑 | 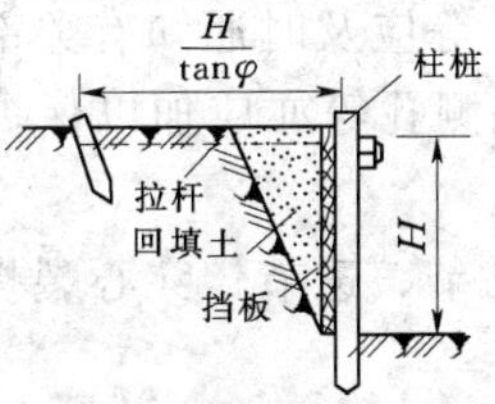 $\frac{H}{\tan\varphi}$ 柱桩 拉杆 回填土 $H$ 挡板 | 水平挡土板支在柱桩的内侧。柱桩一端打入土中，另一端用拉杆与锚桩拉紧，在挡土板内侧回填土，适用于开挖较大型、深度不大的基坑或使用机械挖土，不能安设横撑时使用 |

续表

| 支撑方式 | 简 图 | 支撑方法及适用条件 |
| --- | --- | --- |
| 型钢桩横挡板支撑 | 型钢桩 挡土板 1 1 楔子 型钢桩 挡土板 | 沿挡土位置预先打入钢轨、工字钢或H型钢桩，间距1.0～1.5m，然后边挖土边将3～6cm厚的挡土板塞进钢桩之间挡土，并在横向挡板与型钢桩之间打上楔子，使横板与土体紧密接触。<br>适于地下水位较低、深度不很大的一般黏性土或砂土层中使用 |
| 短桩横隔板支撑 | 横隔板 短桩 填土 | 打入小短木桩，部分打入土中。部分露山地面，钉上水平挡土板，在背面填土、夯实。<br>适于开挖宽度大的基坑，当部分地段下部放坡不够时使用 |
| 临时挡土墙支撑 | 扁丝编织袋装土、砂；或干砌、浆砌毛石 | 沿坡脚用砖、石叠砌或用装水泥的聚丙烯编织袋、草袋装土、砂堆砌，使坡脚保持稳定。<br>适于开挖宽度大的基坑，当部分地段下部放坡不够时使用 |
| 挡土灌注桩支护 | 连系梁 挡土灌注桩 挡土灌注桩 | 在开挖基坑的范围。用钻机或洛阳铲成孔，桩径400～500mm，现场灌注钢筋混凝土桩，桩间距为1.0～1.5m，在桩间土方挖成外拱形使之起土拱作用。<br>适用于开挖较大、较浅（小于5m）基坑，邻近有建筑物，不允许背面地基有下沉、位移时采用 |
| 叠袋式挡墙支护 | 1.0～1.5m 编织袋装碎石堆砌 <5000 500 砌块石 | 采用编织袋或草袋装碎石、砂、砾石或土，堆砌成重力式挡墙作为基坑的支护，在墙下部砌500mm厚块石基础，墙底宽1500～2000mm，顶宽500～1200mm，顶部适当放坡卸土1.0～1.5m，表面抹砂浆保护。<br>适用于一般黏性土、面积大、开挖深度应在5m以内的浅基坑支护 |

2）土方开挖中如发现文物或古墓，应立即妥善保护并及时报请当地有关部门来现场处理，待妥善处理后，方可继续施工。

3）挖掘发现地下管线（管道、电缆、通信）等应及时通知有关部门来处理，如发现测量用的永久性标桩或地质、地震部门设置的观测孔等亦应加以保护。如施工必须毁坏时，亦应事先取得原设置或保管单位的书面同意。

4）基坑槽、管沟支撑宜选用质地坚实、无枯节、透节、穿心裂折的松木或杉木，不宜使用杂木。

5）支撑应挖一层支撑好一层，并严密顶紧，支撑牢固，严禁一次将土挖好后再支撑。

6）挡土板或板桩与坑壁间的填土要分层回填夯实，使之严密接触。

7）埋深的拉锚需用挖沟方式埋设，沟槽尽可能小，不得采取将土方全部挖开，埋设拉锚后再回填的方式。这样会使土体固结状态遭受破坏。拉锚安装后要预拉紧．预紧力不小于设计计算值的5%～10%，每根拉锚松紧程度应一致。

8）施工中应经常检查支撑和观测邻近建筑物的情况，如发现支撑有松动、变形、位移等情况，应及时加固或更换。加固办法可打紧受力较小部分的木楔或增加立柱及横撑等。如换支撑时，应先加新支撑后拆旧支撑。

9）支撑的拆除应按回填顺序依次进行。多层支撑应自下而上逐层拆除，拆除一层，经回填夯实后，再拆上层。拆除支撑时，应注意防止附近建筑物或构筑物产生下沉和破坏，必要时采取加固措施。

（3）基坑边坡保护。当基坑放坡高度较大，施工期和暴露时间较长或岩土质地较差，易于风化、疏松或滑坍。为防止基坑边坡因气温变化或失水过多而风化或松散，或防止坡面受雨水冲刷而产生溜坡现象，应根据土质情况和实际条件采取边坡保护措施，以保护基坑边坡的稳定。常用基坑坡面保护方法如下。

1）薄膜覆盖或砂浆覆盖法。对基础施工期较短的临时性基坑边坡，采取在边坡上铺塑料薄膜，在坡顶及坡脚用草袋或编织袋装土压住或用砖压住；或在边坡上抹水泥砂浆2～2.5cm厚保护。为防止薄膜脱落，在上部及底部均应搭盖不少于80cm，同时在土中插适当锚筋连接。在坡脚设排水沟［图4.2.1（a)］。

2）挂网或挂网抹面法。对基础施工期短，土质较差的临时性基坑边坡，可在垂直坡面楔入直径10～12mm，长40～60cm插筋，纵横间距1m，上铺20号铁丝网。上下用草袋或聚丙烯编织袋装土或砂压住，或再在铁丝网上抹2.5～3.5cm厚的M5混合砂浆（配

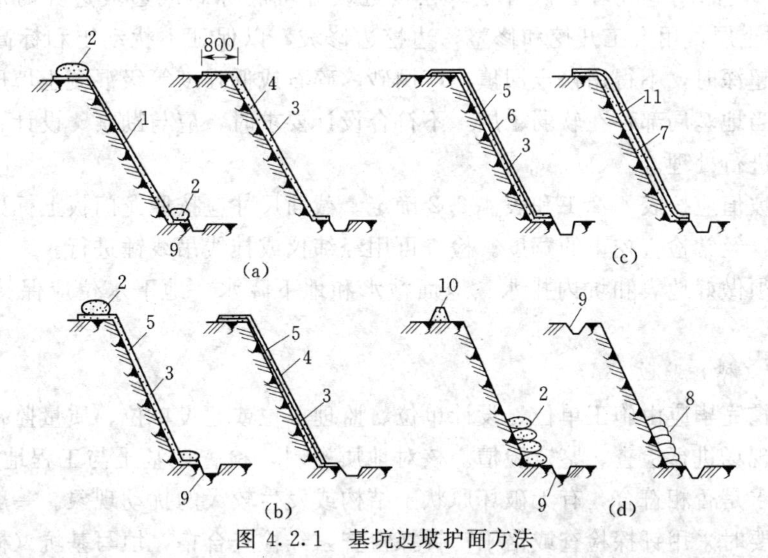


图4.2.1 基坑边坡护面方法

(a) 薄膜或砂浆覆盖；(b) 挂网或挂网抹面；(c) 喷射混凝土或混凝土护面；(d) 土袋或砌石压坡

1—塑料薄膜；2—草袋或编织袋装土；3—插筋Φ10～Φ12；4—抹M5混合砂浆；
5—20号钢丝网；6—C15喷射混凝土；7—C15细石混凝土；8—M5砂浆砌石；
9—排水沟；10—土堤；11—Φ4～Φ6钢筋网片，纵横间距250～300mm

合比为水泥∶白灰膏∶砂子=1∶1∶1.5)。在坡顶坡脚设排水沟［图4.2.1 (b)］。

3) 喷射混凝土或混凝土护面法。对邻近有建筑物的深基坑边坡，可在坡面垂直楔入直径10~12mm。长40~50cm插筋，纵横间距1m，上铺20号铁丝网，在表面喷射4~6cm厚的C15细石混凝土直到坡顶和坡脚；亦可不铺铁丝网，而坡面铺φ4~φ6@φ250~300钢筋网片，浇筑5~6cm厚的细石混凝土，表面抹光［图4.2.1 (c)］。

4) 土袋或砌石压坡法。对深度在5m以内的临时基坑边坡，在边坡下部用草袋或聚丙烯编织袋装土堆砌或砌石压住坡脚。边坡高3m以内可采用单排顶砌法，5m以内，水位较高，用二排顶砌或一排一顶构筑法，保持坡脚稳定。在坡顶设挡水土堤或排水沟，防止冲刷坡面，在底部作排水沟。防止冲坏坡脚［图4.2.1 (d)］。

**4.2.5.5**　土方开挖的质量控制要点

1. 对定位放线的控制

控制内容主要为复核建筑物的定位桩、轴线、方位和几何尺寸。

根据规划红线或建筑物方格网，按设计总平面图复核建筑物的定位桩。可采用经纬仪及标准钢卷尺进行检查校对。按设计基础平面图对基坑、槽的灰线进行轴线和几何尺寸的复核，并检查方向是否符合图纸的朝向。工程轴线控制桩设置离建筑物的距离一般应大于两倍的挖土深度；水准点标高可引测在已建成的沉降已稳定的建（构）筑物上，或在建筑物稍远的地方设置水准点并妥加保护。挖土过程中要定期进行复测，校验控制桩的位置和水准点标高。

2. 对土方开挖的控制

控制内容主要为检查挖土标高、截面尺寸、放坡和排水。

土方开挖一般应按从上往下分层分段依次进行。随时做成一定的坡势。如用机械挖土，深5m以内的浅基坑可一次开挖。在接近设计坑底标高或边坡边界时应预留200~300mm厚的土层，用人工开挖和修整，边挖边修坡，以保证不扰动土和标高符合设计要求。遇标高超深时，不得用松土回填，应用砂、碎石或低强度等级混凝土填压（夯）实到设计标高；当地基局部存在软弱土层，不符合设计要求时，应与勘察、设计、建设部门共同提出方案进行处理。

挖土边坡值应按表4.2.1和表4.2.2确定。截面尺寸应按照龙门板上标出的中心轴线和边线进行，经常检查挖土的宽度。检查可用经纬仪或挂线吊线锤进行。

挖土必须做好地表和坑内排水、地面截水和地下降水，地下水位应保持低于开挖面500mm以下。

3. 基坑（槽）验收

基坑开挖完毕应由施工单位、设计单位、监理单位或建设单位、质量监督部门等有关人员共同到现场进行检查、鉴定验槽。核对地质资料，检查地基土与工程地质勘察报告、设计图纸要求是否相符合，有无破坏原状土结构或发生较大的扰动现象。一般用表面检查验槽法，必要时采用钎探检查或洛阳铲钎探检查，经检查合格，填写基坑（槽）验收、隐蔽工程记录，及时办理交接手续。

4. 土方开挖工程质量检验标准

土方开挖工程质量检验标准见表4.2.7。

表 4.2.7　　土方开挖工程质量检验标准　　单位：mm

| 项 | 序 | 项　目 | 允许偏差或允许值 | | | | | 检验方法 |
|---|---|---|---|---|---|---|---|---|
| | | | 柱基、基坑、基槽 | 挖方场地平整 | | 管沟 | 地（路）面基层 | |
| | | | | 人工 | 机械 | | | |
| 主控项目 | 1 | 标高 | −50 | ±30 | ±50 | −50 | −50 | 水准仪 |
| | 2 | 长度、宽度（由设计中心线向两边量） | +200<br>−50 | +300<br>−100 | +500<br>−150 | +100 | — | 经纬仪、用钢尺量 |
| | 3 | 边坡 | 设计要求 | | | | | 观察或用坡度尺检查 |
| 一般项目 | 1 | 表面平整度 | 20 | 20 | 50 | 20 | 20 | 用2m靠尺和楔形塞尺检查 |
| | 2 | 基底土性 | 设计要求 | | | | | 观察或土样分析 |

注　地（路）面基层的偏差只适用于直接在挖、填方做地（路）面的基层。

### 4.2.5.6　土方机械化施工

#### 4.2.5.6.1　土方机械的选择

土方机械化开挖应根据基础形式、工程规模、开挖深度、地质、地下水情况、土方量、运距、现场和机具设备条件、工期要求以及土方机械的特点等合理选择挖土机械，以充分发挥机械效率，节省机械费用，加速工程进度。

土方机械化施工常用机械有：推土机、铲运机、挖掘机（包括正铲、反铲、拉铲、抓铲等）、装载机等。

一般讲，深度不大的大面积基坑开挖，宜采用推土机或装载机推土、装土，用自卸汽车运土；对长度和宽度均较大的大面积土方一次开挖，可用铲运机铲土、运土、卸土、填筑作业；对面积较深的基础多采用0.5m³或1.0m³斗容量的液压正铲挖掘机，上层土方也可用铲运机或推土机进行；如操作面狭窄，且有地下水，土体湿度大，可采用液压反铲挖掘机挖土，自卸汽车运土；在地下水中挖土，可用拉铲，效率较高；对地下水位较深、采取不排水时，亦可分层用不同机械开挖，先用正铲挖土机挖地下水位以上土方，再用拉铲或反铲挖地下水位以下土方，用自卸汽车将土方运出。

（1）推土机。常用推土机型号及技术性能见表4.2.8。

表 4.2.8　　常用推土机型号及技术性能

| 项目＼型号 | | T3—100 | T—120 | 上海—120A | T—180 | TL1800 | T—220 |
|---|---|---|---|---|---|---|---|
| 铲刀（宽×高）(mm) | | 3030 ×1100 | 3760×1100 | 3760×1000 | 4200×1100 | 3190×990 | 3725×1315 |
| 最大提升高度（mm） | | 900 | 1000 | 1000 | 1260 | 900 | 1210 |
| 最大切土深度（mm） | | 180 | 300 | 330 | 530 | 400 | 540 |
| 移动速度 | 前进（km/h） | 2.36～10.13 | 2.27～10.44 | 2.23～10.23 | 2.43～10.12 | — | 2.5～9.9 |
| | 后退（km/h） | 2.79～7.63 | 2.73～8.99 | 2.68～8.82 | 3.16～9.78 | 7～49 | 3.0～9.4 |
| 额定牵引力（kN） | | 90 | 120 | 130 | 188 | 85 | 240 |
| 发动机额定功率（马力） | | 100 | 135 | 120 | 180 | 180 | 220 |
| 对地面单位压力（MPa） | | 0.065 | 0.059 | 0.064 | — | — | 0.091 |

（2）铲运机。常用铲运机型号及技术性能见表4.2.9。

表 4.2.9　　常用铲运机的技术性能与规格

| 项　目 | 拖式铲运机 | | | 自行式铲运机 | | |
|---|---|---|---|---|---|---|
| | C6～2.5 | C5～6 | C3～6 | C3～6 | C4～7 | CL7 |
| 铲斗几何容量（$m^3$） | 2.5 | 6 | 6～8 | 6 | 7 | 7 |
| 堆尖容量（$m^3$） | 2.75 | 8 | — | 8 | 9 | 9 |
| 铲刀宽度（mm） | 1900 | 2600 | 2600 | 2600 | 2700 | 2700 |
| 切土深度（mm） | 150 | 300 | 300 | 300 | 300 | 300 |
| 铺土厚度（mm） | 230 | 380 | — | 380 | 400 | — |
| 铲土角度（°） | 35～68 | 30 | 30 | 30 | — | — |
| 最小转弯半径（m） | 2.7 | 3.75 | — | — | 6.7 | — |

（3）挖掘机。

1）正铲挖掘机。常用液压正铲挖掘机的型号及技术性能见表4.2.10。

表 4.2.10　　常用液压挖掘机主要技术性能与规格

| 项　目 \ 机　型 | | WY10 | WLY40 | WY60 | WY60A | WY80 | WY100 | WY160 | WY250 |
|---|---|---|---|---|---|---|---|---|---|
| 正铲 | 铲斗容量（$m^3$） | | 0.4 | 0.6 | 0.6 | 0.8 | 1.0 | 1.6 | 2.5 |
| | 最大挖掘半径（m） | | 7.95 | 7.78 | 6.71 | 6.71 | 8.0 | 8.05 | 9.0 |
| | 最大挖掘高度（m） | | 6.12 | 6.34 | 6.60 | 6.60 | 7.0 | 8.1 | 9.5 |
| | 最大卸载高度（m） | | 3.66 | 4.15 | 3.79 | 3.79 | 2.5 | 5.7 | 6.55 |
| 反铲 | 铲斗容量（$m^3$） | 0.1 | 0.4 | 1.6 | 0.6 | 1.8 | 0.7～1.2 | 1.6 | — |
| | 最大挖掘半径（m） | 4.3 | 7.76 | 8.17 | 8.46 | 8.86 | 9.0 | 10.6 | — |
| 最大挖掘高度（m） | | 2.5 | 5.39 | 7.93 | 7.49 | 7.84 | 7.6 | 8.1 | — |
| 最大卸载高度（m） | | 1.84 | 3.81 | 6.36 | 5.60 | 5.57 | 5.4 | 5.83 | — |
| 最大挖掘深度（m） | | 2.4 | 4.09 | 4.2 | 5.14 | 5.52 | 5.8 | 6.1 | — |
| 发动机 | 功率（kW） | — | 58.8 | 58.8 | 69.1 | — | 95.5 | 132.3 | 220.5 |
| | 行走速度（km/h） | 1.54 | 3.6 | 1.8 | 3.4 | 3.8 | 0.05 | 1.77 | 2.0 |
| | 爬坡能力（%） | 45 | 40 | 45 | 47 | 47 | 45 | 80 | 35 |
| | 回转速度（m/min） | 10 | 7.0 | 6.5 | 8.65 | 8.65 | 7.9 | 6.9 | 5.35 |

2）反铲挖掘机。常用液压反铲挖掘机的型号及技术性能见表4.2.10。

3）抓铲挖掘机。常用抓铲挖掘机型号及技术性能见表4.2.11。

表 4.2.11　　常用抓铲挖掘机型号及技术性能

| 项　目 \ 型　号 | W—501 | | | | W—1001 | | | |
|---|---|---|---|---|---|---|---|---|
| 抓斗容量（$m^3$） | 0.5 | | | | 1.0 | | | |
| 伸臂长度（m） | 10 | | | | 13 | | 16 | |
| 回转半径（m） | 4.0 | 6.0 | 8.0 | 9.0 | 12.5 | 4.5 | 14.5 | 5.0 |
| 最大卸载高度（m） | 7.6 | 7.5 | 5.8 | 4.6 | 1.6 | 10.8 | 4.8 | 13.2 |

4）装载机。常用铰接式轮胎装载机型号及技术性能见表4.2.12。

表 4.2.12 常用铰接式轮胎装载机主要技术性能与规格

| 项目 \ 型号 | $WZ_2A$ | ZL10 | ZL20 | ZL30 | ZL40 | ZL0813 | ZL08A（ZL08E） |
|---|---|---|---|---|---|---|---|
| 铲斗容量（$m^3$） | 0.7 | 0.5 | 1.0 | 1.5 | 2.0 | 0.4 | 0.4（0.4） |
| 装载量（t） | 1.5 | 1.0 | 2.0 | 3.0 | 4.0 | 0.8 | 0.8 |
| 卸料高度（m） | 2.25 | 2.25 | 2.6 | 2.7 | 2.8 | 2.0 | 2.0 |
| 行走速度（km/h） | 18.5 | 10～28 | 0～30 | 0～32 | 0～35 | 21.9 | 21.9（20.7） |
| 爬坡能力（%） | 18 | 30 | 30 | 25 | 28～30 | 30 | 24（30） |
| 回转半径（m） | 4.9 | 4.48 | 5.03 | 5.5 | 5.9 | 4.8 | 4.8（3.7） |
| 离地间隙（m） | — | 0.29 | 0.39 | 0.40 | 0.45 | 0.25 | 0.20（0.25） |

注 1. $WZ_2A$型带反铲斗容量0.2$m^3$，最大挖掘深度4.0m，挖掘半径5.25m，卸料高度2.99m。
2. 转向方式均为铰接液压缸。

**4.2.5.6.2** 土方机械基本作业方法

1. 推土机

(1) 作业方法。推土机开挖的基本作业是铲土、运土和卸土三个工作行程和空载回驶行程。铲土时应根据土质情况，尽量采用最大切土深度在最短距离（6～10m）内完成，以便缩短低速运行时间，然后直接推运到预定地点。回填土和填沟渠时，铲刀不得超出土坡边沿。

(2) 提高生产率的方法。

1）下坡推土法：推土机顺下坡方向切土与推运（图4.2.2），借机械向下的重力作用切土，增大切土深度和运土数量，可提高生产率30%～40%，但坡度不宜超过15°。

2）槽形推土法：推土机重复多次在一条作业线上切土和推土，使地面逐渐形成一条浅槽（图4.2.3），再反复在沟槽中进行推土，以减少土从铲刀两侧漏散，可增加10%～30%的推土量。槽的深度以1m左右为宜。槽与槽之间的土坑宽约50m。适于运距较远，土层较厚时使用。

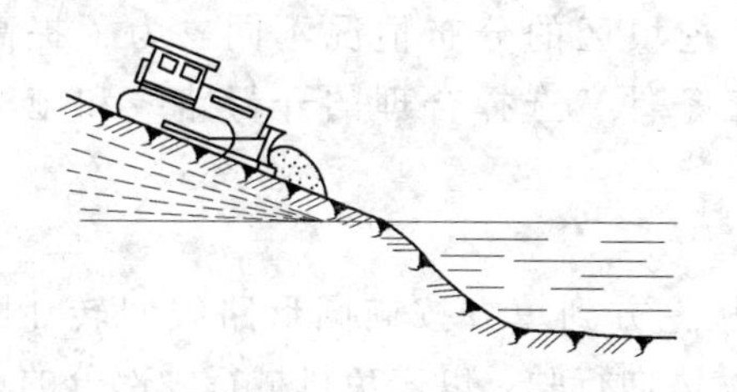

图 4.2.2 下坡推土法

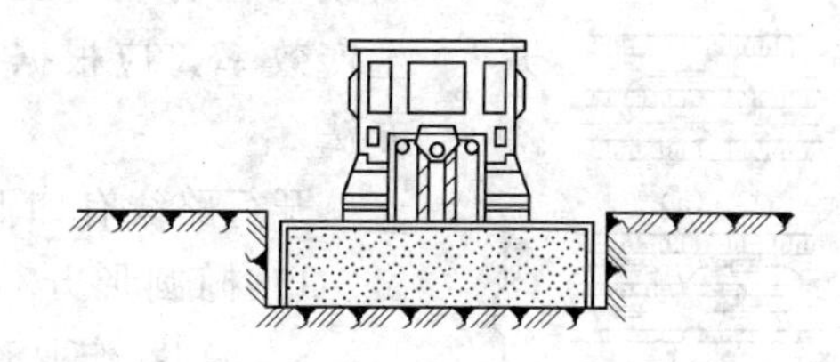

图 4.2.3 槽形推土法

3）并列推土法：用2～3台推土机并列作业（图4.2.4），以减少土体漏失量。铲刀相距15～30cm，一般采用两机并列推土，可增大推土量15%～30%。适于大面积场地平整及运送土用。

4）分堆集中，一次推送法：将土先积聚在一个或数个中间点，然后再整批推送到卸土区，使铲刀前保持满载（图 4.2.5）。堆积距离不宜大于 30m，推土高度以 2m 内为宜。本法能提高生产效率 15%左右。适于运送距离较远、而土质又比较坚硬，或长距离分段送土时采用。

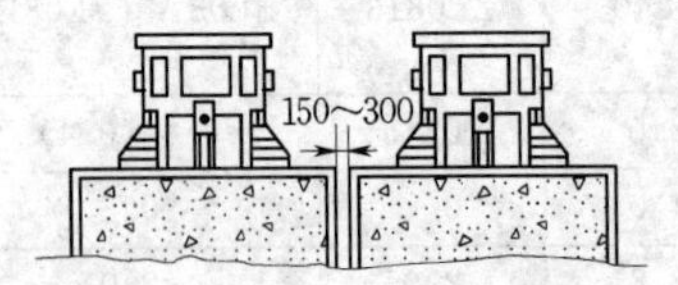


图 4.2.4 并列推土法

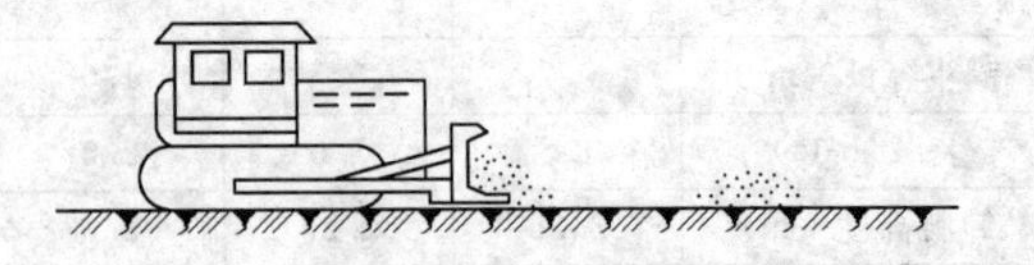

图 4.2.5 分堆集中，一次推送法

5）斜角推土法：将铲刀斜装在支架上，并与前进方向成一倾斜角度（松土为 60°，坚实土为 45°）进行推土（图 4.2.6）。可减少机械来回行驶，提高效率，但推土阻力较大，需较大功率的推土机。适于管沟推土回填、垂直方向无倒车余地或在坡脚及山坡下推土用。

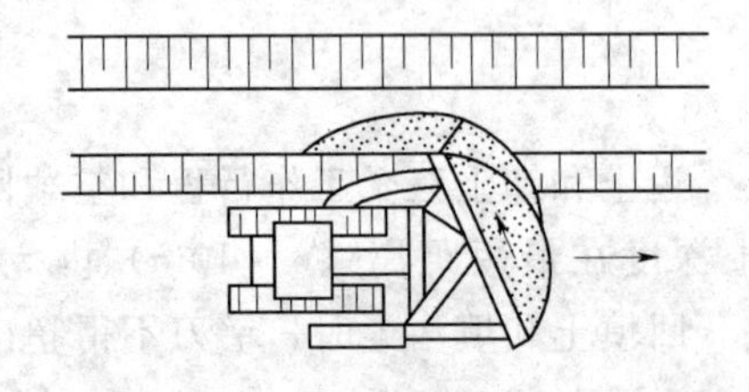

图 4.2.6 斜角推土法

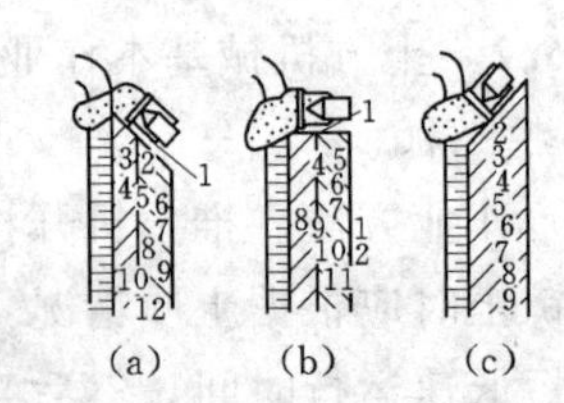

图 4.2.7 之字斜角推土法

（a）、（b）之字形推土法；（c）斜角推土法

6）之字斜角推土法：推土机与回填的管沟或洼地边缘成“之”字或一定角度推土（图 4.2.7）。本法可减少平均负荷距离、改善推集中土的条件，并可使推土机转角减少一半，可提高台班生产率，但需较宽的运行场地。适于回填基坑、槽、管沟时采用。

7）铲刀附加侧板法：对于运送疏松土壤，且运距较大时，可在铲刀两边加装侧板。增加铲刀前的土方体积和减少推土漏失量。

2. 铲运机

（1）作业方法。铲运机的基本作业是铲土、运土、卸土三个工作行程和一个空载回驶行程。在施工中，由于挖填区的分布情况不同，为了提高生产效率，应根据不同施工条件，选择合理的开行路线和施工方法。

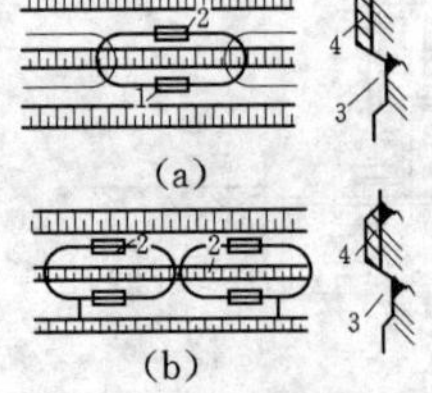

图 4.2.8 椭圆形及“8”字形开行路线

（a）椭圆形开行路线；（b）“8”字形开行路线

1—铲土；2—卸土；3—取土坑；4—路堤

开行路线有如下几种：

1）椭圆形开行路线：从挖方到填方按椭圆形路线回转［图 4.2.8（a）］，作业时应常调换方向行驶，以避免机械行驶部分的单侧磨损，适于长 100m 内，填土高 1.5m 内的路堤、路堑及基坑开挖、场地平整等工程采用。

2）“8”字形开行路线：装土、运土和卸土时按“8”字形运行，一个循环完成两次挖土和卸土作业［图 4.2.8（b）］。适于开挖管沟、沟边卸土或取土坑较长（300～500m）的侧向取土、填筑

路基以及场地平整等工程采用。

3）大环形开行路线：从挖方到填方均按封闭的环形路线回转。当挖土和填土交替，而刚好填土区在挖土区的两端时，则可采用大环形路线（图4.2.9）。适于工作面很短（50～100m）和填方不高（0.1～1.5m）的路堤、路堑、基坑以及场地平整等工程采用。

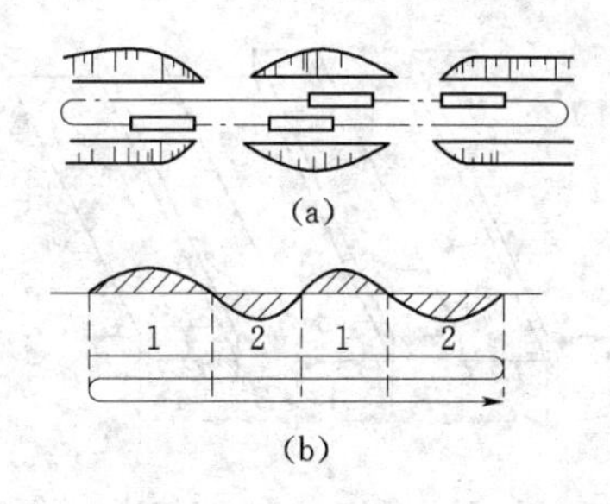

图 4.2.9 大环形及连续式开行路线

(a) 大环形开行路线；(b) 连续式开行路线

1—铲土；2—卸土

4）连续式开行路线：铲运机在同一直线段连续地进行铲土和卸土作业［图4.2.9（b）］。可消除跑空车现象，减少转弯次数，提高生产效率。适于大面积场地整平填方和挖方轮次交替出现的地段采用。

5）锯齿形开行路线：铲运机从挖土地段到卸土地段以及从卸土地段到挖土地段都是顺转弯，铲土和卸土交替地进行。直到工作段的末端才转180°弯，然后再按相反方向作锯齿形开行（图4.2.10）。适于工作地段很长（500m以上）的路堤、堤坝修筑时采用。

6）螺旋形开行路线：铲运机成螺旋形开行，每一循环可装卸土两次（图4.2.11）。适于填筑很宽的堤坝或开挖很宽的基坑、路堑。

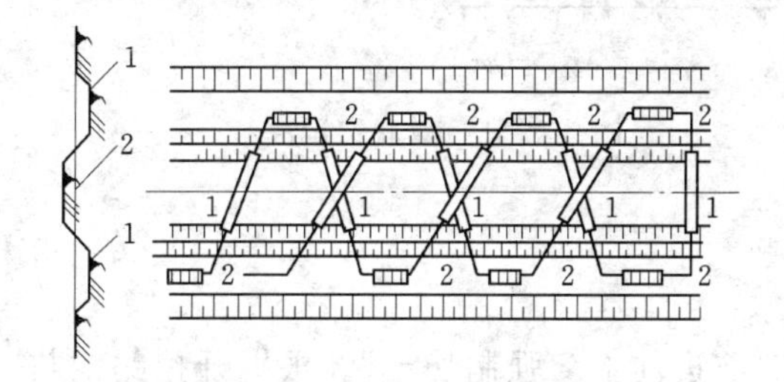

图 4.2.10 锯齿形开行路线

1—铲土；2—卸土

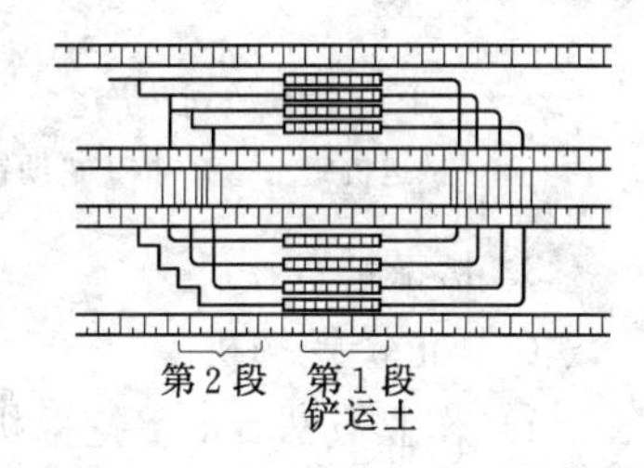

图 4.2.11 螺旋形开行路线

（2）提高生产率的方法。

1）下坡铲土法：铲运机顺地势（坡度一般3°～9°）下坡铲土（图4.2.12），借机械往下运行重量产生的附加牵引力来增加切土深度和充盈数量，可提高生产率25%左右，最大坡度不应超过20°，铲土厚度以20cm为宜。适于斜坡地形大面积场地平整或推土回填沟渠用。

图 4.2.12 下坡铲土法

2）跨铲法：采取预留土埂间隔铲土（图4.2.13）。土埂两边沟槽深度以不大于0.3m、宽度在1.6m以内为宜。因土埂增加了两个自由面。阻力减少，比一般方法效率高。适于较坚硬的土铲土回填或场地平整。

3）交错铲土法：铲运机开始铲土的宽度取大一些，随着铲土阻力增加，适当减少铲土宽度，使铲运机能很快装满土。当铲第一排时，互相之间相隔铲斗一半宽度，铲第二排土则退离第一排挖土长度的一半位置，与第一排所挖各条交错开，以下所挖各

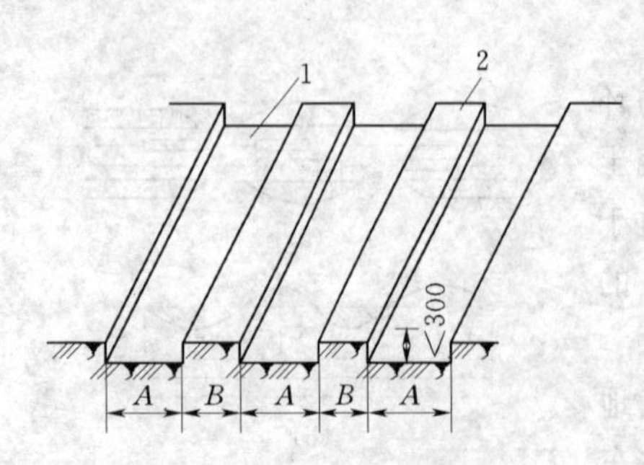


图 4.2.13　跨铲法

1—淘槽；2—土埂；A—铲斗宽；
B—不大于拖拉机履带净距

排均与第二排相同。适于一般比较坚硬的土的场地平整。

4）助铲法：在坚硬的土体中，使用自行铲运机，另配一台推土机在铲运机的后拖杆上进行顶推，协助铲土（图 4.2.14），可缩短每次铲土时间，装满铲斗，可提高生产率 30%左右。助铲法取土场宽不宜小于 20m. 长度不宜小于 40m。适于地势平坦、土质坚硬、宽度大、长度长的大型场地平整工程采用。

5）双联铲运法：铲运机运土时所需牵引力较小，当下坡铲土时，可将两个铲斗前后串在一起，形成一起一落依次铲土、装土（图 4.2.15），可提高工效 20%～60%，适于较松软的土。进行大面积场地平整及筑堤时采用。

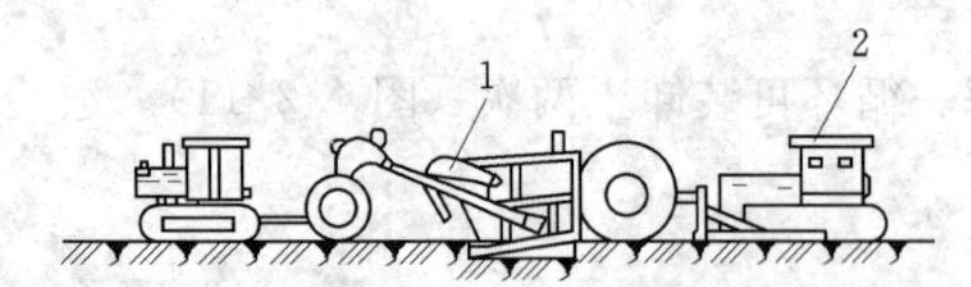


图 4.2.14　助铲法

1—铲运机铲土；2—推土机助铲

图 4.2.15　双联铲运法

3. 挖掘机

（1）正铲挖掘机

1）作业方法。正铲挖掘机的挖土特点是："前进向上，强制切土"。根据开挖路线与运输汽车相对位置的不同，一般有以下两种：

a. 正向开挖，侧向装土法：正铲向前进方向挖土。汽车位于正铲的侧向装车［图 4.2.16（a）、(b)］。本法铲臂卸土回转角度最小（小于 90°）。装车：方便，循环时间短，生产效率高。用于开挖工作面较大，深度不大的边坡、基坑（槽）、沟渠和路堑等，为最常用的开挖方法。

b. 正向开挖，后方装土法：正铲向前进方向挖土，汽车停在正铲的后面［图 4.2.16（c)］。本法开挖工作面较大，但铲臂卸土回转角度较大（在 180°左右），且汽车要侧向行车，增加工作循环时间，生产效率降低（回转角度 180°，效率约降低 23%，回转角度 130°，约降低 13%）。用于开挖工作面较小、且较深的基坑（槽）、管沟和路堑等。

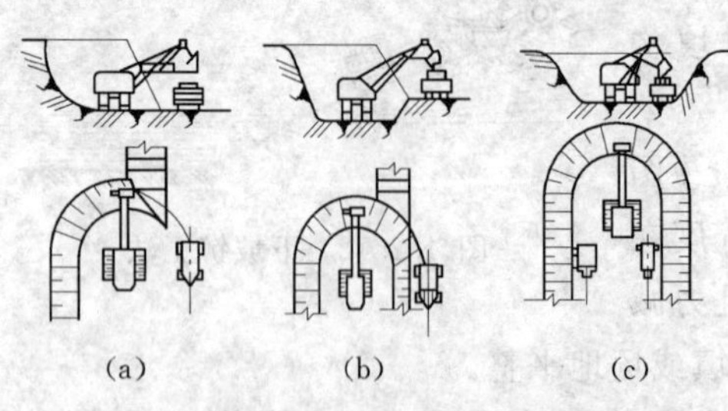


图 4.2.16　正铲挖掘机开挖方式

(a)、(b) 正向开挖，侧向装土法；
(c) 正向开挖，后方装土法

正铲经济合理的挖土高度见表 4.2.13。

挖土机挖土装车时，回转角度对生产率的影响数值，见表 4.2.14。

表 4.2.13　　正铲开挖高度参考数值　　单位：m

| 土的类别 | 铲斗容量（$m^3$） | | | |
|---|---|---|---|---|
| | 0.5 | 1.0 | 1.5 | 2.0 |
| 一、二 | 1.5 | 2.0 | 2.5 | 3.0 |
| 三 | 2.0 | 2.5 | 3.0 | 3.5 |
| 四 | 2.5 | 3.0 | 3.5 | 4.0 |

表 4.2.14　　影响生产率参考表

| 土的类别 | 回转角度 | | |
|---|---|---|---|
| | 90° | 130° | 180° |
| 一至四 | 100% | 87% | 77% |

2）提高生产率的方法。

a. 分层挖土法：将开挖面按机械的合理高度分为多层开挖［图 4.2.17（a）］；当开挖面高度不能成为一次挖掘深度的整数倍时，则可在挖方的边缘或中部先开挖一条浅槽作为第一次挖土运输的线路［图 4.2.17（b）］，然后再逐次开挖直至基坑底部。用于开挖大型基坑或沟渠，工作面高度大于机械挖掘的合理高度时采用。

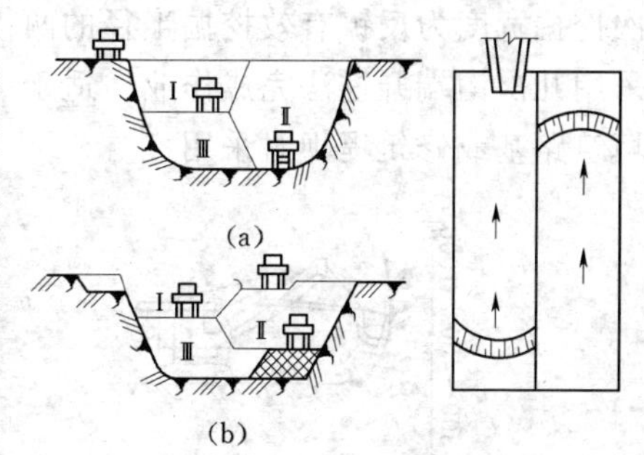


图 4.2.17　分层挖土法
(a) 分层挖土法；(b) 设先锋槽分层挖土法
1—下坑通道；Ⅰ、Ⅱ、Ⅲ—一、二、三层

b. 多层挖土法：将开挖面按机械的合理开挖高度，分为多层同时开挖，以加快开挖速度，土方可以分层运出，亦可分层递送，至最上层（或下层）用汽车运出（图 4.2.18）。但两台挖土机沿前进方向，上层应先开挖。与下层保持 30～50m 距离。适于开挖高边坡或大型基坑。

c. 中心开挖法：正铲先在挖土区的中心开挖，当向前挖至回转角度超过 90°时，则转向两侧开挖，运土汽车按八字形停放装土（图 4.2.19）。本法开挖移位方便，回转角度小（小于 90°）。挖土区宽度宜在 40m 以上，以便于汽车靠近正铲装车。适用于开挖较宽的山坡地段或基坑、沟渠等。

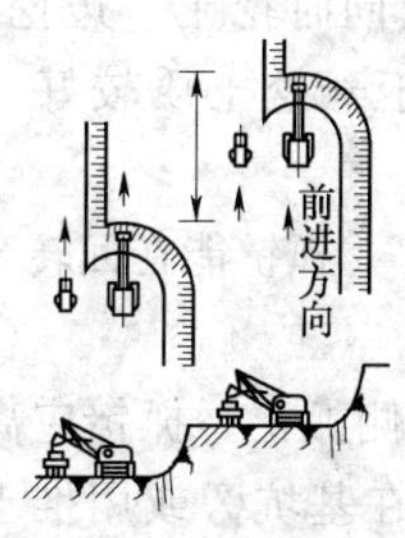


图 4.2.18　多层挖土法

d. 上下轮换开挖法：先将土层上部 1m 以下土挖深 30～40cm。然后再挖土层上部 1m 厚的土。如此上下轮换开挖（图 4.2.20）。本法挖土阻力小，易装满铲斗，卸土容易。适于土层较高，土质不太硬．铲斗挖掘距离很短时使用。

e. 顺铲开挖法：正铲挖掘机铲斗从一侧向另一侧。一斗挨一斗地顺序进行开挖［图 4.2.21（a）］。每次挖土增加一个自由面，使阻力减小，易于挖掘。也可依据土质的坚硬程度使每次只挖 2～3 个斗牙位置的土。适于土质坚硬，挖土时不易装满铲斗，而

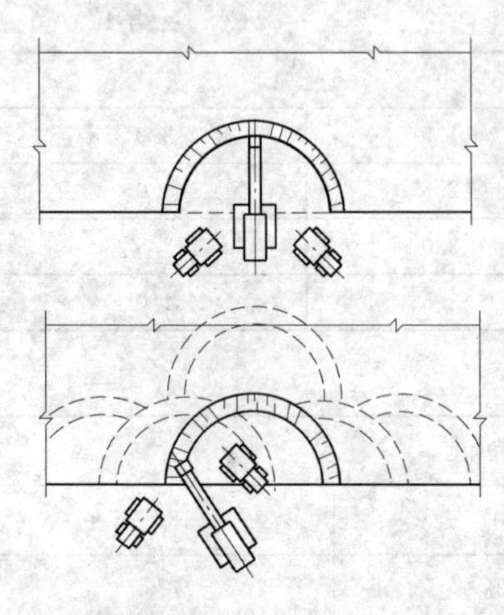

图 4.2.19 中心开挖法

且装土时间长时采用。

f. 间隔开挖法：即在扇形工作面上第一铲与第二铲之间保留一定距离［图 4.2.21（b）］，使铲斗接触土体的摩擦面减少，两侧受力均匀，铲土速度加快，容易装满铲斗，生产效率高。适于开挖土质不太硬、较宽的边坡或基坑、沟渠等。

（2）反铲挖掘机。反铲挖掘机的挖土特点是："后退向下，强制切土"。根据挖掘机的开挖路线与运输汽车的相对位置不同，一般有以下几种。

1）沟端开挖法：反铲机停于沟端，后退挖土，同时往沟一侧弃土或装汽车运走［图 4.2.22（a）］。挖掘宽度可不受机械最大挖掘半径的限制，臂杆回转半径仅 45°～90°，同时可挖到最大深度。对较宽的基坑可采用［图 4.2.22（b）］的方法，其最大一次挖掘宽度为反铲有效挖掘半径的两倍，但汽车须停在机身后面装土，生产效率降低。或采用几次沟端开挖法完成作业。适于一次成沟后退挖土，挖出土方随即运走，或就地取土填筑路基或修筑堤坝时采用。

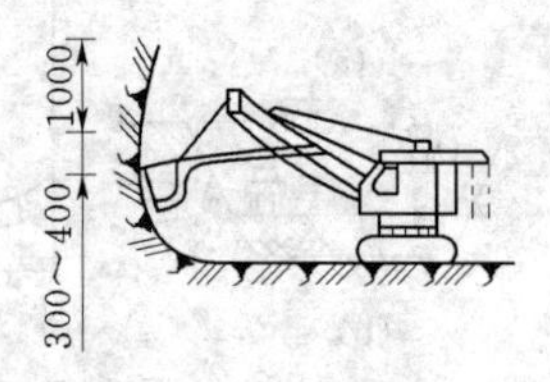


图 4.2.20 上下轮换开挖法

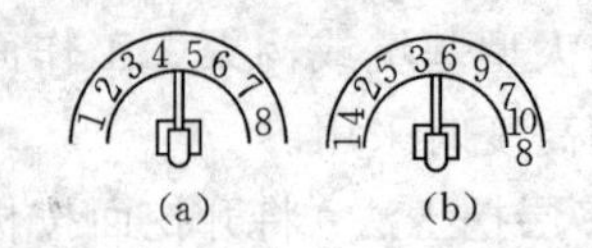


图 4.2.21 顺铲和间隔开挖法

(a) 顺铲开挖法；(b) 间隔开挖法

2）沟侧开挖法：反铲停于沟侧沿沟边开挖，汽车停在机旁装土或往沟一侧卸土［图 4.2.22（c）］。本法铲臂回转角度小，能将土弃于距沟边较远的地方，但挖土宽度比挖掘半径小，边坡不好控制，同时机身靠沟边停放，稳定性较差。适于横挖土体和需将土方甩到离沟边较远的距离时使用。

3）沟角开挖法：反铲位于沟前端的边角上，随着沟槽的掘进。机身沿着沟边往后作"之"字形移动（图 4.2.23）。臂杆回转角度平均在 45°左右，机身稳定性好，可挖较硬的土体，并能挖出一定的坡度。适于开挖土质较硬，宽度较小的沟槽（坑）。

4）多层接力开挖法：用两台或多台挖土机设在不同作业高度上同时挖土，边挖土，边将土传递到上层，由地表挖土机连挖土带装土（图 4.2.24）。适于开挖土质较好、深 10m 以上的大型基坑、沟槽和渠道。

（3）抓铲挖掘机。抓铲挖掘机的挖土特点是："直上直下，自重切土"。抓铲能在回转半径范围内开挖基坑上任何位置的土方，并可在任何高度上卸土。

对小型基坑，抓铲立于一侧抓土；对较宽的基坑，则在两侧或四侧抓土。抓铲应离基坑边一定距离，土方可直接装入自卸汽车运走（图 4.2.25），或堆弃在基坑旁或用推土机推到远处堆放。挖淤泥时，抓斗易被淤泥吸住，应避免用力过猛，以防翻车。抓铲施工，

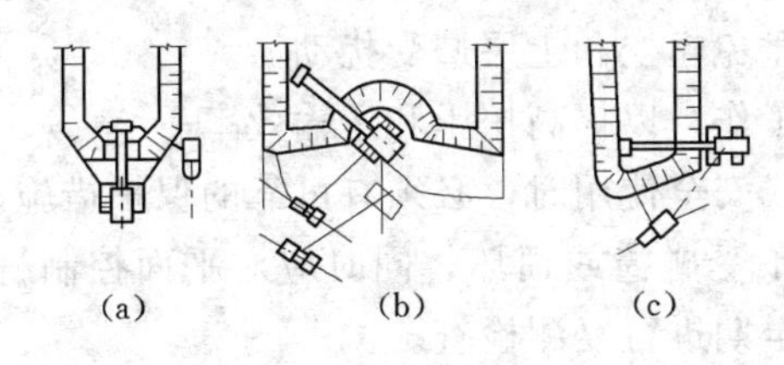


图 4.2.22 反铲沟端及沟侧开挖法
(a)、(b) 沟端开挖法；(c) 沟侧开挖法

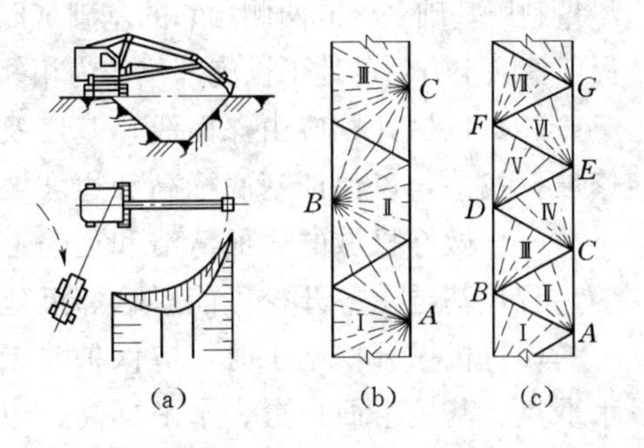


图 4.2.23 反铲沟角开挖法
(a) 沟角开挖平剖面；(b) 扇形开挖平面；(c) 三角开挖平面

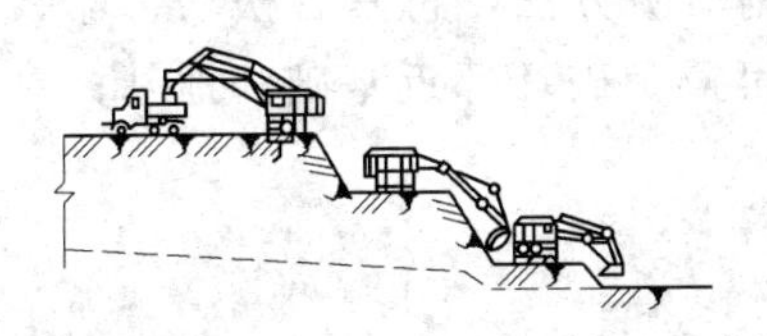

图 4.2.24 反铲多层接力开挖怯

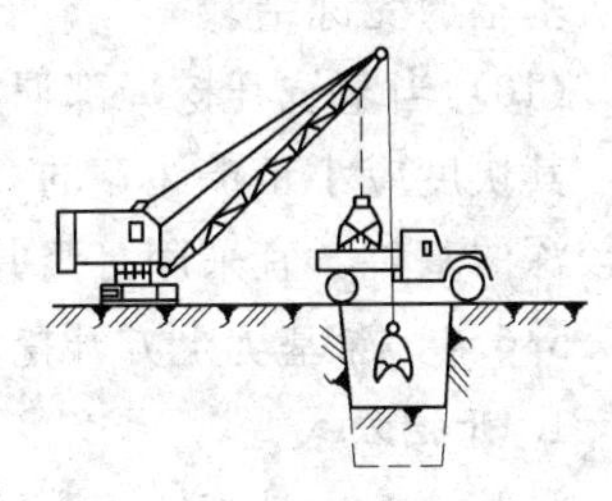

图 4.2.25 抓铲挖掘机挖土

一般均需加配重。

4. 装载机

作业方法与推土机基本类似，在土方工程中，也有铲装、转运、卸料、返回等四个过程(略)。

**4.2.5.6.3** 土方机械施工要点

(1) 土方开挖应绘制土方开挖图（图 4.2.26），确定开挖路线、顺序、范围、基底标高、边坡坡度、排水沟、集水井位置以及挖出的土方堆放地点等。绘制土方开挖图应尽可能使机械多挖，减少机械超挖和人工挖方。

(2) 大面积基础群基坑底标高不一，机械开挖次序一般采取先整片挖至一平均标高，然后再挖个别较深部位。当一次开挖深度超过挖土机最大挖掘高度（5m 以上）时，宜分二～三层开挖，并修筑10%～15%坡道，以便挖土及运输车辆进出。

(3) 基坑边角部位，机械开挖不到之处，应用少量人工配台清坡，将松土清至机械作业半径范围内，再用机械掏取运走。人工清土所占比例一般为1.5%～4%．修坡以厘米作限制误差。大基坑宜另配一台推土机清土、送土、运土。

(4) 挖掘机、运土汽车进出基坑的运输道路，应

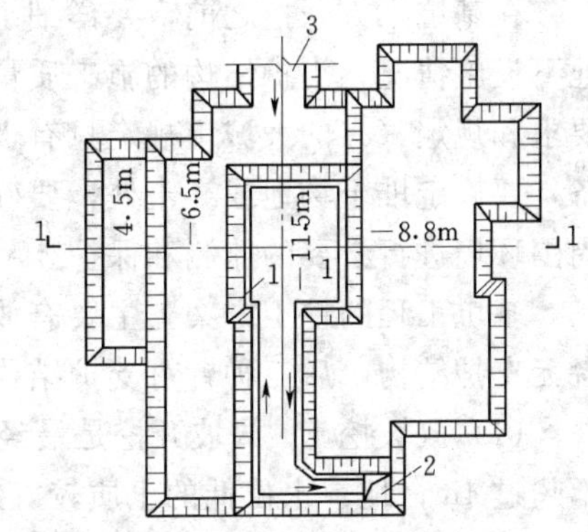


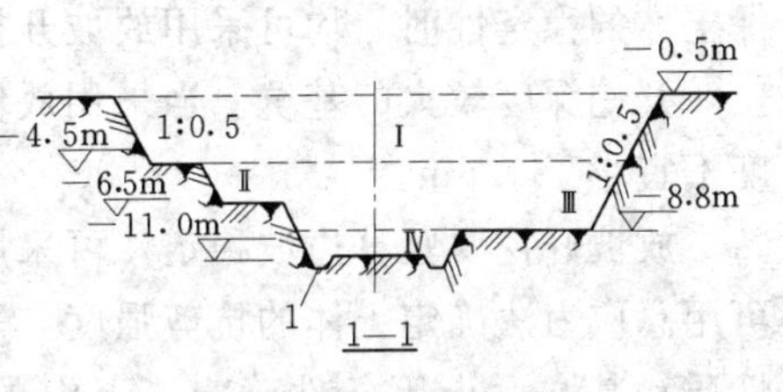


图 4.2.26 土方开挖图
1—排水沟；2—集水井；3—土方机械进出口
Ⅰ、Ⅱ、Ⅲ、Ⅳ—开挖次序

尽量利用基础一侧或两侧相邻的基础（以后需开挖的）部位，使它互相贯通作为车道。或利用提前挖除土方后的地下设施部位作为相邻的几个基坑开挖地下运输通道，以减少挖土量。

（5）机械开挖应由深而浅，基底及边坡应预留一层150～300mm厚土层用人工清底、修坡、找平，以保证基底标高和边坡坡度正确，避免超挖和土层遭受扰动。

（6）做好机械的表面清洁和运输道路的清理工作，以提高挖土和运输效率。

（7）基坑土方开挖可能影响邻近建筑物、管线安全使用时，必须有可靠的保护措施。

（8）机械开挖施工时，应保护井点、支撑等不受碰撞或损坏，同时应对平面控制桩、水准点、基坑平面位置、水平标高、边坡坡度等定期进行复测检查。

（9）雨期开挖土方，工作面不宜过大，应逐段分期完成。如为软土地基。进入基坑行走需铺垫钢板或铺路基垫道。坑面、坑底排水系统应保持良好；汛期应有防洪措施，防止雨水浸入基坑。冬期开挖基坑。如挖完土隔一段时间施工，基础需预留适当厚度的松土，以防基土遭受冻结。

（10）当基坑开挖局部遇露头岩石，应先采用控制爆破方法，将基岩松动、爆破成碎块，其块度应小于铲斗宽的2/3，再用挖土机挖出，可避免破坏邻近基础和地基；对大面积较深的基坑，宜采用打竖井的方法进行松爆。

**4.2.5.6.4** 深基坑土方开挖

1. 开挖方式

深基坑挖土是基坑工程的重要部分，对于土方数量大的基坑，基坑工程工期的长短在很大程度上取决于挖土的速度。另外，支护结构的强度和变形控制是否满足要求，降水是否达到预期的目的，都靠挖土阶段来进行检验，因此，基坑工程成败与否也在一定程度上有赖于基坑挖土。

在基坑土方开挖之前，要详细了解施工区域的地形和周围环境，土层种类及其特性，地下设施情况，支护结构的施工质量，土方运输的出口，政府及有关部门关于土方外运的要求和规定（有的大城市规定只有夜间才允许土方外运）。要优化选择挖土机械和运输设备，要确定堆土场地或弃土处，要确定挖土方案和施工组织，要对支护结构、地下水位及周围环境进行必要的监测和保护。

基坑工程的挖土方案，主要有放坡挖土、中心岛式挖土、盆式挖土和逆作法挖土。前者无支护结构，后三种皆有支护结构。

（1）放坡挖土。放坡开挖是最经济的挖土方案。当基坑开挖深度不大（软土地区挖深不超过4m；地下水位低的土质较好地区挖深亦可较大）、周围环境又允许时，经验算能确保土坡的稳定性时，均可采用放坡开挖。

开挖深度较大的基坑。当采用放坡挖土时，宜设置多级平台分层开挖，每级平台的宽度不宜小于1.5m。

放坡开挖要验算边坡稳定，可采用圆弧滑动简单条分法进行验算。对于正常固结土，可用总应力法确定土体的抗剪强度，采用固结快剪峰值指标。至于安全系数，可根据土层性质和基坑大小等条件确定，上海的基坑工程设计规程规定，对一级基坑安全系数取1.38～1.43；二、三级基坑取1.25～1.30。

采用简单条分法验算边坡稳定时，对土层性质变化较大的土坡，应分别采用各土层的

重度和抗剪强度。当含有可能出现流砂的土层时，宜采用井点降水等措施。

对土质较差且施工工期较长的基坑，对边坡宜采用钢丝网水泥喷浆或用高分子聚合材料覆盖等措施进行护坡。

坑顶不宜堆土或存在堆载，遇有不可避免的附加荷载时，在进行边坡稳定性验算时，应计入附加荷载的影响。

在地下水位较高的软土地区，应在降水达到要求后再进行土方开挖。宜采用分层开挖的方式进行开挖。分层挖土厚度不宜超过 2.5m。挖土时要注意保护工程桩。防止碰撞或因挖土过快、高差过大使工程桩受侧压力而倾斜。

如有地下水，放坡开挖应采取有效措施以降低坑内水位和排除地表水，严防地表水或坑内排出的水倒流回渗入基坑。

基坑采用机械挖土，坑底应保留 200～300mm 厚基土，用人工清理整平，防止坑底土扰动。待挖至设计标高后，应清除浮土，经验槽合格后，及时进行垫层施工。

基坑机械挖土，常用的单斗挖掘机见表 4.2.15。

**表 4.2.15　　国产单斗液压挖掘机的主要技术性能参数**

| 项目 | | | 单位 | 上海建筑机械厂 | 北京建筑机械厂 | 合肥矿山机械厂 | 上海建筑机械厂 | 抚顺挖掘机制造厂 | 上海建筑机械厂 | 长江挖掘机厂 |
|---|---|---|---|---|---|---|---|---|---|---|
| | | | | WY15 | WY50 | WY60A | WY100 | WY100B | R942HD | WY160A |
| 主参数 | | 斗容量 | $m^3$ | 0.15 | 0.5 | 0.6 | 1.0 | 1.0 | 0.4～2.0 | 1.6 |
| | | 整机质量 | t | 4.2 | 10.6 | 17.8 | 45 | 29.4 | 31.1 | 38.5 |
| | | 电动机功率 | kW | 20.59 | 66 | 69.17 | 110.33 | 117.68 | 125.04 | 128.71 |
| 回转机构 | | 驱动方式 | | 液压马达 | 液压马达 | 液压马达 | 液压马达 | 液压马达 | 液压马达 | 液压马达 |
| | | 转角最大 | | 全回转动臂摆动土 | 全回转 | 全回转 | 全回转 | 全回转 | 全回转 | 全回转 |
| | | 回转速度 | r/min | 50～10 | 8.9 | 8.65 | 7.88 | 6.7 | 0～7.8 | 6.9 |
| 行走装置 | 履带式 | 行走速度 | km/h | 1.5～2.2 | 3 | 3.4 | 1.6/3.2 | 2.2 | 0～2.6 | 1.77 |
| | | 爬坡能力 | % | ≥40 | 70 | 45 | 45 | 45 | 80 | 80 |
| | | 接地比压 | kPa | 35 | 40 | 50.31.28 | 66.52.42 | 60 | 67 | 88 |
| | 轮胎式 | 驱动方式 | | | | | | | | |
| | | 行走速度 | km/h | | | | | | | |
| | | 爬坡能力 | % | | | | | | | |
| | | 离地间隙 | mm | 330 | 410 | 452 | 475 | 514 | 520 | 528 |
| 工作装置、工作尺寸 | | 工作装置 | | 反铲 | 反铲 | 反铲、正铲装载 | 反铲、正铲、抓斗 | 反铲 | 正铲、反铲、抓斗 | 正铲、反铲、抓斗 |
| | 反铲 | 最大挖掘深度 | mm | 3000 | 4500 | 5140 | 5703 | 5855 | 8100 | 6100 |
| | | 最大挖掘半径 | mm | 4800 | 7380 | 8460 | 9030/1200 | 10535 | 11600 | 10600 |
| | | 最大挖掘高度 | mm | 3640 | 7300 | 7490 | 7570 | 9015 | 9500 | 8100 |
| | | 最大卸载高度 | mm | 2400 | 5040 | 5600 | 5390 | 7345 | 7550 | 5830 |
| | | 最大挖掘力 | kN | 17 | 51 | 100 | 120 | 113.4 | 斗杆 155<br>铲斗 146 | 压铲 180<br>正铲 200 |
| | 正铲 | 最大挖掘高度 | mm | | | 6350 | 7000 | | 7800 | 8100 |
| | | 最大挖掘半径 | mm | | | 6540 | 7900 | | 8600 | 8050 |
| | | 最大挖掘深度 | mm | | | 2960 | 2850 | | 2800 | 3250 |
| | | 最大卸载高度 | mm | | | 3960 | 4200 | | 3900 | 5700 |

续表

| 项目 | | 单位 | 上海建筑机械厂 | 北京建筑机械厂 | 合肥矿山机械厂 | 上海建筑机械厂 | 抚顺挖掘机制造厂 | 上海建筑机械厂 | 长江挖掘机厂 |
|---|---|---|---|---|---|---|---|---|---|
| | | | WY15 | WY50 | WY60A | WY100 | WY100B | R942HD | WY160A |
| 理论生产率 | | $m^3/h$ | 38 | 90～120 | 120 | 200 | 200 | | 280 |
| 外形尺寸 | 全长 | mm | 5030 | 7160 | 9280 | 9530 | | 10265 | 反铲 10900，正铲 7600 |
| | 全宽 | mm | 1687 | 2430 | 2650 | 3100 | 3000 | 3258 | 3500 |
| | 全高 | mm | 2200 | 2670 | 3220 | 3400 | 3148 | 3330 | 4050 |

北京地区的西苑饭店和长城饭店即为放坡开挖和部分放坡开挖的大型基坑。

西苑饭店的基础分主楼（*A*）、大厅（*B*）和北厅（*C*）三个部分。主楼基础设置在卵石层上，基础底标高－12m；大厅和北厅的基础设置在细砂及轻黏砂层上。大厅基础的底标高为－9.13m，北厅基础的底标高为－9.50m 和－7.55m。

基坑用反铲挖土机放坡开挖。主楼部分分三层开挖，大厅和北厅部分分两层开挖。开挖前先用推土机破冻土层。

自然地坪的绝对标高为 51.20m，相对标高为－0.8m。第一层开挖。*A*、*B*、*C* 三部分全挖至－5.80m 处，实际挖深 5m。第二层留设坡道，挖土机下槽开挖，*B*、*C* 部分挖至－8.73m 处，挖深 2.93m。余下的土方由人工进行清理；*A* 部分挖至－7.30m 处，挖深 1.50m。第三层 *A* 部分挖至－11.10m 处，挖深 3.8m，余下的土方由人工进行清理（图 4.2.27）。

总的施工顺序是：*A*、*B*、*C* 部分的第一层→*A*、*C* 部分的第二层→*A* 部分的第三层→*B* 部分的第二层。为使挖土机能下槽开挖．留设 1∶6 坡度的坡道。

施工中共用 3 台反铲挖土机，总挖土量为 60096m³。

（2）中心岛式挖土。中心岛式挖土，宜用于大型基坑，支护结构的支撑型式为角撑、环梁式或边桁（框）架式，中间具有较大空间情况下。此时可利用中间的土墩作为支点搭设栈桥。挖土机可利用栈桥下到基坑挖土，运土的汽车亦可利用栈桥进入基坑运土。这样可以加快挖土和运土的速度（图 4.2.28）。

中心岛式挖土，中间土墩的留士高度、边坡的坡度、挖土层次与高差都要经过仔细研究确定。由于在雨季遇有大雨，土墩边坡易滑坡。必要时对边坡尚需加固。

挖土亦分层开挖，多数是先全面挖去第一层，然后中间部分留置土墩。周围部分分层开挖。开挖多用反铲挖土机，如基坑深度大则用向上逐级传递方式进行装车外运。

整个的土方开挖顺序，必须与支护结构的设计工况严格一致。要遵循开槽支撑、先撑后挖、分层开挖、严禁超挖的原则。

挖土时，除支护结构设计允许外，挖土机和运土车辆不得直接在支撑上行走和操作。

为减少时间效应的影响，挖土时应尽量缩短围护墙无支撑的暴露时间。一般对一、二级基坑，每一工况挖至规定标高后，钢支撑的安装周期不宜超过一昼夜，混凝土支撑的完成时间不宜超过两昼夜。

对面积较大的基坑，为减少空间效应的影响，基坑土方宜分层、分块、对称、限时进行开挖，土方开挖顺序要为尽可能早的安装支撑创造条件。

土方挖至设计标高后，对有钻孔灌注桩的工程，宜边破桩头边浇筑垫层，尽可能早

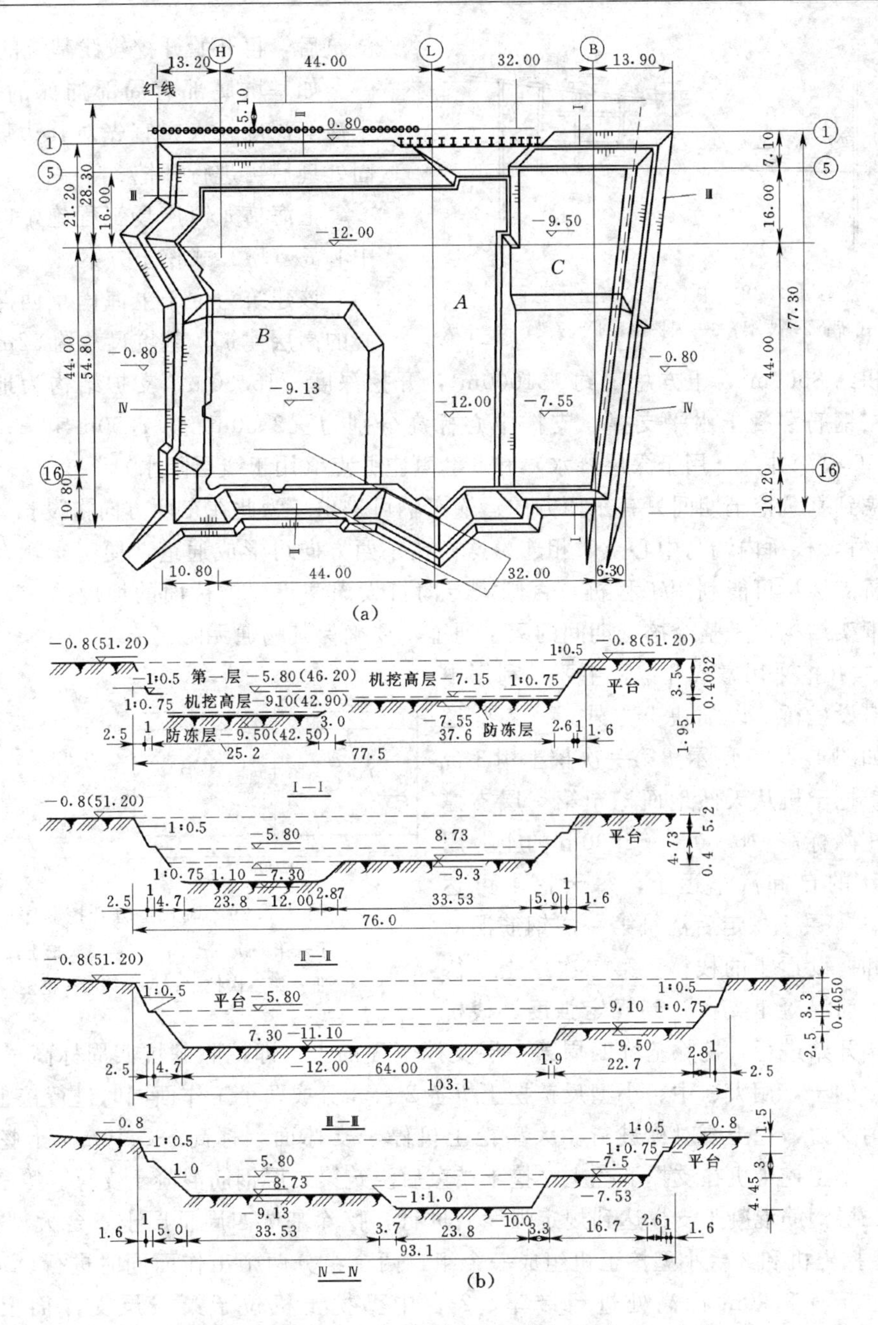

图 4.2.27 基坑放坡开挖布置图

一些浇筑垫层，以便利用垫层对围护墙起支撑作用。以减少围护墙的变形。

挖土机挖土时严禁碰撞工程桩、支撑、立柱和降水的井点管。分层挖土时，层高不宜过大，以免土方侧压力过大使工程桩变形倾斜。

同一基坑内当深浅不同时，土方开挖宜先从浅基坑处开始，如条件允许可待浅基坑处底板浇筑后，再挖基坑较深处的土方。

如两个深浅不同的基坑同时挖土时，土方开挖宜先从较深基坑开始，待较深基坑底板

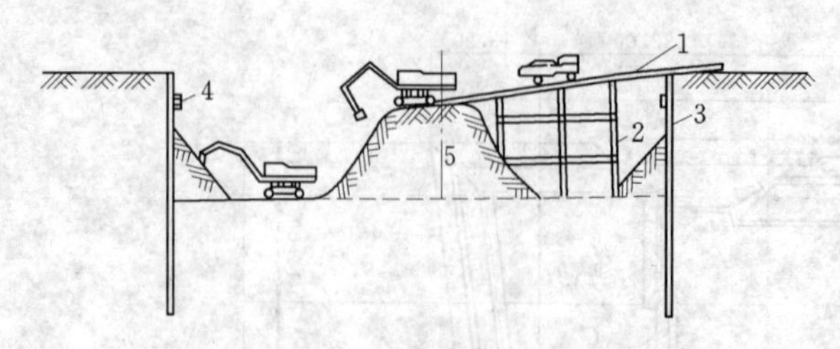


图 4.2.28　中心岛式挖土示意图

1—栈桥；2—支架；3—围护墙；4—腰梁；5—土墩

浇筑后，再开始开挖较浅基坑的土方。

如基坑底部有局部加深的电梯井、水池等深度较大，宜先对其边坡进行加固处理后再进行开挖。

上海梅龙镇广场工程施工时即采用中心岛（墩）式挖土方案。

该建筑为位于上海南京西路闹市中心的高层建筑，基坑尺寸约 92m×92m，开挖面积约 $8500m^2$，土方总量约 $131000m^3$，开挖深度－15.30m。支护结构为地下连续墙和三层钢筋混凝土水平支撑，支撑中心标高分别为－2.50m、－7.50m 和－12.30m。降水用 36 根深井泵（用于深层降水）和 6 套真空井点（用于浅层降水）。

考虑到基坑挖土期间只有东西方向运输车辆可进出，为此在东西方向搭设长 20m、宽 6m 的栈桥，栈桥内端与中心土墩相连，这样在东西方向可形成通道，便于车辆在其上运土。栈桥支柱尽可能利用工程桩，否则需专门打设灌注桩。栈桥面的坡度约 8°。栈桥是混凝土框架结构，是整个挖土期间的运土通道，要确保其畅通无阻。

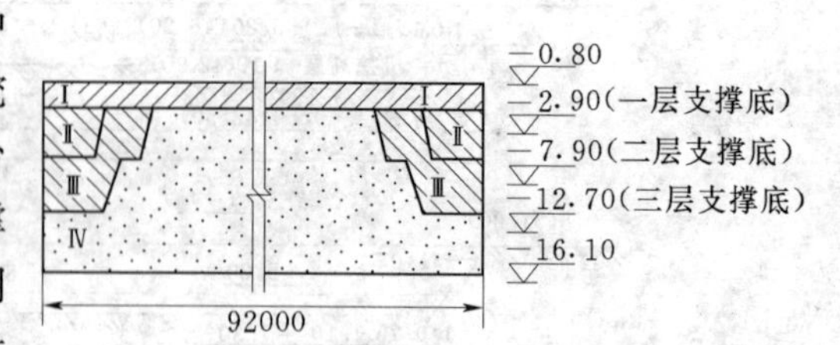


图 4.2.29　墩式土方开挖顺序

Ⅰ—第一次挖土；Ⅱ—第二次挖土；Ⅲ—第三次挖土；Ⅳ—第四次挖土

土方开挖采用墩式开挖，主要是利用中心土墩搭设栈桥，以加快土方外运。为此挖土顺序如图 4.2.29 所示。第一次挖土用 3 台大型反铲挖土机从天然地面挖至第一层支撑底，即挖除标高－0.80～－2.90m 的土。用 50 辆 15t 的自卸汽车运土，每天挖土可达 $1500m^3$。Ⅰ层土挖走后浇筑第一层钢筋混凝土支撑和搭设运土的栈桥。第二次挖土要待第一层钢筋混凝土支撑达到规定强度、栈桥搭设完毕开始进行，挖除基坑四周第一层支撑下面的土，即挖除基坑四周标高－2.90～－7.90m 的土，用大、中、小型反铲挖土机各 2 台，分成两个工作面同时进行挖土，为使支撑均匀受力，挖土要对称进行。大型挖土机停于支撑面（标高－2.10m）上挖土和装车，中、小型挖土机在支撑下挖土。挖土结束后浇筑第二层钢筋混凝土支撑。第三次挖土要待第二层钢筋混凝土支撑达到规定强度后进行，挖除基坑四周Ⅲ层土 1 台大型挖土机、2 台中型挖土机和 2 台小型挖土机组成一个组，两个组分两个工作面同时进行。1 台大型挖土机位于－2.90m 标高处进行装车，2 台中型挖土机位于第二层支撑面上（标高－7.10m）进行挖土和将土向上驳运给大型挖土机装车，2 台小型挖土机则在第二层支撑下面进行挖土，挖土结束后浇筑第三层支撑。第四层挖土挖除中心墩，同时向中间挖。需待第三层支撑达到规定强度后开始进行，仍为 1 台大型挖土机，2 台中型挖土机和 2 台小型挖土机组成一个组，两个组分两个工作面同时进行，大型挖土机位于－2.90m 标高处进行装车。1 台中型挖土机位于－7.10m（第二层支撑面上）标高处，另 1 台中型挖土机位于第三层支撑面上（标高－11.90m）进行挖土和向上运土。小型挖土机则在坑底进行挖土和运土（图 4.2.30）。

挖土结束后，将全部挖土机吊出基坑退场。

岛式挖土，对于加快土方外运和提高挖土速度是有利的，但对于支护结构受力不利。由于首先挖去基坑四周的土，支护结构受荷时间长，在软黏土中时间效应显著，有可能增大支护结构的变形量。与此不同的，还有一种盆式挖土，即先挖去基坑中间部分的土，后挖除靠近支护挡墙处四周的土，这样对于支护挡墙受力有利，时间效应小，但对于挖土和土方外运的速度有一定影响。

(3) 盆式挖土。盆式挖土是先开挖基坑中间部分的土，周围四边留土坡，土坡最后挖除。这种挖土方式的优点是周边的土坡对围护墙有支撑作用。有利于减少围护墙的变形。其缺点是大量的土方不能直接外运。需集中提升后装车外运（图4.2.31）。

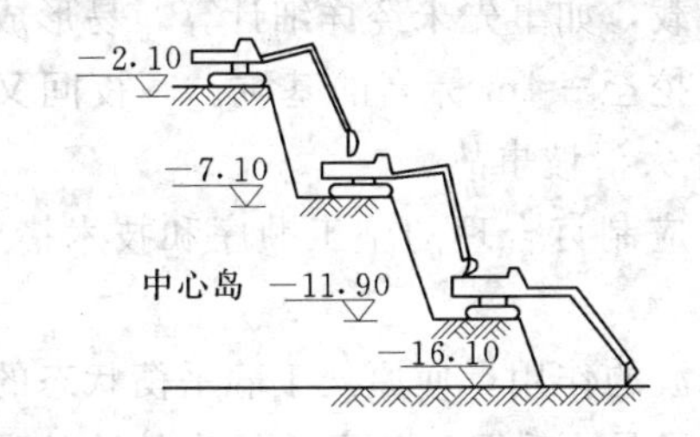


图 4.2.30 挖除中心土墩时挖土机布置

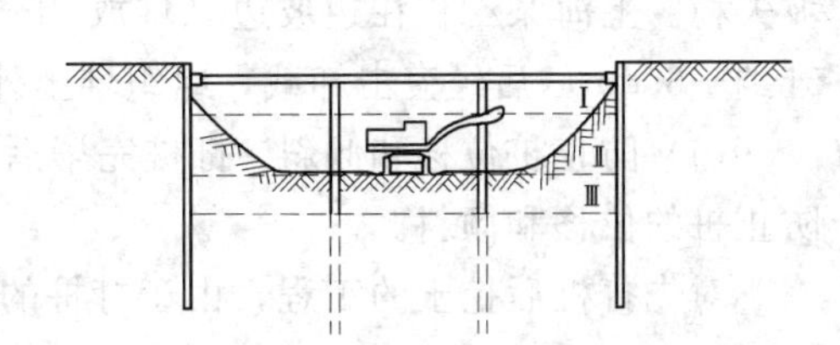


图 4.2.31 盆式挖土

盆式挖土周边留置的土坡，其宽度、高度和坡度大小均应通过稳定验算确定。如留的过小，对围护墙支撑作用不明显，失去盆式挖土的意义。如坡度太陡边坡不稳定，在挖土过程中可能失稳滑动，不但失去对围护墙的支撑作用，影响施工，而且有损于工程桩的质量。

盆式挖土需设法提高土方上运的速度，对加速基坑开挖起很大作用。

2. 深基坑土方开挖的注意事项

(1) 土方开挖顺序、方法必须与设计工况一致，并遵循“开槽支撑，先撑后挖，分层开挖，严禁超挖”的原则。

(2) 防止深基坑挖土后土体回弹变形过大。深基坑土体开挖后地基卸载，土体中压力减少，土的弹性效应将使基坑底面产生一定的回弹变形（隆起）。回弹变形量的大小与土的种类、是否浸水、基坑深度、基坑面积、暴露时间及挖土顺序等因素有关。如基坑积水，黏性土因吸水使土的体积增加，不但抗剪强度降低，回弹变形亦增大，所以对于软土地基更应注意土体的回弹变形。回弹变形过大将加大建筑物的后期沉降。宝钢施工时曾用有限元法预测过挖深32.2m的热轧厂铁皮坑的回弹变形，最大值约354mm，实测值也与之接近。

由于影响回弹变形的因素比较复杂，回弹变形计算尚难准确。如基坑不积水。暴露时间不太长，可认为土的体积在不变的条件下产生回弹变形，相当于瞬时弹性变形，可把挖去的土重作为负荷载按分层总和法计算回弹变形。

施工中减少基坑回弹变形的有效措施，是设法减少土体中有效应力的变化，减少暴露时间，并防止地基土浸水。因此，在基坑开挖过程中和开挖后，均应保证井点降水正常进行，并在挖至设计标高后，尽快浇筑垫层和底板。必要时，可对基础结构下部土层进行加固。

(3) 防止边坡失稳。深基础的土方开挖，要根据地质条件（特别是打桩之后）、基础埋深、基坑暴露时间、挖土及运土机械、堆土等情况，拟定合理的施工方案。

目前挖土机械多用斗容量 $1m^3$ 的反铲挖土机，其实际有效挖土半径约 5～6m，而挖土深度为 4～6m，习惯上往往一次挖到深度，这样挖土形成的坡度约 1∶1。由于快速卸荷、挖土与运输机械的振动大，若再在开挖基坑的边缘 2～3m 范围内堆土，则易于造成边坡失稳。

挖土速度快即卸载快，迅速改变了原来土体的平衡状态，降低了土体的抗剪强度，呈流塑状态的软土对水平位移极敏感，易造成滑坡。

边坡堆载（堆土、停机械等）给边坡增加附加荷载，如事先未经详细计算，易形成边坡失稳。上海某工程在边坡边缘堆放 3m 高的土。已挖至－4m 标高的基坑。一夜间又上升到－3.8m，后经突击卸载，组织堆土外运，才避免大滑坡事故。

(4) 防止桩位移和倾斜。打桩完毕后基坑开挖，应制订合理的施工顺序和技术措施，防止桩的位移和倾斜。

对先打桩后挖土的工程，由于打桩的挤土和动力波的作用，使原处于静平衡状态的地基土遭到破坏。对砂土甚至会形成砂土液化. 地下水大量上升到地表面，原来的地基强度遭到破坏。对黏性土由于形成很大的挤压应力，孔隙水压力升高，形成超静孔隙水压力，土的抗剪强度明显降低。如果打桩后紧接着开挖基坑，由于开挖时的应力释放，再加上挖土高差形成一侧卸荷的侧向推力，土体易产生一定的水平位移，使先打设的桩易产生水平位移。软土地区施工，这种事故已屡有发生。值得重视。为此，在群桩基础的桩打设后. 宜停留一定时间，并用降水设置预抽地下水，待土中由于打桩积聚的应力有所释放，孔隙水压力有所降低，被扰动的土体重新固结后。再开挖基坑土方。而且土方的开挖宜均匀、分层，尽量减少开挖时的土压力差，以保证桩位正确和边坡稳定。

(5) 配合深基坑支护结构施工。深基坑的支护结构。随着挖土加深侧压力加大，变形增大，周围地面沉降亦加大。及时加设支撑（土锚），尤其是施加预紧力的支撑，对减少变形和沉降有很大的作用。为此，在制订基坑挖土方案时，一定要配合支撑（土锚）加设的需要，分层进行挖土，避免片面只考虑挖土方便而妨碍支撑的及时加设，造成有害影响。

近年来，在深基坑支护结构中混凝土支撑应用渐多，如采用混凝土支撑，则挖土要与支撑浇筑配合，支撑浇筑后要养护至一定强度才可继续向下开挖。挖土时，挖土机械应避免直接压在支撑上，否则要采取有效措施。

如支护结构设计采用盆式挖土时，则先挖去基坑中心部位的土。周边留有足够厚度的土，以平衡支护结构外面产生的侧压力，待中间部位挖土结束、浇筑好底板并加设斜撑后，再挖除周边支护结构内面的土。采用盆式挖土时，底板要允许分块浇筑，地下室结构浇筑后有时尚需换撑以拆除斜撑，换撑时支撑要支承在地下室结构外墙上，支承部位要慎重选择并经过验算。

挖土方式影响支护结构的荷载，要尽可能使支护结构均匀受力，减少变形。为此，要坚持采用分层、分块、均衡、对称的方式进行挖土。

(6) 土方开挖阶段的应急措施。土方开挖有时会引起围护墙或临近建筑物、管线等产生一些异常现象。此时需要配合有关人员及时进行处理，以免产生大祸。

1) 支护墙渗水与漏水。土方开挖后支护墙出现渗水或漏水，对基坑施工带来不便，如渗漏严重时则往往会造成土颗粒流失，引起支护墙背地面沉陷甚至支护结构坍塌。

在基坑开挖过程中，一旦出现渗水或漏水应及时处理，常用的方法有：对渗水量较小，不影响施工也不影响周边环境的情况，可采用坑底设沟排水的方法。对渗水量较大，但没有泥沙带出，造成施工困难。而对周围影响不大的情况，可采用"引流→修补"方法，即在渗漏较严重的部位先在支护墙上水平（略向上）打入一根钢管，内径20～30mm，使其穿透支护墙体进入墙背土体内。由此将水从该管引出。而后将管边支护墙的薄弱处用防水混凝土或砂浆修补封堵，待修补封堵的混凝土或砂浆达到一定强度后，再将钢管出水口封住。如封住管口后出现第二处渗漏时，按上面方法再进行"引流→修补"。如果引流出的水为清水，周边环境较简单或出水不大，则不作修补也可，只需将引入基坑的水设法排出即可。

对渗、漏水量很大的情况，应查明原因，采取相应的措施：如漏水位置离地面不深处，可将支护墙背开挖至漏水位置下500～1000mm，在支护墙后用密实混凝土进行封堵。如漏水位置埋深较大，则可在墙后采用压密注浆方法。浆液中应掺入水玻璃，为使其能尽早凝结，也可采用高压喷射注浆方法。采用压密注浆时应注意，其施工对支护墙会产生一定压力，有时会引起支护墙向坑内较大的侧向位移，这在重力式或悬臂支护结构中更应注意，必要时应在坑内局部回土后进行。待注浆达到止水效果后再重新开挖。

2) 防止围护墙侧向位移发展。基坑开挖后，支护结构发生一定的位移是正常的。但如位移过大或位移发展过快，则往往会造成较严重的后果。如发生这种情况，应针对不同的支护结构采取相应的应急措施。

a. 重力式支护结构。对水泥土墙等重力式支护结构，其位移一般较大，如开挖后位移量在基坑深度的1/100以内，尚应属正常，如果位移发展渐趋于缓和，则可不必采取措施。如果位移超过1/100或设计估计值，则应予以重视。首先应做好位移的监测，绘制位移—时间曲线，掌握发展势。重力式支护结构一般在开挖后1～2天内位移发展迅速。来势较猛，以后7天内仍会有所发展，但位移增长速率明显下降。如果位移超过估计值不太多，以后又趋于稳定，一般不必采取特殊措施，但应注意尽量减小坑边堆载，严禁动荷载作用于支护墙或坑边区域；加快垫层浇筑与地下室底板施工的速度，以减少基坑敞开时间；应将墙背裂缝用水泥砂浆或细石混凝土灌满，防止雨水、地面水进入基坑及浸泡支护墙背土体。对位移超过估计值较多，而且数天后仍无减缓趋势或基坑周边环境较复杂的情况，同时还应采取一些附加措施，常用的方法有：水泥土墙背后卸荷，卸土深度一般2m左右，卸土宽度不宜小于3m；加快垫层施工，加厚垫层厚度。尽早发挥垫层的支撑作用；加设支撑，支撑位置宜在基坑深度的1/2处，加设腰梁加以支撑（图4.2.32)。

b. 悬臂式支护结构。悬臂式支护结构发生位移主要是其上部向基坑内倾斜，也有一定的深层滑动。

防止悬臂式支护结构上部位移过大的应急措施较简单，加设支撑或拉锚都是十分有效的，也可采用支护墙背卸土的方法。

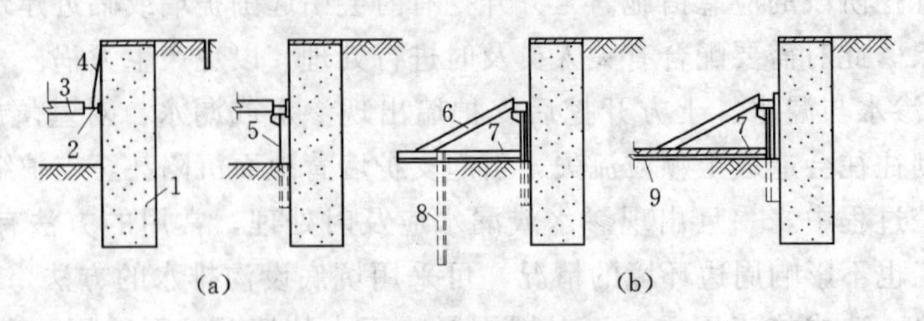


图 4.2.32 水泥土墙加临时支撑

(a) 对撑；(b) 竖向斜撑

1—水泥土墙；2—围檩；3—对撑；4—吊索；5—支承型钢；
6—竖向斜撑；7—铺地型钢；8—板桩；9—混凝土垫层

防止深层滑动也应及时浇筑垫层，必要时也可加厚垫层，以形成下部水平支撑。

c. 支撑式支护结构。由于支撑的刚度一般较大，带有支撑的支护结构一般位移较小，其位移主要是插入坑底部分的支护桩墙向内变形。为了满足基础底板施工需要．最下一道支撑离坑底总有一定距离。对一道支撑的支护结构，其支撑离坑底距离更大，支护墙下段的约束较小，因此在基坑开挖后，围护墙下段位移较大，往往由此造成墙背土体的沉陷。因此，对于支撑式支护结构，如发生墙背土体的沉陷，主要应设法控制围护桩（墙）嵌入部分的位移，着重加固坑底部位，具体措施有如下：①增设坑内降水设备，降低地下水，如条件许可，也可在坑外降水；②进行坑底加固，如采用注浆、高压喷射注浆等提高被动区抗力；③垫层随挖随浇，对基坑挖土合理分段，每段土方开挖到底后及时浇筑垫层；④加厚垫层、采用配筋垫层或设置坑底支撑。

对于周围环境保护很重要的工程，如开挖后发生较大变形后，可在坑底加厚垫层，并采用配筋垫层，使坑底形成可靠的支撑。同时加厚配筋垫层对抑制坑内土体隆起也非常有利。减少了坑内土体隆起，也就控制了支护墙下段位移。必要时还可在坑底设置支撑，如采用型钢或在坑底浇筑钢筋混凝土暗支撑（其顶面与垫层面相同），以减少位移，此时，在支护墙根处应设置围檩，否则单根支撑对整个支护墙的作用不大。

如果是由于支护墙的刚度不够而产生较大侧向位移，则应加强支护墙体，如在其后加设树根桩或钢板桩，或对土体进行加固等。

3）流砂及管涌的处理。在细砂、粉砂层土中往往会出现局部流砂或管涌的情况，对基坑施工带来困难。如流砂等十分严重则会引起基坑周围的建筑、管线的倾斜、沉降。

对轻微的流砂现象，在基坑开挖后可采用加快垫层浇筑或加厚垫层的方法“压注”流砂。对较严重的流砂应增加坑内降水措施，使地下水位降至坑底以下 0.5～1m 左右。降水是防治流砂的最有效的方法。

管涌一般发生在支护墙附近，如果设计支护结构的嵌固深度满足要求。则造成管涌的原因一般是由于坑底的下部位的支护排桩中出现断桩，或施打未及标高，或地下连续墙出现较大的孔、洞，或由于排桩净距较大，其后止水帷幕又出现漏桩、断桩或孔洞，造成管涌通道所致。如果管涌十分严重也可在支护墙前再打设一排钢板桩，在钢板桩与支护墙间进行注浆，钢板桩底应与支护墙底标高相同，顶面与坑底标高相同，钢板桩的打设宽度应比管涌范围较宽 3～5m。

4）临近建筑与管线位移的控制。基坑开挖后，坑内大量土方挖去，土体平衡发生很大变化。对坑外建筑或地下管线往往也会引起较大的沉降或位移。有时还会造成建筑的倾斜，并由此引起房屋裂缝，管线断裂、泄漏。基坑开挖时必须加强观察，当位移或沉降值达到报警值后，应立即采取措施。

对建筑的沉降的控制一般可采用跟踪注浆的方法。根据基坑开挖进程，连续跟踪注浆。注浆孔布置可在支护墙背及建筑物前各布置一排，两排注浆孔间则适当布置。注浆深度应在地表至坑底以下2～4m范围，具体可根据工程条件确定。此时注浆压力控制不宜过大，否则不仅对围护墙会造成较大侧压力，对建筑本身也不利。注浆量可根据支护墙的估算位移量及土的空隙率来确定。采用跟踪注浆时，应严密观察建筑的沉降状况，防止由注浆引起土体搅动而加剧建筑物的沉降或将建筑物抬起。对沉降很大，而压密注浆又不能控制的建筑，如其基础是钢筋混凝土的，则可考虑采用静力锚杆压桩的方法。

如果条件许可，在基坑开挖前对临近建筑物下的地基或支护墙背土体先进行加固处理，如采用压密注浆、搅拌桩、静力锚杆压桩等加固措施，此时施工较为方便，效果更佳。

对基坑周围管线保护的应急措施一般有两种方法。

a. 打设封闭桩或开挖隔离沟。对地下管线离开基坑较远，但开挖后引起的位移或沉降又较大的情况，可在管线靠基坑一侧设置封闭桩，为减小打桩挤土，封闭桩宜选用树跟桩，也可采用钢板桩、槽钢等，施打时应控制打桩速率，封闭板桩离管线应保持一致距离，以免影响管线。

在管线边开挖隔离沟也对控制位移有一定作用，隔离沟应与管线有一定距离，其深度宜与管线埋深接近或略深，在靠管线一侧还应作出一定坡度。

b. 管线架空。对地下管线离基坑较近的情况，设置隔离桩或隔离沟既不易行也无明显效果，此时可采用管线架空的方法。管线架空后与围护墙后的土体基本分离，土体的位移与沉降对它影响很小，即使产生一定位移或沉降后，还可对支承架进行调整复位。

管线架空前应先将管线周围的土挖空，在其上设置支承架，支承架的搁置点应可靠牢固，能防止过大位移与沉降，并应便于调整其搁置位置。然后将管线悬挂于支承架上，如管线发生较大位移或沉降，可对支承架进行调整复位，以保证管线的安全。图4.2.33是某高层建筑边管道保护支承架的示意图。

#### 4.2.5.7　地基验槽

地基开挖至设计标高后，应由施工单位、设计单位、监理单位或建设单位、质量监督部门等有关人员共同到现场进行检验，鉴定验槽，核对地质资料，检查地基土与工程地质勘察报告、设计图纸要求是否相符，有无破坏原状土结构或发生较大的扰动现象。一般用表面检查验槽法，必要时采用钎探检查或洛阳铲探检查，经检查合格，填写基坑（槽）隐蔽工程验收记录，及时办理交接手续。

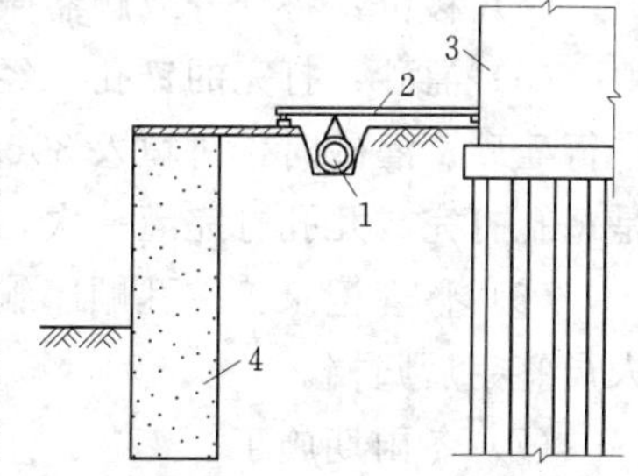


图4.2.33　管道支承架

1—管道；2—支承架；3—近高层建筑；4—支护结构

**4.2.5.7.1**　基地钎探的技术交底

本技术交底内容适用于建筑物或构筑物的基础、坑（槽）底土质钎探检查。

1. 材料要求

要求的材料有：灰土、砂（一般中砂）。

2. 主要机具

(1) 人工打钎。一般钢钎：ϕ22～ϕ25 钢筋制成，钎尖呈 60°尖锥形状，钎长 1.8～2.0m。大锤：重量 8～10 磅。

(2) 机械打钎（轻便触探器，北京地区规定必用）。穿心锤重 10kg，尖锥头、触探杆、钎杆ϕ25 钢筋，长度 1.5～1.8m。

(3) 其他有麻绳或铅丝、梯子（凳子）、手推车、撬棍（拔钢钎用）、钢卷尺等。

3. 作业条件

(1) 基土已挖至设计基坑（槽）底标高，表面应平正，轴线及坑（槽）宽、长均符合设计图纸要求。

(2) 根据设计图纸绘制钎探孔位平面布置图。

(3) 按钎探孔位平面布置图放线：孔位钉上小木桩或洒白灰点。

(4) 钎杆上预先划好 30cm 横线。

4. 操作工艺

工艺流程：确定打钎顺序→就位打钎（记录锤击数）→拔钎→移位→整理记录→检查孔深→灌灰土（或砂）。

(1) 就位打钎。

1) 人工打钎：将钎尖对准孔位，一人扶正钢钎，一人站在操作凳子上，用大锤打钎端头，锤举高度一般为 50～70cm，将钎垂直打入土层中。

2) 机械打钎：将触探杆尖对准孔位，再把穿心锤套在钎杆上，扶正钎杆、拉起穿心锤，使其自由下落，锤距为 50cm，将触探杆竖直打入土层中。

(2) 记录锤击数：钎杆每打入土层 30cm 时记录一次锤击数。钎探深度如设计无规定时，一般按规定执行。

(3) 拔钎：用麻绳或铅丝将钎杆绑好，留出活套，套内插入撬棍或铁管，利用杠杆原理，将钎拔出。每拔出一段将绳套往下移一段，以此类推，直至完全拔出为止。

(4) 移位：将钎杆或触器搬到下一孔位，以便继续打钎。

(5) 灌砂：打完的钎孔，经过质量检查人员和有关工长检查孔深与记录无误后，即或进行灌砂。灌砂时，每填入 30cm 左右时，可用钢筋棒捣实一次。灌砂有两种形式：一种是每孔打完或几孔打完灌一次，另一种是每天打完，统一灌一次。

(6) 整理记录：按孔顺序编号，将锤击数填入统一表格内，字迹要清楚，再经过打钎人员签字后归档。

(7) 冬雨期施工。

1) 基土受雨后不能进行钎探。

2) 基土在冬季钎探时，每打几孔后及时掀盖保温材料一次，不能大面积掀盖，以免基土受冻。

5. 质量标准

（1）保证项目。钎探深度必须符合要求，锤击数记录准确，不得作假钎。

（2）基本项目。钎位基本准确，探孔不得遗漏。钎孔灌砂应密实。

6. 成品保护

钎探完毕后，应做好标记，保护好钎孔，未经质量检查、有关工长复验，不得堵塞或灌砂。

7. 应注意的质量问题

（1）如打钎不下去时，应请示有关工长，或取消钎孔或移位打钎。不得不打，而任意填锤击数。

（2）记录和平面布置图的整理。

1）在记录表上用红蓝铅笔或符号将不同（锤击数）的钎孔分开。

2）在钎孔平面布置图上，注明过硬或过软孔号的位置，把枯井或坟墓等尺寸画上，以便设计勘察人员或有关部门验槽时分析处理。

**4.2.5.7.2**　验槽方法

1. 表面检查验槽法

（1）根据槽壁土层分布情况和走向，初步判明全部基地是否挖至设计要求的土层。

（2）检查槽底是否已挖至原（老）土，是否需继续下挖或进行处理。

（3）检查整个槽底土的颜色是否均匀一致；土的坚硬程度是否一样，是否有局部过松软或过硬的部位；是否有局部含水量异常现象，走在地基上是否有颤动感觉等。若有异常，要进一步用钎探检验并会通过设计等有关单位进行处理。

2. 钎探检查验槽法

基坑（槽）挖好后用锤把钢钎打入槽底的基土内，据每打入一定深度的锤击次数，来判断地基土质的情况。

（1）钢钎的规格和重量：钢钎用直径22～25mm的圆钢制成，钎头尖呈60°尖锥形，长度用1.8～2.0m。大锤用3.6～4.5kg的铁锤。打锤时，锤举至离钎顶500～700mm，将钢钎垂直打入土中，并记录每打入土层300mm的锤击次数。

（2）钎孔布置和钎探深度：应根据地基土质的情况和基槽宽度、形状确定，钎孔布置见表4.2.16。

**表4.2.16　钎孔布置和钎探深度**

| 槽宽（m） | 排列方式和图示 | | 间距（m） | 钎探深度（m） |
|---|---|---|---|---|
| ＜0.8 | 中心一排 | | 1～2 | 1.2 |
| 0.8～2.0 | 两排错开 | | 1～2 | 1.5 |

续表

| 槽宽（m） | 排列方式和图示 | | 间距（m） | 钎探深度（m） |
|---|---|---|---|---|
| >2.0 | 梅花形 | | 1～2 | 2.0 |
| 柱基 | 梅花形 | | 1～2 | 不小于1.5m，并不浅于短边宽度 |

钎孔记录和结果分析：先绘制基坑（槽）平面图，在图上根据要求确定钎探点的平面位置，并编号制成钎探平面图。钎探时按钎探平面图标定的钎探点顺序进行，最后整理成钎探记录表。

全部钎探完后，逐层分析研究钎探记录，然后逐点进行比较，将锤击数过多或过少的钎孔在钎探平面上做标记，然后再在该部位进行重点检查，如有异常情况，要认真进行处理。

3. 洛阳铲探验槽法

在黄土地区基坑（槽）挖好后或大面积基坑挖土前，根据建筑物所在地区的具体情况或设计要求，对基坑以下的土质、古墓、洞穴等专用洛阳铲进行钎探检查。

（1）探孔布置见表4.2.17。

**表4.2.17　探　孔　布　置**

| 基槽宽（m） | 排列方式和图示 | 间距（m） | 探孔深度（m） |
|---|---|---|---|
| <2 | | 1.5～2.0 | 3.0 |
| >2 | | 1.5～2.0 | 3.0 |
| 柱基 | | 1.5～2.0 | 3.0（荷重较大时为4.0～5.0） |
| 加孔 | | <2.0（基础过宽时中间在加孔） | 3.0 |

（2）探查记录和结果分析：先绘制基础平面图，在图上根据要求确定探孔的平面位置，并依次编号，在按编号顺序进行探孔。用洛阳铲钎土，每3～5铲土检查一次，查看土质变化和含有物的情况。如果土质有变化或含有杂物，应测量深度并用文字记录清楚。如果遇到墓穴、地道、地窖和废井等，应在此部位缩小探孔距离（一般为1m左右），沿其周围仔细检查其大小、深浅和平面形状，在探孔图上标示清楚。全部探完后，绘制探孔平面图和各探孔不同深度的土质情况表，为地基处理提供完整的资料。探完以后，尽快用素土或灰土将探孔回填好，以防地表水侵入钎孔。

**4.2.5.8** 土方回填

**4.2.5.8.1** 机械回填土技术交底

本技术交底内容适用于工业与民用建筑物、构筑物大面积平整场地、大型基坑和管沟等回填土工程。

1. 材料要求

(1) 碎石类土、砂土（使用细、粉砂时应取得设计单位同意）和爆破石碴，可用作表层以下填料。其最大粒径不得超过每层铺填厚度的2/3或3/4（使用振动辗时），含水率应符合规定。

(2) 黏性土应检验其含水率，必须达到设计及施工规范规定要求方可使用。

(3) 盐渍土一般不可使用。但填料中不得含有盐晶、盐块或含盐植物的根茎，并符合《土方与爆破工程施工及验收规范》(GB 50202—2002) 附录一表1～表8规定的可以使用。

2. 主要机具

(1) 装运土方机械有：铲土机、自卸汽车、推土机、铲运机、翻半斗车等。

(2) 碾压机械有：手辗、羊足辗和振动辗等。

(3) 一般工具有：蛙式或柴油打夯机、手推车、铁锹（平头及尖头两种）、2m钢卷尺、20号铅丝、胶皮管等。

3. 作业条件

(1) 施工前应根据工程特点、填方土料种类、密实度要求、施工条件等合理确定填方土料含水率控制范围、虚铺厚度和压实遍数等参数；重要回填土方工程，其参数应通过压实试验来确定。

(2) 填土前，应对填方基底和已完工程进行检查和中间验收，合格后要做好记录及验收手续。

(3) 施工前，应做好水平高程标志的布置。如基坑或沟边上每10m钉上水平桩橛或在邻近的固定建筑物上找上标准高程点。大面积场地上每隔十米左右也可钉上水平桩。

4. 操作工艺

工艺流程：基底清理→检验土质→分层铺土→碾压密实→找平验收。

(1) 填土前，应将基底表面上的垃圾或树根等杂物、洞穴都处理完，清理干净。

(2) 检验土质：检验各种土料的含水率是否在控制范围内。如含水率偏高可采用翻松、晾晒等措施；如含水率偏低，可采用预先浇水润湿等措施。

(3) 填土应分层铺摊。每层铺土的厚度应根据土质、密实度要求和机具性能确定，或按表4.2.18选用。碾压时，轮（夯）迹应互相搭接，防止漏压、漏夯。

**表 4.2.18　填土每层铺土的厚度和压实遍数**

| 压实机具 | 每层铺土厚度 (mm) | 每层压实遍数（遍） |
|---|---|---|
| 平辗 | 200～300 | 6～8 |
| 羊足辗 | 200～350 | 8～16 |
| 振动平辗 | 600～1500 | 6～8 |
| 蛙式、柴油式打夯机 | 200～250 | 3～4 |

(4) 碾压机械压实填方时，应控制行驶速度，一般不应超过下列规定：

平辗为 2km/h，羊足辗为 3km/h，振动辗为 2km/h。

(5) 长宽比较大时，填土应分段进行；每层接缝处应作成斜坡形，辗迹重叠 0.5～1.0m。上下层错缝距离不应小于 1m。

(6) 填方高于基底表面时，应保证边缘部位的压实质量。填土后，如设计不要求边坡修整，宜将填方边缘宽填 0.5m；如设计要求边坡整平拍实，宽填可为 0.2m。

(7) 在机械施工碾压不到的填土，应配合人工推土，用蛙式或柴油打夯分层夯打密实(具体做法是人工回填土)。

(8) 回填土每层压实后，应按规范规定进行环刀取样，测出干土的质量密度，达到要求后，再进行上一层的铺土。

(9) 填方全部完成后，表面应进行拉线找平，凡高于标准高程的地方，及时依线铲平；凡低于标准高程的地方应补土夯实。

(10) 雨、冬期施工。

1) 雨期施工的工作面不宜过大，应逐段、逐片的分期完成。重要或特殊的土方工程，应尽量在雨期前完成。

2) 基坑（槽）或管沟的回填土应连续进行，尽快完成。施工时应防止地面水流入基坑（槽）内，以免边坡塌方或基土遭到破坏。现场应有防雨及排水措施。

3) 填方工程不宜在冬期施工，如必须在冬期施工时，其施工方案经技术经济比较后确定。

4) 冬期填方前，应清除基底上的冰雪和保温材料；填方边坡表层 1m 以内不得用冻土填筑；填方上层应用未冻的、不冻胀的或透水性好的土料填筑，其厚度应符合设计要求。

5) 冬期施工室外平均气温在－5℃以上时，填方高度不受限制；平均气温在－5℃以下时，填方高度不宜超过表 4.2.19 的规定。

**表 4.2.19　冬期填方高度限制表**

| 平均气温（℃） | 填方高度（m） |
|---|---|
| －10～－5 | 4.5 |
| －15～－11 | 3.5 |
| －20～－16 | 2.5 |

注　用石块和不含冰块的砂土（不包括粉砂）、碎石类土填筑时，填方高度不受本表限制。

6) 冬期回填土方，每层铺土厚度应比常温施工时减少 20%～25%，其中冻土块体积不超过填土总体积的 15%；其粒径不得大于 150mm。铺冻土块要均匀分布，逐层压（夯）实。回填土工作应连续进行，防止基土或已填土层受冻，并应及时采取防冻措施。

5. 质量标准

(1) 保证项目。

1) 基底处理必须符合设计要求或施工规范的规定。

2) 回填的土料，必须符合设计要求或施工规范的规定。

3) 回填土必须按规定分层夯压密实。取样测定压实后土的干土质量密度，其合格率不应小于 90%；不合格干土质量密度的最低值与设计值的差，不应大于 0.08g/m$^3$，且不应集中。环刀法取样的方法及数量应符合规定。

(2) 允许偏差项目见表 4.2.20。

表 4.2.20　　回填土工程允许偏差

| 项次 | 项目 | 允许偏差（mm） | 检验方法 |
|---|---|---|---|
| 1 | 顶面标高 | +0，−50 | 用水准仪或拉线尺量检查 |
| 2 | 表面平整度 | 20 | 用2m靠尺和楔形塞尺检查 |

6. 成品保护

（1）施工时应注意保护定位桩、轴线桩和标高桩，防止碰撞位移。

（2）夜间施工时，应合理安排施工顺序，要设有足够的照明设施，防止铺填超厚，严禁汽车直接倒入基（槽）内。

（3）基础或管沟、挡土墙的现浇混凝土应达到一定强度，不致因填土受损坏时，方可回填土。

7. 应注意的质量问题

（1）未按要求测定的干土质量密度：回填土每层都应测定压实后的干土质量密度，检验其密实度，符合设计要求后才能铺摊上层土。试验报告要注明土料种类、试验日期、试验结论及试验人员签字。未达到设计要求部位应有处理方法和复验结果。

（2）回填土下沉：因虚铺土超过规定厚度或冬期施工时有较大的冻土块，或压实不够遍数，甚至漏压；坑（槽）底有机物或落土等杂物清理不彻底等造成。这些问题均应在施工中认真执行规范规定，检查发现后及时纠正。

（3）回填土夯压不密实：应在夯压前对干土适当洒水加以润湿；对湿土造成的"橡皮土"要挖出换土重填。

（4）在地形、工程地质复杂地区内的填土，且对填土密实度要求较高时，应采取措施（如排水暗沟、护坡等），以防填方土粒流失，造成不均匀下沉和坍塌等事故。

（5）填方基土为杂填土时，应按设计要求加固地基，并应妥善处理基底的软硬点、空间、旧基、暗塘等。

（6）回填管沟时，为防止管道中心线位移或损坏管道，应用人工先在管子周围填土夯实，并应从管道两边同时进行，直至管顶0.5m以上，在不损坏管道的情况下，方可采用机械回填和压实。在抹带接口处，防腐绝缘层或电缆周围，应使用细粒土料回填。

（7）填方应按设计要求预留沉降量，如设计无要求时，可根据工程性质、填方高度、填料种类、密实要求和地基情况等与建设单位共同确定（沉降量一般不超过填方高度的3%）。

**4.2.5.8.2**　填土方法

1. 人工填土

用手推车送土，以人工用铁锹、耙、锄等工具进行回填土。填土应从场地最低部分开始，由一端向另一端自下而上分层铺填。每层虚铺厚度，用人工木夯夯实时不大于20cm，用打夯机械夯实时不大于25cm。

深浅坑（槽）相连时，应先填深坑（槽），相平后与浅坑全面分层填夯。如采取分段填筑，交接处应填成阶梯形。墙基及管道回填应在两侧用细土同时均匀回填、夯实，防止墙基及管道中心线位移。

夯填土采用人工用60～80kg的木夯或铁、石夯，由4～8人拉绳，二人扶夯，举高不小于0.5m，一夯压半夯，按次序进行。较大面积人工回填用打夯机夯实。两机平行时其间距不得小于3m，在同一夯打路线上，前后间距不得小于10m。

2. 机械填土

（1）推土机填土。填土应由下而上分层铺填，每层虚铺厚度不宜大于30cm。大坡度堆填土，不得居高临下，不分层次，一次堆填。推土机运土回填. 可采用分堆集中，一次运送方法，分段距离约为10～15m，以减少运土漏失量。土方推至填方部位时，应提起一次铲刀，成堆卸土。并向前行驶0.5～1.0m，利用推土机后退时将土刮平。用推土机来回行驶进行碾压，履带应重叠宽度的一半，填土程序宜采用纵向铺填顺序，从挖土区段至填土区段，以40～60m距离为宜。

（2）铲运机填土。铲运机铺土，铺填土区段，长度不宜小于20m，宽度不宜小于8m。铺土应分层进行，每次铺土厚度不大于30～50cm（视所用压实机械的要求而定），每层铺土后，利用空车返回时将地表面刮平。填土程序一般尽量采取横向或纵向分层卸土，以利行驶时初步压实。

（3）汽车填土。自卸汽车为成堆卸土，须配以推土机推土、摊平。每层的铺土厚度不大于30～50cm（随选用压实机具而定）。填土可利用汽车行驶作部分压实工作，行车路线须均匀分布于填土层上。汽车不能在虚土上行驶，卸土推平和压实工作须采取分段交叉进行。

#### 4.2.5.8.3 填土的压实

1. 压实的一般要求

（1）密实度要求。填方的密实度要求和质量指标通常以压实系数 $\lambda_c$ 表示。压实系数为土的控制（实际）干土密度 $\rho_d$ 与最大干土密度 $\rho_{d\max}$。的比值。最大干土密度 $\rho_{d\max}$ 是当最优含水量时，通过标准的击实方法确定的。密实度要求一般由设计根据工程结构性质、使用要求以及土的性质确定，如未作规定，可参考表4.2.21数值。

**表 4.2.21　压实填土的质量控制**

| 结构类型 | 填土部位 | 压实系数 $\lambda_c$ | 控制含水量（%） |
|---|---|---|---|
| 砌体承重结构和框架结构 | 在地基土要受力层范围内 | ≥0.97 | $\omega_{op}\pm2$ |
| | 在地基主要受力层范围以下 | ≥0.95 | |
| 排架结构 | 在地基主要受力层范围内 | ≥0.96 | $\omega_{op}\pm2$ |
| | 在地基土要受力层范围以下 | ≥0.94 | |

注　1. 压实系数 $\lambda_c$ 为压实填土的控制干密度 $\rho_d$ 与最大干密度 $\rho_{d\max}$ 的比值，$\omega_{op}$ 为最优含水量。
2. 地坪垫层以下及基础底面标高以上的压实填土，压实系数不应小于0.94。压实填土的最大干密度 $\rho_{d\max}$（$t/m^3$）宜采用击实实验确定。

当无试验资料时，可按下式计算：

$$p_{d\max}=\eta\frac{p_w d_s}{1+0.01\omega_{op}d_s} \tag{4.2.1}$$

式中：$\eta$ 为经验系数，对于黏土取0.95，粉质黏土取0.96，粉土取0.97；$p_w$ 为水的密度

(t/m³)；$d_s$ 为土粒相对密度；$\omega_{op}$ 为最优含水量，%（以小数计），可按当地经验或取 $\omega_p+2$（$\omega_p$ 为土的塑限），或参考表 4.2.21 取用。

(2) 土料要求与含水量控制。填方土料应符合设计要求，保证填方的强度和稳定性，如设计无要求时，应符合以下规定：①碎石类土、砂土和爆破石碴（粒径不大于每层铺土厚的 2/3），可用于表层下的填料；②含水凡符合压实要求的黏性土，可作各层填料；③淤泥和淤泥质土，一般不能用作填料，但在软土地区，经过处理含水量符合压实要求的，可用于填方中的次要部位。

填土土料含水量的大小，直接影响到夯实（碾压）质量。在夯实（碾压）前应先试验，以得到符合密实度要求条件下的最优含水量和最少夯实（或碾压）遍数。含水量过小，夯压（碾压）不实；含水量过大．则易成橡皮土。各种土的最优含水量和最大密实度参考数值见表 4.2.22。黏性土料施工含水量与最优含水量之差可控制在－4%～＋2%（使用振动碾时．可控制在－6%～＋2%）。

**表 4.2.22　　土的最优含水量和最大干密度参考表**

| 项　次 | 土的种类 | 变 动 范 围 | |
|---|---|---|---|
| | | 最优含水量（%）（重量比） | 最大干密度（t/m³） |
| 1 | 砂 土 | 8～12 | 1.80～1.88 |
| 2 | 黏土 | 19～23 | 1.58～1.70 |
| 3 | 粉质黏土 | 12～15 | 1.85～1.95 |
| 4 | 粉土 | 16～22 | 1.61～1.80 |

注　1. 表中土的最大干密度应以现场实际达到的数学为准。
　　2. 一般性的回填，可不作此项测定。

土料含水量一般以手握成团，落地开花为适宜。当含水量过大．应采取翻松、晾干、风干、换土回填、掺入干土或其他吸水性材料等措施；如土料过干，则应预先洒水润湿，每 1m³ 铺好的土层需要补充水量（$L$）按式（4.2.2）计算：

$$V=\frac{p_w}{1+\omega}(\omega_{op}-\omega) \tag{4.2.2}$$

式中：$V$ 为单位体积内需要补充的水量，L；$\omega$ 为土的天然含水量，%（以小数计）；$\omega_{op}$ 为土的最优含水量，%（以小数计）；$p_w$ 为填土碾压前的密度，kg/m³。

当含水量小时，亦可采取增加压实遍数或使用大功率压实机械等措施。

在气候干燥时，须采取加速挖土、运土、平土和碾压过程，以减少土的水分散失。

当填料为碎石类土（充填物为砂土）时，碾压前应充分洒水湿透，以提高压实效果。

(3) 铺土厚度和压实遍数。填土每层铺土厚度和压实遍数视土的性质、设计要求的压实系数和使用的压（夯）实机具性能而定，一般应进行现场碾（夯）压试验确定。表 4.2.23 为压实机械和工具每层铺土厚度与所需的碾压（夯实）遍数的参考数值，如无试验依据，可参考应用。

2. 压实机具的选择

平碾压路机又称光碾压路机，按重晕等级分轻型（3～5t）、中型（6～10t）和重型

表 4.2.23 填土施工时的分层厚度及压实遍数

| 压实机具 | 分层厚度（mm） | 每层压实遍数 |
|---|---|---|
| 平碾 | 250～300 | 6～8 |
| 振动压实机 | 250～350 | 3～4 |
| 柴油打夯机 | 200～250 | 3～4 |
| 人工打夯 | 不大于200 | 3～4 |

(12～15t）三种。按装置形式的不同又分单轮压路机、双轮压路机及三轮压路机等几种。按作用于土层荷载的不同，分静作用压路机和振动压路机两种。

平碾压路机具有操作方便，转移灵活，碾压速度较快等优点，但碾轮与土的接触面积大，单位压力较小，碾压上层密实度大于下层。

静作用压路机适用于薄层填土或表面压实、平整场地、修筑堤坝及道路工程；振动平碾适用于填料为爆破石碴、碎石类土、杂填土或粉土的大型填方工程。

常用平碾压路机的型号及技术性能见表 4.2.24。

表 4.2.24 常用静作用压路机技术性能与规格

| 项目 \ 型号 | | 两轮压路机 2Y 6/8 | 两轮压路机 2Y 8/10 | 三轮压路机 3Y 10/12 | 三轮压路机 3Y 12/15 | 三轮压路机 3Y 15/18 |
|---|---|---|---|---|---|---|
| 重量（t） | 不加载 | 6 | 8 | 10 | 12 | 15 |
| | 加载后 | 8 | 10 | 12 | 15 | 18 |
| 压轮直径（mm） | 前轮 | 1020 | 1020 | 1020 | 1120 | 1170 |
| | 后轮 | 1320 | 1320 | 1500 | 1750 | 1800 |
| 压轮宽度（mm） | | 1270 | 1270 | 530×2 | 530×2 | 530×2 |
| 单位压力（kN/cm） | | | | | | |
| 前轮 | 不加载 | 0.192 | 0.259 | 0.332 | 0.346 | 0.402 |
| | 加载后 | 0.259 | 0.393 | 0.445 | 0.470 | 0.481 |
| 后轮 | 不加载 | 0.290 | 0.385 | 0.632 | 0.801 | 0.503 |
| | 加载后 | 0.385 | 0.481 | 0.724 | 0.930 | 1.150 |
| 行走速度（km/h） | | 2～4 | 2～4 | 1.6～5.4 | 2.2～7.5 | 2.3～7.7 |
| 最小转弯半径（m） | | 6.2～6.5 | 6.2～6.5 | 7.3 | 7.5 | 7.5 |
| 爬坡能力（%） | | 14 | 14 | 20 | 20 | 20 |
| 牵引功率（kW） | | 29.4 | 29.4 | 29.4 | 58.9 | 73.6 |
| 转速（r/min） | | 1500 | 1500 | 1500 | 1500 | 1500 |

注 制造单位洛阳建筑机械厂、邯郸建筑机械厂。

常用振动压路机的型号及技术性能见表 4.2.25。

3. 小型打夯机

有冲击式和振动式之分，由于体积小，重量轻，构造简单，机动灵活、实用，操纵、维修方便，夯击能量大，夯实工效较高，在建筑工程上使用很广。但劳动强度较大，常用的有蛙式打夯机、柴油打夯机、电动立夯机等，其技术性能见表 4.2.26，适用于黏性较低的土（砂土、粉土、粉质黏土）基坑（槽）、管沟及各种零星分散、边角部位的填方的夯实，以及配合压路机对边缘或边角碾压不到之处的夯实。

表 4.2.25　　常用振动压路机技术性能与规格

| 项目 \ 型号 | | YZS0.6B手扶式 | YZ2 | YZ17 | YZ101P | YZJ14拖式 |
|---|---|---|---|---|---|---|
| 重量（t） | | 0.75 | 2 | 6.53 | 10.8 | 13 |
| 振动轮直径（mm） | | 405 | 750 | 1220 | 1524 | 1800 |
| 振动轮宽度（mm） | | 600 | 895 | 1680 | 2100 | 2000 |
| 振动频率（Hz） | | 48 | 50 | 30 | 28/32 | 30 |
| 激振力（kN） | | 12 | 19 | 19 | 197/137 | 290 |
| 单位线压力（N/cm） | 静线压力 | 62.5 | 134 | — | 257 | 650 |
| | 动线压力 | 100 | 212 | — | 938/652 | 1450 |
| | 总线压力 | 162.5 | 346 | — | 1195/909 | 2100 |
| 行走速度（km/h） | | 2.5 | 2.43～5.77 | 9.7 | 4.4～22.6 | — |
| 牵引功率（kW） | | 3.7 | 13.2 | 50 | 73.5 | 73.5 |
| 转速（ram/min） | | 2200 | 2000 | 2200 | 1500/2150 | 1500 |
| 最小转弯半径 $r$（m） | | 2.2 | 5 | 5.13 | 5.2 | — |
| 爬坡能力（%） | | 40 | 20 | — | 30 | — |

表 4.2.26　　蛙式打夯机、振动夯实机、内燃打夯机技术性能与规格

| 项目 \ 型号 | 蛙武打夯机 HW—70 | 蛙式打夯机 HW—201 | 振动压实机 H扩280 | 振动压实机 Hz—400 | 柴油打夯机 ZH7—120 |
|---|---|---|---|---|---|
| 夯板面积（cm²） | — | 450 | 2800‹ | 2800 | 550 |
| 夯击次数（次/min） | 140～165 | 140～150 | 1100～1200（Hz） | 1100～1200（Hz） | 60—70 |
| 行走速度（m/min） | — | 8 | 10～l6 | 10～16 | — |
| 夯实起落高度（mm） | — | 145 | 300（影响深度） | 300（影响深度） | 300～500 |
| 生产率（m³/h） | 5～10 | 12.5 | 33.6（m³/min） | 33.6（m³/min） | 18～27 |

4. 平板式振动器

平板式振动器为现场常备机具。体形小，轻便、适用，操作简单，但振实深度有限。适于小面积黏性土薄层回填土振实、较大面积砂土的回填振实以及薄层砂卵石、碎石垫层的振实。

5. 其他机具

对密实度要求不高的大面积填方，在缺乏碾压机械时，可采用推土机、拖拉机或铲运机结合行驶、推（运）土、平土来压实。对已回填松散的特厚土层，可根据回填厚度和设计对密实度的要求采用重锤夯实或强夯等机具方法来夯实。

**4.2.5.8.4** 填土压实方法

1. 一般要求

(1) 填土应尽量采用同类土填筑，并宜控制土的含水率在最优含水量范围内。当采用不同的土填筑时，应按土类有规则地分层铺填，将透水性大的土层置于透水性较小的土层之下，不得混杂使用。边坡不得用透水性较小的土封闭，以利水分排除和基土稳定，并避免在填方内形成水量和产生滑动现象。

(2) 填土应从最低处开始，由下向上整个宽度分层铺填碾压或夯实。

(3) 在地形起伏之处，应做好接槎，修筑1：2阶梯形边坡，每台阶高可取50cm、宽100cm。分段填筑时每层接缝处应作成大于1：1.5的斜坡，碾迹重叠0.5～1.0m，上下层错缝距离不应小于1m。接缝部位不得在基础、墙角、柱墩等重要部位。

(4) 填土应预留一定的下沉高度，以备在行车、堆重或干湿交替等自然因素作用下，土体逐渐沉落密实。预留沉降量根据工程性质、填方高度、填料种类、压实系数和地基情况等因素确定。当土方用机械分层夯实时，其预留下沉高度（以填方高度的百分数计）：对砂土为1.5%；对粉质黏土为3%～3.5%。

2. 人工夯实方法

(1) 人力打夯前应将填土初步整平，打夯要按一定方向进行，一夯压半夯，夯夯相接，行行相连，两遍纵横交叉，分层夯打。夯实基槽及地坪时，行夯路线应由四边开始，然后再夯向中间。

(2) 用柴油打夯机等小型机具夯实时，一般填土厚度不宜大于25cm，打夯之前对填土应初步平整。打夯机依次夯打，均匀分布，不留间隙。

(3) 基坑（槽）回填应在相对两侧或四周同时进行回填与夯实。

(4) 回填管沟时，应用人工先在管子周围填土夯实，并应从管道两边同时进行。直至管顶0.5m以上。在不损坏管道的情况下，方可采用机械填土回填夯实。

3. 机械压实方法

(1) 为保证填土压实的均匀性及密实度，避免碾轮下陷，提高碾压效率，在碾压机械碾压之前，宜先用轻型推土机、拖拉机推平，低速预压4～5遍，使表面平实；采用振动平碾压实爆破石碴或碎石类土。应先静压，而后振压。

(2) 碾压机械压实填方时，应控制行驶速度，一般平碾、振动碾不超过2km/h；并要控制压实遍数。碾压机械与基础或管道应保持一定的距离，防止将基础或管道压坏或使位移。

(3) 用压路机进行填方压实，应采用“薄填、慢驶、多次”的方法，填土厚度不应超过25～30cm；碾压方向应从两边逐渐压向中间，碾轮每次重叠宽度约15～25cm，避免漏压。运行中碾轮边距填方边缘应大于500mm，以防发生溜坡倾倒。边角、边坡边缘压实不到之处，应辅以人力夯或小型夯实机具夯实。压实密实度，除另有规定外，应压至轮子下沉量不超过1～2cm为度。

(4) 平碾碾压一层完后，应用人工或推土机将表面拉毛。土层表面太干时，应洒水湿润后，继续回填，以保证上、下层接合良好。

(5) 用铲运机及运土工具进行压实，铲运机及运土工具的移动须均匀分布于填筑层的全面，逐次卸土碾压。

4. 压实排水要求

(1) 填土层如有地下水或滞水时，应在四周设置排水沟和集水井，将水位降低。

(2) 已填好的土如遭水浸，应把稀泥铲除后，方能进行下一道工序。

(3) 填土区应保持一定横坡或中间稍高两边稍低，以利排水。当天填土，应在当天压实。

**4.2.5.8.5** 质量控制与检验

(1) 填土施工过程中应检查排水措施，每层填筑厚度、含水量控制和压实程序。

(2) 对有密实度要求的填方，在夯实或压实之后，要对每层回填土的质量进行检验。一般采用环刀法（或灌砂法）取样测定土的干密度，求出土的密实度，或用小轻便触探仪直接通过锤击数来检验干密度和密实度，符合设计要求后，才能填筑上层。

(3) 基坑和室内填土，每层按 100～500m² 取样 1 组；场地平整填方，每层按 400～900m² 取样 1 组；基坑和管沟回填每 20～50m² 取样 1 组，但每层均不少于 1 组，取样部位在每层压实后的下半部。用灌砂法取样应为每层压实后的全部深度。

(4) 填土压实后的干密度应有 90%以上符合设计要求，其余 10%的最低值与设计值之差，不得大于 0.08t/m³，且不应集中。

(5) 填方施工结束后应检查标高、边坡坡度、压实程度等，检验标准参见表 4.2.27。

**表 4.2.27** **填土工程质量检验标准** 单位：mm

| 项 | 序 | 检验项目 | 允许偏差或允许值 | | | | | 检查方法 |
|---|---|---|---|---|---|---|---|---|
| | | | 桩基、基坑、基槽 | 场地平整 | | 管沟 | 地（路）面基础层 | |
| | | | | 人工 | 机械 | | | |
| 主控项目 | 1 | 标高 | −50 | ±30 | ±50 | −50 | −50 | 水准仪 |
| | 2 | 分层压实系数 | 设计要求 | | | | | 按规定方法 |
| 一般项目 | 1 | 回填土料 | 设计要求 | | | | | 取样检查或直观鉴别 |
| | 2 | 分层厚度及含水量 | 设计要求 | | | | | 水准仪及抽样检查 |
| | 3 | 表面平整度 | 20 | 20 | 30 | 20 | 20 | 用靠尺或水准仪 |

**4.2.5.9** 土方开挖与回填安全技术措施

(1) 基坑开挖时，两人操作间距应大于 2.5m。多台机械开挖，挖土机间距应大于 10m。在挖土机工作范围内，不许进行其他作业。挖土应由上而下，逐层进行，严禁先挖坡脚或逆坡挖土。

(2) 挖土方不得在危岩、孤石的下边或贴近未加固的危险建筑物的下面进行。

(3) 基坑开挖应严格按要求放坡。操作时应随时注意土壁的变动情况，如发现有裂纹或部分坍塌现象，应及时进行支撑或放坡，并注意支撑的稳固和土壁的变化。当采取不放坡开挖，应设置临时支护，各种支护应根据土质及基坑深度经计算确定。

(4) 机械多台阶同时开挖，应验算边坡的稳定。挖土机离边坡应有一定的安全距离，以防坍方，造成翻机事故。

(5) 在有支撑的基坑槽中使用机械挖土时，应防止碰坏支撑。在坑槽边使用机械挖土时，应计算支撑强度，必要时应加强支撑。

(6) 基坑槽和管沟回填土时，下方不得有人，所使用的打夯机等要检查电器线路，防止漏电、触电。停机时要关闭电闸。

(7) 拆除护壁支撑时，应按照回填顺序，从下而上逐步拆除；更换支撑时，必须先安

装新的，再拆。

### 4.2.6 职业活动训练

（1）试依据杨凌职业技术学院单位工程实训场施工图编制土方开挖方案。

（2）试依据杨凌职业技术学院操场南侧排水沟施工图编制土方开挖方案。

## 附：陕西省土方机械化施工工期参考表

**陕西省土方机械化施工工期参考表**

| 挖深（m） | 工程量（$m^3$） | 工期（d） |
|---|---|---|
| 5以内 | 1000以内 | 2 |
| | 2000以内 | 4 |
| | 3000以内 | 6 |
| | 4000以内 | 8 |
| | 5000以内 | 10 |
| | 6000以内 | 11 |
| | 7000以内 | 13 |
| | 8000以内 | 15 |
| | 9000以内 | 17 |
| | 10000以内 | 19 |
| | 12000以内 | 21 |
| | 14000以内 | 23 |
| | 16000以内 | 26 |
| | 18000以内 | 30 |
| | 20000以内 | 34 |
| | 25000以内 | 44 |
| | 每增1000加工期 | 2 |
| 10以内 | 2000以内 | 6 |
| | 3000以内 | 8 |
| | 4000以内 | 10 |
| | 5000以内 | 12 |
| | 6000以内 | 14 |
| | 7000以内 | 16 |
| | 8000以内 | 18 |
| | 9000以内 | 20 |
| | 10000以内 | 22 |
| | 12000以内 | 24 |
| | 14000以内 | 26 |
| | 16000以内 | 28 |
| | 18000以内 | 30 |
| | 20000以内 | 35 |
| | 25000以内 | 38 |
| | 30000以内 | 44 |
| | 35000以内 | 50 |
| | 40000以内 | 58 |
| | 每增1000加工期 | 2 |
| 10以外 | 4000以内 | 12 |
| | 5000以内 | 14 |
| | 6000以内 | 16 |
| | 7000以内 | 18 |
| | 8000以内 | 20 |
| | 9000以内 | 22 |
| | 10000以内 | 24 |
| | 12000以内 | 26 |
| | 14000以内 | 28 |
| | 16000以内 | 30 |
| | 18000以内 | 34 |
| | 20000以内 | 36 |
| | 25000以内 | 40 |
| | 30000以内 | 46 |
| | 35000以内 | 52 |
| | 40000以内 | 60 |
| | 45000以内 | 65 |
| | 50000以内 | 72 |
| | 每增1000加工期 | 2 |

注 本工期来源于2002年《全国统一建筑安装工程工期定额》，中国计划出版社。

# 学习情境5　基 坑 工 程 施 工

## 学习单元5.1　基坑工程施工的认知

### 5.1.1　学习目标

通过本单元学习，初步认识基坑工程施工的内容，会基坑工程的设计原则，能对基坑工程进行分类。

### 5.1.2　学习任务

根据学习目标，熟悉基坑工程施工的主要内容，掌握基坑工程的设计原则，了解基坑工程的安全等级。

### 5.1.3　学习内容

基坑工程的内容是本单元的重点，基坑工程的设计原则与支护结构的安全等级是本单元的主要内容。

### 5.1.4　任务实施

近年来我国随着经济建设和城市建设的快速发展，地下工程愈来愈多。高层建筑的多层地下室、地铁车站、地下车库、地下商场、地下仓库和地下人防工程等施工时都需开挖较深的基坑，有的高层建筑多层地下室平面面积达数万平方米，深度有的达几十米，施工难度较大。

深基坑工程的出现，促进了设计计算理论的提高和施工工艺的发展，通过大量的工程实践和科学研究，逐步形成了基坑工程这一新的学科，它涉及多个学科，是土木工程领域内目前发展最迅速的学科之一，也是工程实践要求最迫切的学科之一。对基坑工程进行正确的设计和施工，能带来巨大的经济和社会效益，对加快工程进度和保护周围环境能发挥重要作用。

#### 5.1.4.1　基坑开挖

基坑开挖的施工工艺一般有两种：放坡开挖（无支护开挖）和在支护体系保护下开挖（有支护开挖）。前者既简单又经济，在空旷地区或周围环境允许时能保证边坡稳定的条件下应优先选用。在城市中心地带、建筑物稠密地区，往往不具备放坡开挖的条件。因为放坡开挖需要基坑平面以外有足够的空间供放坡之用，如在此空间内存在邻近建（构）筑物基础、地下管线、运输道路等，都不允许放坡，此时就只能采用在支护结构保护下进行垂直开挖的施工方法。对支护结构的要求，主要是创造条件便于基坑土方的开挖，但在建（构）筑物稠密地区更重要的是保护周围的环境。

基坑土方的开挖是基坑工程的一个重要内容，基坑土方如何组织开挖，不但影响工期、造价，而且还影响支护结构的安全和变形值，直接影响环境的保护。为此，对较大的基坑工程一定要编制较详细的土方工程的施工方案，确定挖土机械、挖土的工况、挖土的顺序、土方外运方法等。

在软土地区地下水位往往较高，采用的支护结构一般要求降水或挡水。在开挖基坑土方过程中坑外的地下水在支护结构阻挡下，一般不会进入坑内，但如土质含水量过高、土质松软，挖土机械下坑挖土和浇筑围护墙的支撑有一定困难。此外，在围护墙的被动土压力区。通过降低地下水位还可使土体产生固结，有利于提高被动土压力，减少支护结构的变形。所以在软土地区对深度较大的大型基坑，在坑内都进行降低地下水位，以便利基坑土方开挖和有利于保护环境。

支护结构的计算理论和计算手段，近年虽有很大提高，但由于影响支护结构的因素众多，土质的物理力学性能、计算假定、土方开挖方式、降水质量、气候因素等都对其产生影响。因此其内力和变形的计算值和实测值往往存在一定差距。为有利于信息化施工，在基坑土方开挖过程中，随时掌握支护结构内力和变形的发展情况、地下水位的变化、基坑周围保护对象（邻近的地下管线、建筑物基础、运输道路等）的变形情况，对重要的基坑工程都要进行工程监测．它亦成为基坑工程的内容之一。为此，基坑工程包括勘测；支护结构的设计和施工；基坑土方工程的开挖和运输；控制地下水位；基坑土方开挖过程中的工程监测和环境保护等。

#### 5.1.4.2　基坑工程的设计与基坑安全等级的分级

1. 基坑支护结构的极限状态设计

根据中华人民共和国行业标准《建筑基坑支护技术规程》(JGJ 120—99) 的规定，基坑支护结构应采用以分项系数表示的极限状态设计方法进行设计。

基坑支护结构的极限状态，可以分为下列两类：

(1) 承载能力极限状态。这种极限状态，对应于支护结构达到最大承载能力或土体失稳、过大变形导致支护结构或基坑周边环境破坏。

(2) 正常使用极限状态。这种极限状态，对应于支护结构的变形已妨碍地下结构施工，或影响基坑周边环境的正常使用功能。

基坑支护结构均应进行承载能力极限状态的计算，对于安全等级为一级及对支护结构变形有限定的二级建筑基坑侧壁，尚应对基坑周边环境及支护结构变形进行验算。

2. 基坑支护结构的安全等级分级

JGJ 120—99 规定，其坑侧壁的安全等级分为三级，不同等级采用相对应的重要性系数 $\gamma_0$，基坑侧壁的安全等级分级见表 5.1.1。

**表 5.1.1　基坑侧壁安全等级及重要性系数**

| 安全等级 | 破 坏 后 果 | 重要性系数 $\gamma_0$ |
|---|---|---|
| 一 | 支护结构破坏、土体失稳或过大变形对基坑周边环境及地下结构施工影响很严重 | 1.10 |
| 二 | 支护结构破坏、土体失稳或过大变形对基坑周边环境及地下结构施工影响一般 | 1.00 |
| 三 | 支护结构破坏、土体失稳或过大变形对基坑周边环境及地下结构施工影响不严重 | 0.90 |

注　有特殊要求的建筑基坑侧壁安全等级可根据具体情况另行确定。

支护结构设计，应考虑其结构水平变形、地下水的变化对周边环境的水平与竖向变形的影响。对于安全等级为一级的和对周边环境变形有限定要求的二级建筑基坑侧壁，应根据周边环境的重要性、对变形适应能力和土的性质等因素，确定支护结构的水平变形

限值。

当地下水位较高时，应根据基坑及周边区域的工程地质条件、水文地质条件、周边环境情况和支护结构形式等因素，确定地下水的控制方法。当基坑周围有地表水汇流、排泄或地下水管渗漏时，应妥善对基坑采取保护措施。

对于安全等级为一级及对支护结构变形有限定的二级建筑基坑侧壁，应对基坑周边环境及支护结构变形进行验算。

基坑工程分级的标准，各种规范和各地也不尽相同，各地区、各城市根据自己的特点和要求作了相应的规定，以便于进行岩土勘察、支护结构设计、审查基坑工程施工方案等用。

《建筑地基基础工程施工质量验收规范》（GB 50202—2002）对基坑分级和变形监控值规定见表5.1.2。

**表5.1.2** 基坑变形的监控值 单位：cm

| 基坑类别 | 围护结构墙顶位移监控值 | 围护结构墙体最大位移监控值 | 地面最大沉降监控值 |
|---|---|---|---|
| 一 级 | 3 | 5 | 3 |
| 二 级 | 6 | 8 | 6 |
| 三 级 | 8 | 10 | 10 |

**注** 1. 符合下列情况之一，为一级基坑。

(1) 重要工程或支护结构做主体结构的一部分。

(2) 开挖深度大于10m。

(3) 与临近建筑物、重要设施的距离在升挖深度以内的基坑。

(4) 基坑范围内有历史文物、近代优秀建筑、重要管线等镒严加保护的基坑。

2. 三级基坑为升挖深度小于7m，周围环境无特别要求的基坑。

3. 除一级和三级外的基坑属二级基坑。

4. 与周围已有的设施有特殊要求时，尚应符合这些要求。

对地铁、隧道等大型地下设施安全保护区范围内的基坑工程，以及城市生命线工程或对位移有特殊要求的精密仪器使用场所附近的基坑工程，应遵照有关的孥门文件或规定执行。

### 5.1.5 职业活动训练

(1) 组织学生参观基坑开挖与支护现场。

(2) 试依据杨凌职业技术学院单位工程实训场施工图确定基坑支护安全等级。

## 学习单元5.2 基坑工程勘察

### 5.2.1 学习目标

通过本单元的学习，能进行基本的岩土勘察，会对周围环境进行勘察，能进行工程的地下结构设计资料的调查。

### 5.2.2 学习任务

根据学习目标，熟悉基坑工程的岩土勘察工作，掌握基坑工程施工的周围环境勘察工作，了解工程的地下结构设计资料。

### 5.2.3　任务分析

基坑工程的岩土勘察是本单元的基础，周围环境勘察是本单元的重点，工程的地下结构设计资料调查是本单元的主要内容。

### 5.2.4　任务实施

为了正确地进行支护结构设计和合理地组织施工，在进行支护结构设计之前。需要对影响基坑支护结构设计和施工的基础资料，全面地进行收集，并加以深入了解和分析，以便其能很好地为基坑支护结构的设计和施工服务。

在进行支护结构设计之前，主要需要收集下面三方面的资料：工程地质和水文地质资料；场地周围环境及地下管线状况；地下结构设计资料。现分述如下。

#### 5.2.4.1　岩土勘察

基坑工程的岩土勘察一般不单独进行，应与主体建筑的地基勘察同时进行。在制定地基勘察方案时，除满足主体建筑设计要求外，同时应满足基坑工程设计和施工要求。因此，宜统一布置勘察要求。如果已经有了勘察资料，但其不能满足基坑工程设计和施工要求时，宜再进行补充勘察。

1. 岩土勘察资料调查

基坑工程的岩土勘察一般应提供下列资料：

（1）场地土层的成因类型、结构特点、土层性质及夹砂情况。

（2）基坑及围护墙边界附近，场地填土、暗浜、古河道及地下障碍物等不良地质现象的分布范围与深度，并表明其对基坑的影响。

（3）场地浅层潜水和坑底深部承压水的埋藏情况、土层的渗流特性及产生管涌、流砂的町能性。

（4）支护结构设计和施工所需的土、水等参数。

岩土勘察测试的土工参数，应根据基坑等级、支护结构类型、基坑工程的设计和施工要求而定，一般基坑工程设计和施工要求提供的勘探资料和土工参数见表5.2.1。

**表5.2.1　　基坑工程设计和施工所需的勘探资料和土工参数**

<table>
<tr><td>标高（m）</td><td>压缩指数 $C_c$</td><td>液限 $\omega_L$（%）</td><td colspan="2">总应力抗剪强度</td></tr>
<tr><td>深度（m）</td><td>固结系数 $C_v$</td><td>塑限 $\omega_P$（%）</td><td colspan="2">有效抗剪强度</td></tr>
<tr><td>层厚（m）</td><td>回弹系数 $C_s$</td><td>塑性指数 $IP$</td><td colspan="2">无侧限抗压强度 $q_u$（kPa）</td></tr>
<tr><td>土的名称</td><td>超固结比 $O_{CR}$</td><td>孔隙比 $e$</td><td colspan="2">十字板抗剪强度 $c_u$（kPa）</td></tr>
<tr><td>土天然重度 $\gamma_c$（kN/m³）</td><td>内摩擦角 $\varphi$（°）</td><td>不均匀系数（$d_{60}/d_{10}$）</td><td rowspan="2">渗透系数（cm/s）</td><td>水平 $k_h$</td></tr>
<tr><td>天然含水量 $\omega$（%）</td><td>黏聚力 $c$（kPa）</td><td>压缩模量 $E_s$（MPa）</td><td>垂直 $k_v$</td></tr>
</table>

对特殊的不良土层，尚需查明其膨胀性、湿陷性、触变性、冻胀性、液化势等参数。

在基坑范围内土层夹砂变化较复杂时，宜采用现场抽水试验方法，测定土层的渗透系数。内摩擦角和黏聚力宜采用直剪固结快剪试验取得，要提供峰值和平均值。

总应力抗剪强度和有效抗剪强度宜采用三轴固结不排水剪试验、直剪慢剪试验取得。

当支护结构设计需要尺寸，还可采用专门原位测试方法，测定设计所需的基床系数等

参数。

2. 地下水位的勘察

基坑范围及附近的地下水位情况，对基坑工程设计和施工有直接影响，尤其在软土地区和附近有水体时。为此在进行岩土勘察时，应提供下列数据和情况：

(1) 地下各含水层的视见水位和静止水位。

(2) 地下各土层中水的补给情况和动态变化情况，与附近水体的连通情况。

(3) 基坑坑底以下承压水的水头高度和含水层的界面。

(4) 当地下水对支护结构有腐蚀性影响时，应查明污染源及地下水流向。

3. 地下障碍物的调查

地下障碍物的勘察，对基坑工程的顺利进行十分重要。在基坑开挖之前，要弄清基坑范围内和围护墙附近地下障碍的性质、规模、埋深等，以便采用适当措施加以处理。勘察重点内容如下：

(1) 是否存在旧建（构）筑物的基础和桩。

(2) 是否存在废弃的地下室、水池、设备基础、人防工程、废井、驳岸等。

(3) 是否存在厚度较大的工业垃圾和建筑垃圾。

**5.2.4.2 周围环境勘察**

基坑开挖带来的水平位移和地层沉降会影响周围邻近建（构）筑物、道路和地下管线，该影响如果超过一定范围，则会影响正常使用或带来较严重的后果。所以基坑工程设计和施工，一定要采用措施保护周围环境，使该影响限制在允许范围内。

为限制基坑施工的影响，在施工前要对周围环境进行应有的调查，做到心中有数，以便采取针对性的有效措施。

1. 基坑周围邻近建（构）筑物状况调查

在大中城市建筑物稠密地区进行基坑工程施工，宜对下述内容进行调查。

(1) 周围建（构）筑物的分布，及其与基坑边线的距离。

(2) 周围建（构）筑物的上部结构形式、基础结构及埋深、有无桩基和对沉降差异的敏感程度，需要时要收集和参阅有关的设计图纸。

(3) 周围建筑物是否属于历史文物或近代优秀建筑或对使用有特殊严格的要求。

(4) 如周围建（构）筑物在基坑开挖之前已经存在倾斜、裂缝、使用不正常等情况，需通过拍片、绘图等手段收集有关资料。必要时要请有资质的单位事先进行分析鉴定。

2. 基坑周围地下管线状况调查

在大中城市进行基坑工程施工，基坑周围的主要管线为煤气、上水、下水和电缆。

(1) 煤气管道。应调查掌握下述内容：与基坑的相对位置、埋深、管径、管内压力、接头构造、管材、每个管节长度、埋设年代等。

煤气管的管材一般为钢管和铸铁管，管节长度约4～6m，管径常用100mm、150mm、200mm、250mm、300mm、400mm、500mm。铸铁管接头构造为承插连接、法兰连接和机械连接；钢管多为焊接或法兰连接。

(2) 上水管道。应调查掌握下述内容：与基坑的相对位置、埋深、管径、管材、管节长度、接头构造、管内水压、埋设年代等。

上水管常用的管材有铸铁管、钢筋混凝土管和钢管，管节长度约3～5m，管径为100～2000mm。铸铁管接头多为承插式接头和法兰接头；钢筋混凝土管多为承插式接头；钢管多用焊接。

(3) 下水管道。应调查掌握下述内容：与基坑的相对位置、管径、埋深、管材、管内水压、管节长度、基础形式、接头构造、窨井间距等。

下水管道多用预制钢筋混凝土管，其接头有承插式、企口式、平口式等，管径为300～2400mm。

(4) 电缆。电缆种类很多，有高压电缆、通信电缆、照明电缆、防御设备电缆等。有的放在电缆沟内，有的架空，有的用共同沟，多种电缆放在一起。

电缆有普通电缆与光缆之分，光缆的要求更高。

对电缆应通过调查掌握下述内容：与基坑的相对位置、埋深（或架空高度）、规格型号、使用要求、保护装置等。

3. 基坑周围邻近的地下构筑物及设施的调查

如基坑周围邻近有地铁隧道、地铁车站、地下车库、地下商场、地下通道、人防、管线共同沟等，亦应调查其与基坑的相对位置、埋设深度、基础形式与结构形式、对变形与沉降的敏感程度等。这些地下构筑物及设施往往有较高的要求，进行邻近深基坑施工时要采取有效措施。

4. 周围道路状况调查

在城市繁华地区进行基坑工程，邻近常有道路。这些道路的重要性不相同，有些是次要道路，而有些则属城市干道，一旦因为变形过大而破坏，会产生严重后果。道路状况与施工运输亦有关。为此. 在进行深基坑施工之前应调查下述内容：

(1) 周围道路的性质、类型、与基坑的相对位置。

(2) 交通状况与重要程度。

(3) 交通通行规则（单行道、双行道、禁止停车等）。

(4) 道路的路基与路面结构。

5. 周围的施工条件调查

基坑现场周围的施工条件，对基坑工程设计和施工有直接影响，事先必须加以调查了解。

(1) 施工现场周围的交通运输、商业规模等特殊情况，了解在基坑工程施工期间对土方和材料、混凝土等运输有无限制，必要时是否允许阶段性封闭施工等，这对选择施工方案有影响。

(2) 了解施工现场附近对施工产生的噪声和振动的限制。如对施工噪声和振动有严格的限制，则影响桩型选择和支护结构的爆破拆除混凝土支撑。

(3) 了解施工场地条件，是否有足够场地供运输车辆运行、堆放材料、停放施工机械、加工钢筋等，以便确定是全面施工、分区施工还是用逆作法施工。

**5.2.4.3** 工程的地下结构设计资料调查

主体工程地下结构设计资料，是基坑工程设计的重要依据之一，应周密进行收集和了解。

基坑工程设计多在主体工程设计结束施工图完成之后，基坑工程施工之前进行。但为了使基坑工程设计与主体工程之间协调，使基坑工程的实施能更加经济，对大型深基坑工程，应在主体结构设计阶段就着手进行，以便协调基坑工程与主体工程结构之间的关系。如地下结构用逆作法施工，则围护墙和中间支承柱（中柱桩）的布置就需与主体工程地下结构设计密切结合；如大型深基坑工程支护结构的设计，其立柱的布置、多层支撑的布置和换撑等，皆与主体结构工程桩的布置、地下结构底板和楼盖标高等密切有关。

进行基坑工程设计之前，应对下述地下结构设计资料进行了解：

(1) 主体工程地下室的平面布置和形状，以及与建筑红线的相对位置。这是选择支护结构形式、进行支撑布置等必须参考的资料。如基坑边线贴近建筑红线，便需选择厚度较小的支护结构的围护墙；如平面尺寸大、形状复杂，则在布置支撑时需加以特殊处理。

(2) 主体工程基础的桩位布置图。在进行围护墙布置和确定立柱位置时，必须了解桩位布置。尽最利用工程桩作为立柱桩，以降低支护结构费用，实在无法利用工程桩时才另设立柱桩。

(3) 主体结构地下室的层数、各层楼板和底板的布置与标高，以及地面标高。根据天然地面标高和地下室底板底标高，便可确定基坑开挖深度，这是选择支护结构形式、确定降水和挖土方案的重要依据。

了解各层楼盖和底板的布置，则便于支撑的竖向布置和确定支撑的换撑方案，如楼盖局部缺少时，还需考虑水平支撑换撑时如何传力等。

### 5.2.5　职业活动训练

(1) 试依据杨凌职业技术学院单位工程实训场施工图编制基坑工程勘察方案。

(2) 组织学生学习某典型工程的基坑工程勘察方案。

## 学习单元5.3　支护结构的施工

### 5.3.1　学习目标

通过本单元的学习，能根据支护结构的组成对其进行分类与选型，会对不同类型的支护结构进行施工。

### 5.3.2　学习任务

根据学习目标，熟悉基坑工程支护结构的组成及其类型，掌握支护结构的选型，熟悉支护结构的施工工艺。

### 5.3.3　任务分析

支护结构的分类和组成是本单元的基础，对支护结构进行选型是本学习单元的主要内容，支护结构的施工工艺是本单元的重点。

### 5.3.4　任务实施

#### 5.3.4.1　支护结构的分类和组成

支护结构（包括围护墙和支撑）按其工作机理和围护墙的形式分为下列几种类型：

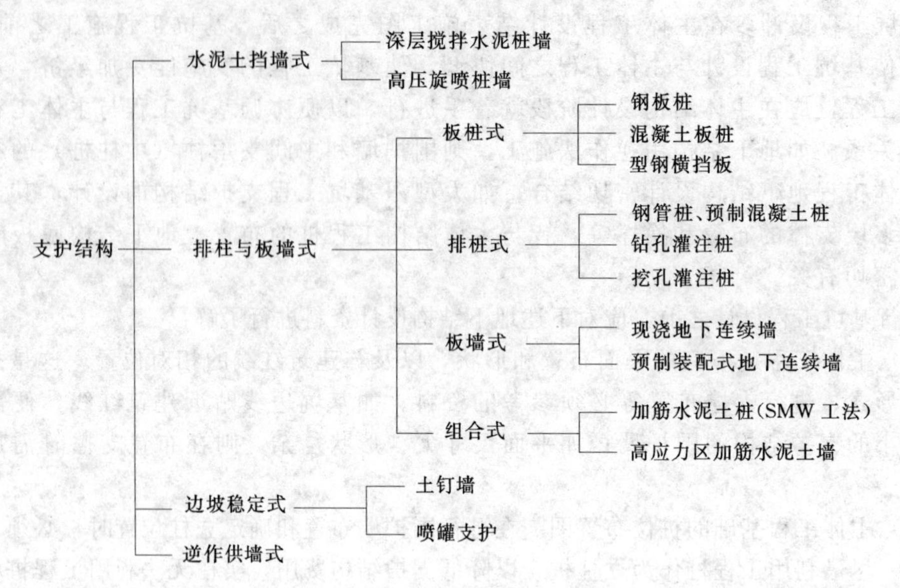


水泥土挡墙式，依靠其本身自重和刚度保护坑壁，一般不设支撑，特殊情况下经采取措施后亦可局部加设支撑。

排桩与板墙式，通常由围护墙、支撑（或土层锚杆）及防渗帷

土钉墙由密集的土钉群、被加固的原位土体、喷射的混凝土面层等组成。

现将常用的几种支护结构介绍如下。

*1. 深层搅拌水泥土桩墙*

深层搅拌水泥土桩围护墙是用深层搅拌机就地将土和输入的水泥浆强制搅拌，形成连续搭接的水泥土柱状加固体挡墙（图 5.3.1）。

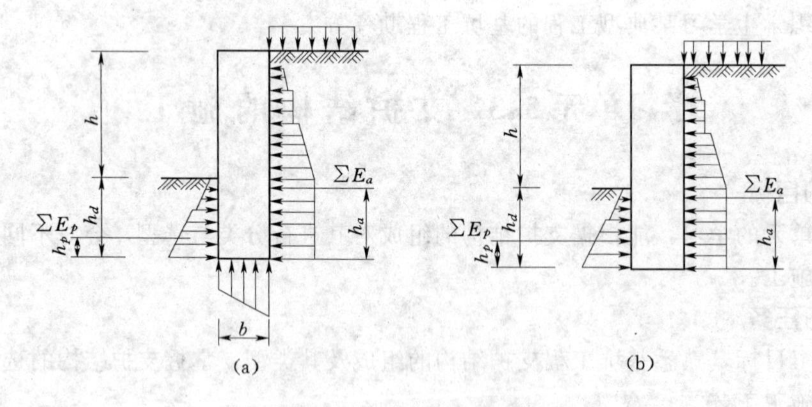


图 5.3.1 水泥土桩围护墙

(a) 砂土及碎打土；(b) 黏性土及粉土

水泥土加固体的渗透系数不大于 $1\times10^{-7}$cm/s，能止水防渗，因此这种围护墙属重力式挡墙，利用其本身重量和刚度进行挡土和防渗，具有双重作用。

水泥土围护墙截面呈格栅形，相邻桩搭接长宽不小于 200mm，截面置换率对淤泥不宜小于 0.8，淤泥质土不宜小于 0.7，一般黏性土、黏土及砂土不宜小于 0.6。格栅长度

比不宜大于2。

墙体宽度$b$和插入深度$h_1$，根据坑深、土层分布及其物理力学性能、周围环境情况、地面荷载等计算确定。在软土地区当基坑开挖深度$h \leqslant 5$m时，可按经验取$b=(0.6\sim0.8)h$，$h_a=(0.8\sim1.2)h$。基坑深度一般不应超过7m，此种情况下较经济。墙体宽度以500mm进位，即$b$=2.7m、3.2m、3.7m、4.2m等。插入深度前后排可稍有不同。

水泥土加固体的强度取决于水泥掺入比（水泥重量与加固土体重量的比值），围护墙常用的水泥掺入比为12%～14%。常用的水泥品种是强度等级为32.5的普通硅酸盐水泥。

水泥土围护墙的强度以龄期1个月的无侧限抗压强度$q_u$为标准，应不低于0.8MPa，水泥土围护墙未达到设计强度前不得开挖基坑。

如为改善水泥土的性能和提高早期强度，可掺加木钙、三乙醇胺、氯化钙、碳酸钠等。

水泥土的施工质量对围护墙性能有较大影响。要保护设计规定的水泥掺和黄，要严格控制桩位和桩身垂直度；要控制水泥浆的水灰比0.45，否则桩身强度难以保证；要搅拌均匀，采用二次搅拌工艺，喷浆搅拌时控制好钻头的提升或下沉速度；要限制相邻桩的施工间歇时间，以保证搭接成整体。

水泥土围护墙的优点：由于坑内无支撑，便于机械化快速挖土；具有挡土、挡水的双重功能；一般比较经济。其缺点是不宜用于深基坑、一般不宜大于6m；位移相对较大，尤其在基坑长度大时。当基坑长度大时可采取中间加墩、起拱等措施以限制过大的位移；其次是厚度较大，红线位置和周围环境要做得出才行，而且水泥土搅拌桩施工时要注意防止影响周围环境。水泥土围护墙宜用于基坑侧壁安全等级为二、三级者；地基土承载力不宜大于150kPa。

高压旋喷桩所用的材料亦为水泥浆，只是施工机械和施工工艺不同。它是利用高压经过旋转的喷嘴将水泥浆喷入土层与土体混合形成水泥土加固体，相互搭接形成桩排，用来挡土和止水。高压旋喷桩的施工费用要高于深层搅拌水泥土桩，但它可用于空间较小处。施工时要控制好上提速度、喷射压力和水泥浆喷射量。

2. 钢板桩

(1) 槽钢钢板桩。它是一种简易的钢板桩围护墙，由槽钢正反扣搭接或并排组成。槽钢长6～8m，型号由计算确定。打入地下后顶部接近地面处设一道拉锚或支撑。由于其截面抗弯能力弱，一般用于深度不超过4m的基坑。由于搭接处不严密，一般不能完全止水。如地下水位高。需要时可用轻型井点降低地下水位。一般只用于一些小型工程。其优点是材料来源广，施工简便，可以重复使用。

(2) 热轧锁口钢板桩。热轧锁口钢板桩的形式有U形、L形、一字形、H形和组合型。建筑工程中常用前两种，基坑深度较大时才用后两种，但我国较少用。我国生产的鞍Ⅳ型钢板桩为“拉森式”（U形），其截面宽400mm，高310mm，重77kg/m，每延米桩墙的截面模量为2042cm$^3$。除国产者外，我国也使用一些从日本、卢森堡等国进口的钢板桩。钢板桩由于一次性投资大，施工中多以租赁方式租用，用后拔出归还。

钢板桩的优点是材料质量可靠，在软土地区打设方便，施工速度快而且简便；有一定的挡水能力（小趾口者挡水能力更好）；可多次重复使用；一般费用较低。其缺点是一般的钢板桩刚度不够大，用于较深的基坑时支撑（或拉锚）工作量大，否则变形较大；在透水性较好的土层中不能完全挡水；拔除时易带土，如处理不当会引起土层移动，可能危害周围的环境。常用的U形钢板桩，多用于周围环境要求不甚高的深5～8m的基坑，视支撑（拉锚）加设情况而定。

3. 型钢横挡板

型钢横挡板围护墙亦称桩板式支护结构。这种围护墙由工字钢（或H形钢）桩和横挡板（亦称衬板）组成，再加上围檩、支撑等则形成一种支护体系。施工时先按一定间距打设工字钢或H形钢桩，然后在开挖土方时边挖边加设横挡板。施工结束拔出工字钢或H形钢桩，并在安全允许条件下尽可能回收横挡板。横挡板直接承受土压力和水压力，由横挡板传给工字钢桩，再通过围檩传至支撑或拉锚。横挡板长度取决于工字钢桩的间距和厚度，由计算确定；多用厚度60mm的木板或预制钢筋混凝土薄板。

型钢横挡板围护墙多用于土质较好、地下水位较低的地区，我国北京地下铁道工程和某些高层建筑的基坑工程曾使用过。

4. 钻孔灌注桩

根据目前的施工工艺，钻孔灌注桩为间隔排列，缝隙不小于100mm，因此它不具备挡水功能，需另做挡水帷幕，目前我国应用较多的是厚1.2m的水泥土搅拌桩。用于地下水位较低地区则不需做挡水帷幕。

钻孔灌注桩施工无噪声、无振动、无挤土，刚度大，抗弯能力强，变形较小，几乎在全国都有应用。多用于基坑侧壁安全等级为一、二、三级，坑深7～15m的基坑工程，在土质较好地区已有8～9m悬臂桩，在软土地区多加设内支撑（或拉锚），悬臂式结构不宜大于5m。桩径和配筋计算确定，常用直径600mm、700mm、800mm、900mm、1000mm。有的工程为不用支撑简化施工，采用相隔一定距离的双排钻孔灌注桩与桩顶横梁组成空间结构围护墙，使悬臂桩围护墙可用于－14.5m的基坑。

如基坑周围狭窄，不允许在钻孔灌注桩后再施工1.2m厚的水泥土桩挡水帷幕时，可考虑在水泥土桩中套打钻孔灌注桩。

5. 挖孔桩

挖孔桩围护墙也属桩排式围护墙，多在我国东南沿海地区使用。其成孔是人工挖土，多为大直径桩，宜用于土质较好地区。如土质松软、地下水位高时，需边挖土边施工衬圈，衬圈多为混凝土结构。在地下水位较高地区施工挖孔桩，还要注意挡水问题。否则地下水大量流入桩孔，大量的抽排水会引起邻近地区地下水位下降，因土体固结而出现较大的地面沉降。

挖孔桩由于人下孔开挖，便于检验土层，亦易扩孔；可多桩同时施工，施工速度可保证；大直径挖孔桩用作围护桩可不设或少设支撑。但挖孔桩劳动强度高，施工条件差，如遇有流砂还有一定危险。

6. 地下连续墙

地下连续墙是于基坑开挖之前，用特殊挖槽设备在泥浆护壁之下开挖深槽，然后下钢筋笼浇筑混凝土形成的地下土中的混凝土墙。

我国于20世纪70年代后期开始出现壁板式地下连续墙。此后用于深基坑支护结构。目前常用的厚度为600mm、800mm、1000mm，多用于－12m以下的深基坑。

地下连续墙用作围护墙的优点是：施工时对周围环境影响小，能紧邻建（构）筑物等进行施工；刚度大、整体性好，变形小，能用于深基坑；处理好接头能较好地抗渗止水；如用逆作法施工，可实现两墙合一，能降低成本。

由于具备上述优点，我国一些重大、著名的高层建筑的深基坑，多采用地下连续墙作为支护结构围护墙。适用于基坑侧壁安全等级为一、二、三级者；在软土中悬臂式结构不宜大于5m。

地下连续墙如单纯用作围护墙，只为施工挖土服务则成本较高；泥浆需妥善处理，否则影响环境。

7. 加筋水泥土桩法（SMW工法）

SMW工法，即在水泥土搅拌桩内插入H形钢，使之成为同时具有受力和抗渗两种功能的支护结构围护墙（图5.3.2）。坑深大时亦可加设支撑。国外已用于坑深－20m的基坑，我国已开始应用，用于8～10m基坑。

加筋水泥土桩法施工机械应为三根搅拌轴的深层搅拌机，全断面搅拌，H形钢靠自重可顺利下插至设计标高。

加筋水泥土桩法围护墙的水泥掺入比达20%，因此水泥土的强度较高，与H形钢黏结好，能共同作用。

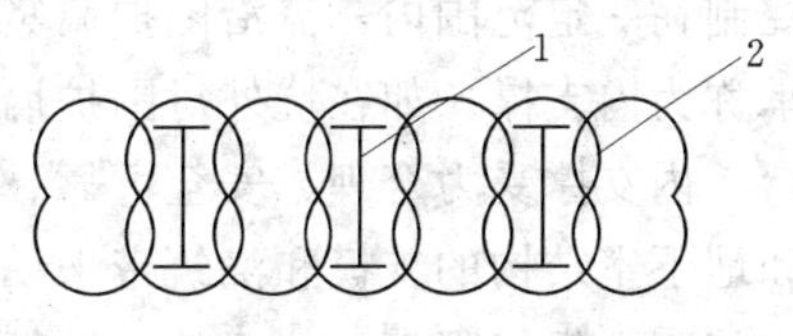


图5.3.2 SMW工法围护墙
1—插在水泥土桩中的H形钢；
2—水泥土桩

8. 土钉墙

土钉墙（图5.3.3）是一种边坡稳定式的支护，其作用与被动起挡土作用的上述围护墙不同，它是起主动嵌固作用，增加边坡的稳定性，使基坑开挖后坡面保持稳定。

施工时，每挖深1.5m左右，挂细钢筋网，喷射细石混凝土面层厚50～100mm，然后钻孔插入钢筋（长10～15m左右，纵、横间距1.5m×1.5m左右），加垫板并灌浆，依次进行直至坑底。基坑坡面有较陡的坡度。

土钉墙用于基坑侧壁安全等级宜为二、三级的非软土场地；基坑深度不宜大于12m；当地下水位高于基坑底面时，应采取降水或截水措施。目前在软土场地亦有应用。

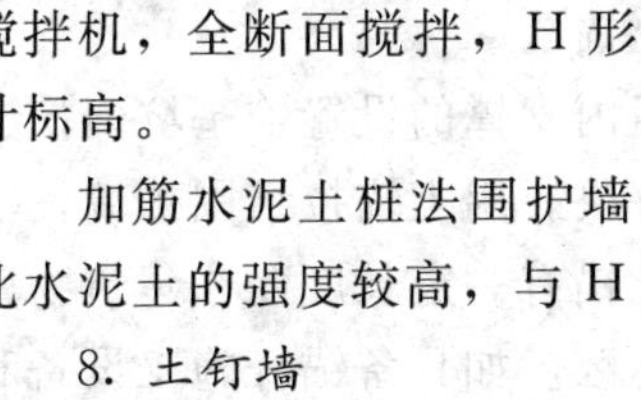

图5.3.3 土钉墙
1—土钉；2—喷射细石混凝土面层；3—垫板

9. 逆作拱墙

当基坑平面形状适合时，可采用拱墙作为围护墙。拱墙有圆形闭合拱墙、椭圆形闭合拱墙和组合拱墙。对于组合拱墙，可将局部拱墙视为两铰拱。

拱墙截面宜为Z字形（图5.3.4），拱壁的上、下端宜加肋梁；当基坑较深，一道Z形拱墙不够时．可由数道拱墙叠合组成［图5.3.4（b）］，或沿拱墙高度设置数道肋梁，肋梁竖向间距不宜小于2.5m。亦可不加设肋梁而用加厚肋壁［图5.3.4（d）］的办法解决。

圆形拱墙壁厚不宜小于400mm，其他拱墙壁厚不宜小

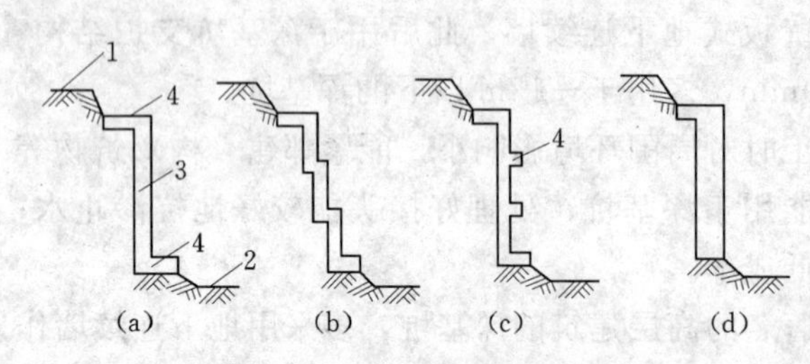


图 5.3.4　拱墙截面示意图

1—地面；2—基坑底；3—拱墙；4—肋梁

于500mm。混凝土强度等级不宜低于C25。拱墙水平方向应通长双面配筋，钢筋总配筋率不小于0.7%。

拱墙在垂直方向应分道施工，每道施工高度视土层直立高度而定，不宜超过2.5m。待上道拱墙合龙且混凝土强度达到设计强度的70%后，才可进行下道拱墙施工。上下两道拱墙的竖向施工缝应错开。错开距离不宜小于2m。拱墙宜连续施工，每道拱墙施工时间不宜超过36h。

逆作拱墙宜用于基坑侧壁安全等级为三级者；淤泥和淤泥质土场地不宜应用；拱墙轴线的矢跨比不宜小于1/8；基坑深度不宜大于12m；地下水位高于基坑底面时，应采取降水或截水措施。

**5.3.4.2**　支护结构的选型

对于排桩、板墙式支护结构，当基坑深度较大时，为使围护墙受力合理和受力后变形控制在一定范围内，需沿围护墙竖向增设支承点，以减小跨度。如在坑内对围护墙加设支承称为内支撑；如在坑外对围护墙设拉支承，则称为拉锚（土锚）。

内支撑受力合理、安全可靠、易于控制围护墙的变形，但内支撑的设置给基坑内挖土和地下室结构的支模和浇筑带来一些不便。需通过换撑加以解决。用土锚拉结围护墙，坑内施工无任何阻挡。位于软土地区土锚的变形较难控制，且土锚有一定长度，在建筑物密集地区如超出红线尚需专门申请。一般情况下，在土质好的地区，如具备锚杆施工设备和技术，应发展土锚；在软土地区为便于控制围护墙的变形，应以内支撑为主。对撑式的内支撑如图5.3.5所示。

支护结构的内支撑体系包括腰梁或冠梁（围檩）、支撑和立柱。腰梁固定在围护墙上，将围护墙承受的侧压力传给支撑（纵、横两个方向）。支撑是受压构件，长度超过一定限度时稳定性不好，所以中间需加设立柱，立柱下端需稳固，立即插入工程桩内，实在对不准工程桩，只得另外专门设置桩（灌注桩）。

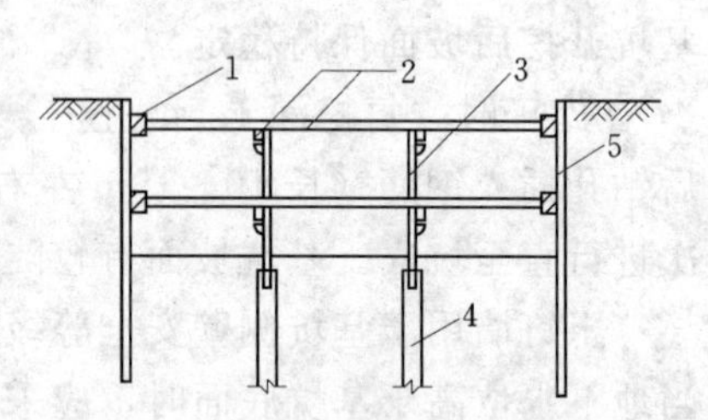


图 5.3.5　对撑式的内支撑

1—腰梁；2—支撑；3—立柱；4—桩（工程桩或专设桩）；5—围护墙

1. 内支撑分类

内支撑按照材料分为钢支撑和混凝土支撑两类。

(1) 钢支撑：钢支撑常用者为钢管支撑和型钢支撑两种。钢管支撑多用$\phi$609钢管，有多种壁厚（10mm、12mm、14mm）可供选择，壁厚大者承载能力高。亦有用较小直径钢管者，如$\phi$580、$\phi$406钢管等；型钢支撑（图5.3.6）多用H型钢，有多种规格以适应不同的承载力。不过作为一种工具式支撑，要考虑能适应多种情况。在纵、横向支撑的交叉部位，可用上下叠交固定（图5.3.6）；亦可用专门加工的“十”形定型接头，以便连接纵、横向支撑构件。前者纵、横向支撑不在一个平面上，整体刚度差；后者则在一个平面上，刚度大，受力性能好。

钢支撑的优点是安装和拆除方便、速度快，能尽快发挥支撑的作用，减小时间效应，

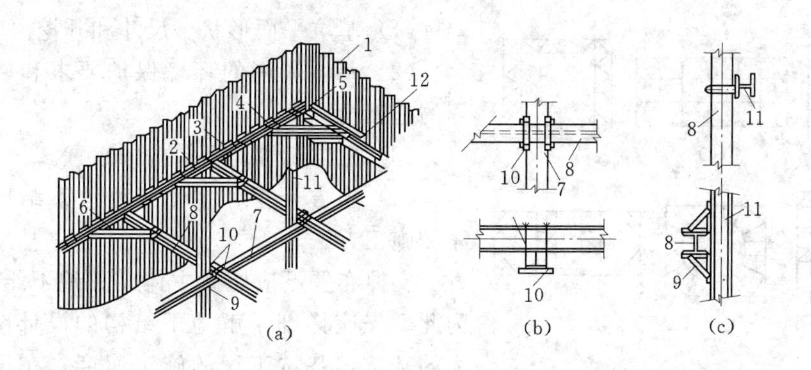


图 5.3.6　型钢支撑构造

(a) 示意图；(b) 纵横支撑连接；(c) 支撑与立柱连接

1—钢板桩；2—型钢围檩；3—连接板；4—斜撑连接件；5—角撑；6—斜撑；7—横向支撑；8—纵向支撑；9—三角托架；10—交叉部紧固件；11—立柱；12—角部连接件

使围护墙因时间效应增加的变形减小；可以重复使用。多为租赁方式，便于专业化施工；可以施加预紧力，还可根据围护墙变形发展情况，多次调整预紧力值以限制围护墙变形发展。其缺点是整体刚度相对较弱，支撑的间距相对较小；由于两个方向施加预紧力，使纵、横向支撑的连接处处于铰接状态。

(2) 混凝土支撑：随着挖土的加深，根据设计规定的位置现场支模浇筑而成。其优点是形状多样性，可浇筑成直线、曲线构件。可根据基坑平面形状，浇筑成最优化的布置型式；整体刚度大，安全可靠，可使围护墙变形小，有利于保护周围环境；可方便地变化构件的截面和配筋，以适应其内力的变化。其缺点是支撑成型和发挥作用时间长，时间效应大，使围护墙因时间效应而产生的变形增大；属一次性的，不能重复利用；拆除相对困难，如用控制爆破拆除，有时周围环境不允许，如用人工拆除，时间较长、劳动强度大。

混凝土支撑的混凝土强度等级多为C30。截面尺寸经计算确定。

腰梁的截面尺寸常用600mm×800mm（高×宽）、800mm×1000mm和1000mm×1200mm；支撑的截面尺寸常用600mm×800mm（高×宽）、800mm×1000mm、800mm×1200mm和1000mm×1200mm。支撑的截面尺寸在高度方向要与腰梁高度相匹配。配筋要经计算确定。

对平面尺寸大的基坑，在支撑交叉点处需设立柱，在垂直方向支承平面支撑。立柱可为四个角钢组成的格构式钢柱、圆钢管或型钢。考虑到承台施工时便于穿钢筋，格构式钢柱较好，应用较多。立柱的下端最好插入作为工程桩使用的灌注桩内，插入深度不宜小于2m，如立柱不对准工程桩的灌注桩，立柱就要作专用的灌注桩基础。

在软土地区有时在同一个基坑中，上述两种支撑同时应用。为了控制地面变形、保护好周围环境，上层支撑用混凝土支撑；基坑下部为了加快支撑的装拆、加快施工速度，采用钢支撑。

从发展看，就该继续完善和推广钢支撑，使钢支撑实现标准化、工具化，建立钢支撑制作、装拆、使用、维修一体化的专业队伍。

2. 内支撑的布置

内支撑的布置要综合考虑下列因素。

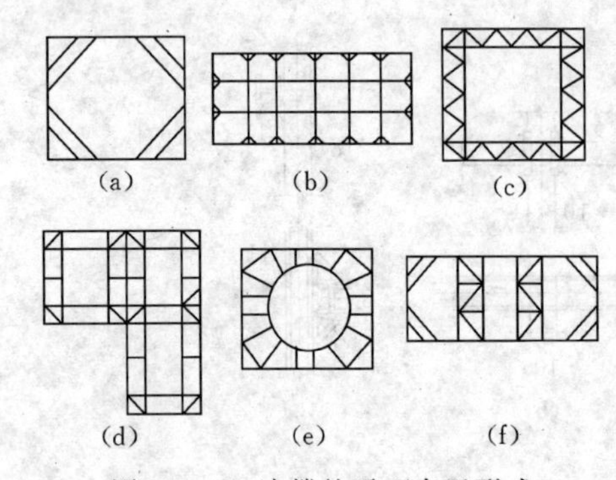


图 5.3.7 支撑的平面布置形式

(a) 角撑；(b) 对撑；(c) 边桁架式；(d) 框架式；(e) 环梁与边框架；(f) 角撑加对撑

(1) 基坑平面形状、尺寸和开挖深度。

(2) 基坑周围的环境保护要求和邻近地下工程的施工情况。

(3) 主体工程地下结构的布置。

(4) 土方开挖和主体工程地下结构的施工顺序和施工方法。

支撑布置不应妨碍主体工程地下结构的施工，为此事先应详细了解地下结构的设计图纸。对于大的基坑，基坑工程的施工速度，在很大程度上取决于土方开挖的速度，为此，内支撑的布置应尽可能便利土方开挖，尤其是机械下坑开挖。相邻支撑之间的水平距离，在结构合理的前提下，尽可能扩大其间距，以便挖土机运作。

支撑体系在平面上的布置形式（图 5.3.7），有角撑、对撑、边桁架式、框架式、环形等。有时在同一基坑中混合使用，如角撑加对撑、环梁与边桁（框）架、环梁加角撑等。主要是因地制宜，根据基坑的平面形状和尺寸设置最适合的支撑。

一般情况下，对于平面形状接近方形且尺寸不大的基坑，宜采用角撑，使基坑中间有较大的空间，便于组织挖土。对于形状接近方形但尺寸较大的基坑，采用环形或桁架式、边框架式支撑，受力性能较好，亦能提供较大的空间便于挖土。对于长片形的基坑宜采用对撑或对撑加角撑，安全可靠，便于控制变形。

钢支撑多为角撑、对撑等直线杆件的支撑。混凝土支撑由于为现浇，任何型式的支撑皆便于施工。

支撑在竖向的布置（图 5.3.8），主要取决于基坑深度、围护墙种类、挖土方式、地下结构各层楼盖和底板的位置等。基坑深度愈大，支撑层数愈多，使围护墙受力合理，不产生过大的弯矩和变形。支撑设置的标高要避开地下结构楼盖的位置，以便于支模浇筑地下结构时换撑。支撑多数布置在楼盖之下和底板之上，其间净距离 $B$ 最好不小于 600mm。支撑竖向间距还与挖土方式有关，如人工挖土，支撑竖向间距 $A$ 不宜小于 3m，如挖土机下坑挖土，$A$ 最好不小于 4m。特殊情况例外。

在支模浇筑地下结构时，在拆除上面一道支撑前，先设换撑，换撑位置都在底板上表面和楼板标高处。如靠近地下室外墙附近楼板有缺失时，为便于传力，在楼板缺失处要增设临时钢支撑。换撑时需要在换撑（多为混凝土板带或间断的条块）达到设计规定的强度、起支撑作用后才能拆除上面一道支撑。换撑工况在计算支护结构时亦需加以计算。

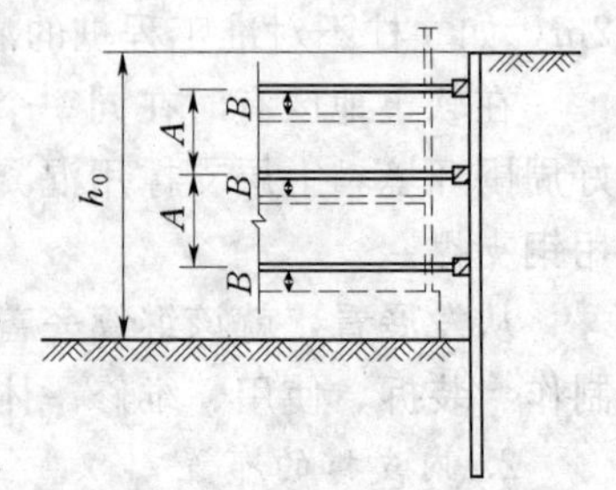


图 5.3.8 支撑竖向布置

### 5.3.5 职业活动训练

(1) 组织学生学习某典型工程基坑支护施工方案或参观基坑支护过程。

(2) 依据杨凌职业技术学院单位建筑施工实训中心施工图编制基坑支护施工方案。

# 学习单元5.4 地 下 水 控 制

## 5.4.1 学习目标

通过本单元的学习，会选择地下水的控制方法，能计算基坑涌水量，会集水明排、降水与截水，会进行降水与排水的施工质量检验。

## 5.4.2 学习任务

根据学习目标，熟悉地下水控制方法，掌握基坑涌水量计算，熟悉集水明排、降水和截水的工艺。

## 5.4.3 任务分析

地下水控制方法的选择是本单元的基础，基坑涌水量的计算是本单元的难点，集水明排、降水与截水工艺是本单元的重点内容。

## 5.4.4 任务实施

基坑工程中的降低地下水亦称地下水控制，即在基坑工程施工过程中，地下水要满足支护结构和挖土施工的要求，并且不因地下水位的变化，对基坑周围的环境和设施带来危害。

### 5.4.4.1 地下水控制方法选择

在软土地区基坑开挖深度超过3m，一般就要用井点降水。开挖深度浅时，亦可边开挖边用排水沟和集水井进行集水明排。地下水控制方法有多种，其适用条件大致见表5.4.1，选择时根据土层情况、降水深度、周围环境、支护结构种类等综合考虑后优选。当因降水而危及基坑及周边环境安全时，宜采用截水或回灌方法。

表 5.4.1 地下水控制方法适用条件

| 方法名称 | | 土 类 | 渗透系数（m/d） | 降水深度（m） | 水文地质特征 |
|---|---|---|---|---|---|
| 集水明排 | | 填土、粉土、黏性土、砂土 | 7～20.0 | <5 | 上层滞水或水量不大的潜水 |
| 降水 | 真空井点 | | 0.1～20.0 | 单级<6<br>多级<20 | |
| | 喷射井点 | | 0.1～20.0 | <20 | |
| | 管井 | 粉土、砂土、碎土、可溶岩、破碎带 | 1.0～200.0 | >5 | 含水丰富的潜水、承压水、裂隙水 |
| 截 水 | | 黏性土、粉土、砂土、碎石土、岩溶土 | 不 限 | 不 限 | |
| 回 灌 | | 填土、粉土、砂土、碎石土 | 0.1～200.0 | 不 限 | |

当基坑底为隔水层且层底作用有承压水时，应进行坑底突涌验算，必要时可采取水平封底隔渗或钻孔减压措施，保证坑底土层稳定。否则一旦发生突涌，将给施工带来极大麻烦。

### 5.4.4.2 基坑涌水量计算

根据水井理论，水井分为潜水（无压）完整井、潜水（无压）非完整井、承压完整井和承压非完整井。这几种井的涌水量计算公式不同。

1. 均质含水层潜水完整井基坑涌水量计算

根据基坑是否邻近水源，分别计算如下。

(1) 基坑远离地面水源时［图 5.4.1 (a)］。

$$Q = 1.366K\frac{(2H-S)S}{\lg\left(1+\frac{R}{r_0}\right)} \tag{5.4.1}$$

式中：$Q$ 为基坑涌水量；$K$ 为土壤的渗透系数；$H$ 为潜水含水层厚度；$S$ 为基坑水位降深；$R$ 为降水影响半径，宜通过试验或根据当地经验确定，当基坑安全等级为二、三级时。对潜水含水层按下式计算：

$$R = 2S\sqrt{KH} \tag{5.4.2}$$

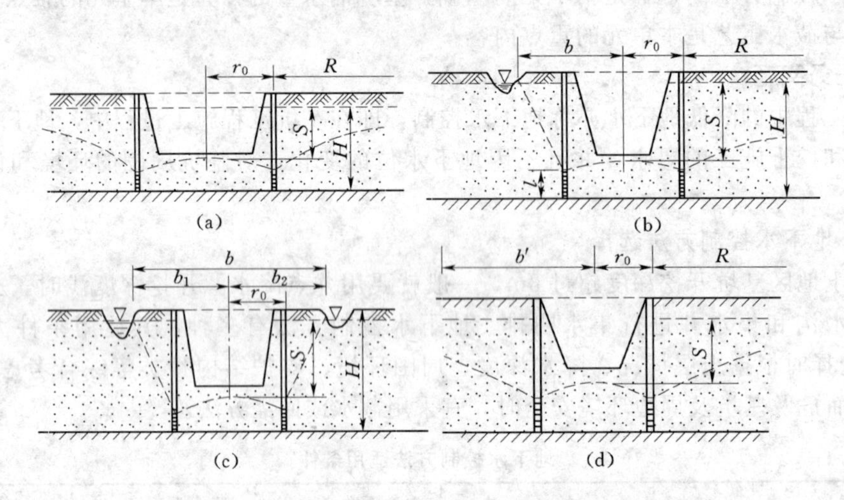


图 5.4.1　均质含水层潜水完整井基坑涌水量计算简图

(a) 基坑远离地面水源；(b) 基坑近河岩；(c) 基坑位于两地表水体之间；(d) 基坑靠近隔水边界

对承压含水层按下式计算：

$$R = 10S\sqrt{K} \tag{5.4.3}$$

$r_0$ 为基坑等效半径，当基坑为圆形时，基坑等效半径取圆半径；当基坑非圆形时，对矩形基坑的等效半径按下式计算：

$$r_0 = 0.29(a+b) \tag{5.4.4}$$

式中：$a$、$b$ 分别为基坑的长、短边。

对不规则形状的基坑，其等效半径按下式计算：

$$r_0 = \sqrt{\frac{A}{\pi}} \tag{5.4.5}$$

式中：$A$ 为基坑面积。

(2) 基坑近河岸［图 5.4.1 (b)］。

$$Q = 1.366K\frac{(2H-S)S}{\lg\frac{2b}{r_0}} \quad (b < 0.5R) \tag{5.4.6}$$

(3) 基坑位于两地表水体之间或位于补给区与排泄区之间时［图 5.4.1 (c)］。

$$Q = 1.366K \frac{(2H-S)S}{\lg\left[\frac{2(b_1+b_2)}{\pi r_0}\cos\frac{\pi(b_1-b_2)}{2(b_1+b_2)}\right]} \quad (5.4.7)$$

(4) 当基坑靠近隔水边界时［图 5.4.1 (d)］。

$$Q = 1.366K \frac{(2H-S)S}{2\lg(R+r_0)-\lg r_0(2b+r_0)} \quad (5.4.8)$$

2. 均质含水层潜水非完整井基坑涌水量计算

(1) 基坑远离地面水源［图 5.4.2 (a)］。

$$h_m = \frac{H+h}{2} \quad (5.4.9)$$

(2) 基坑近河岸，含水层厚度不大时［图 5.4.2 (b)］

$$b > \frac{M}{2} \quad (5.4.10)$$

式中：$M$ 为由含水层底板到滤头有效工作部分中点的长度。

(3) 基坑近河岸（含水层厚度很大时）［图 5.4.2 (c)］。

$b > l$ 时

$$Q = 1.366KS\left(\frac{l+S}{\lg\frac{2b}{r_0}} + \frac{l}{\lg\frac{0.66l}{r_0} - 0.22\mathrm{arsh}\frac{0.44l}{b}}\right) \quad (5.4.11)$$

$$Q = 1.366KS\left(\frac{l+S}{\lg\frac{2b}{r_0}} + \frac{l}{\lg\frac{0.66l}{r_0} - 0.11\frac{l}{b}}\right) \quad (5.4.12)$$

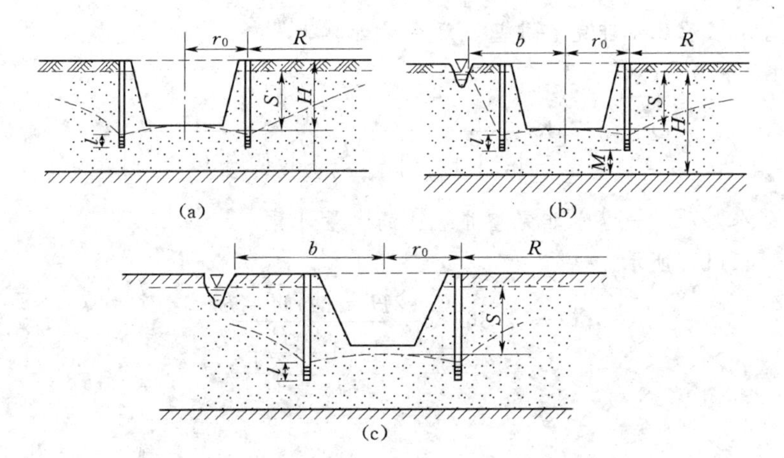


图 5.4.2 均质含水层潜水非完整井桶水量计算简图

(a) 基坑远离地面水源；(b) 基坑近河岸，含水层厚度不大；
(c) 基坑近河岸，含水层厚度很大

3. 均质含水层承压水完整井基坑涌水量计算

(1) 基坑远离地面水源［图 5.4.3 (a)］。

$$Q = 2.73K \frac{MS}{\lg\left(1+\frac{R}{r_0}\right)} \quad (5.4.13)$$

式中：$M$ 为承压含水层厚度。

（2）基坑近河岸［图 5.4.3（b）］。

$$Q = 2.73K \frac{MS}{\lg\left(\frac{2b}{r_0}\right)} \tag{5.4.14}$$

（3）基坑位于两地表水体之间或位于补给区与排泄区之间［图 5.4.3（c）］。

$$Q = 2.73K \frac{(2H-S)S}{\lg\left[\frac{2(b_1+b_2)}{\pi r_0}\cos\frac{\pi(b_1+b_2)}{2(b_1+b_2)}\right]} \tag{5.4.15}$$

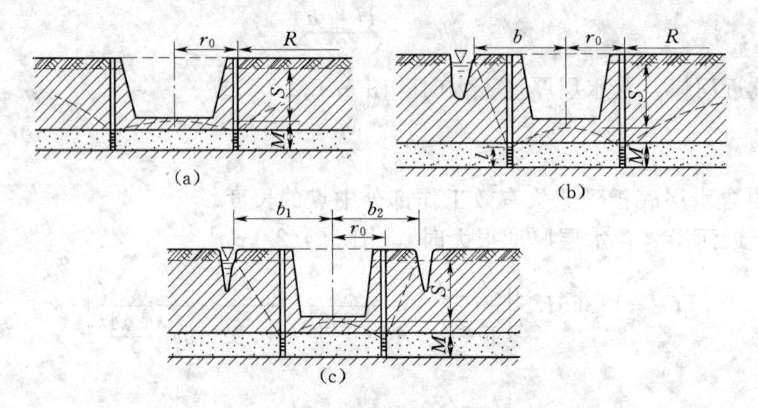


图 5.4.3　均质含水层承压水完整井涌水量计算简图

（a）基坑远离地面水源；（b）基坑近河岸；（c）基坑位于两地表水体之间

4. 均质含水层承压水非完整井基坑涌水量计算

如图 5.4.4（a）所示。

$$Q = 2.73K \frac{MS}{\lg\left(1+\frac{R}{r_0}\right)+\frac{M-l}{l}\lg\left(1+0.2\frac{M}{r_0}\right)} \tag{5.4.16}$$

5. 均质含水层承压—潜水非完整井基坑涌水量计算

如图 5.4.4（b）所示。

$$Q = 1.366K \frac{(2H-M)M-h_2}{\lg\left(1+\frac{R}{r_0}\right)} \tag{5.4.17}$$

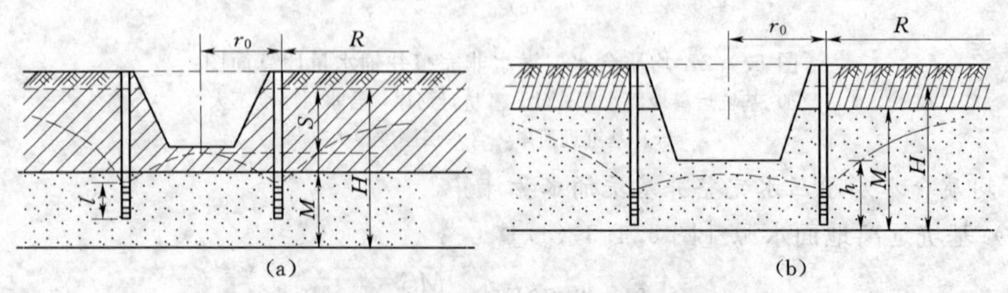


图 5.4.4　均质含水层水非完整井涌水量计算简图

（a）承压；（b）承压—潜水

#### 5.4.4.3 集水明排法

在地下水位较高地区开挖基坑，会遇到地下水问题。如涌入基坑内的地下水不能及时排除，不但土方开挖困难，边坡易于塌方，而且会使地基被水浸泡，扰动地基土，造成竣工后的建筑物产生不均匀沉降。为此，在基坑开挖时要及时排除涌入的地下水。当基坑开挖深度不很大，且基坑涌水量不大时，集水明排法是应用最广泛，亦是最简单、经济的方法。

1. 明沟、集水井排水

明沟、集水井排水多是在基坑的两侧或四周设置排水明沟，在基坑四角或每隔 30～40m 设置集水井，使基坑渗出的地下水通过排水明沟汇集于集水井内。然后用水泵将其排出基坑外（图 5.4.5）。

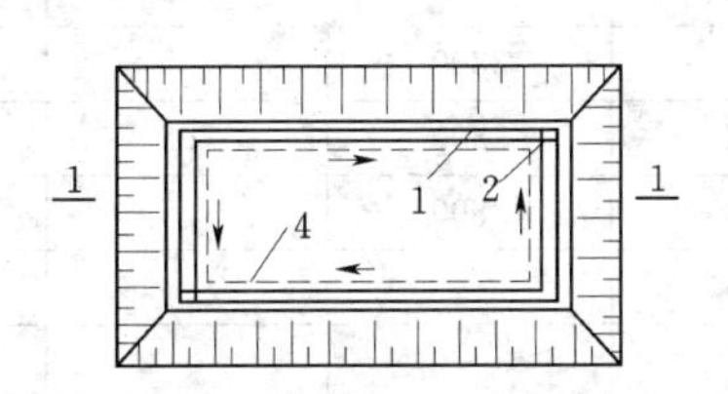


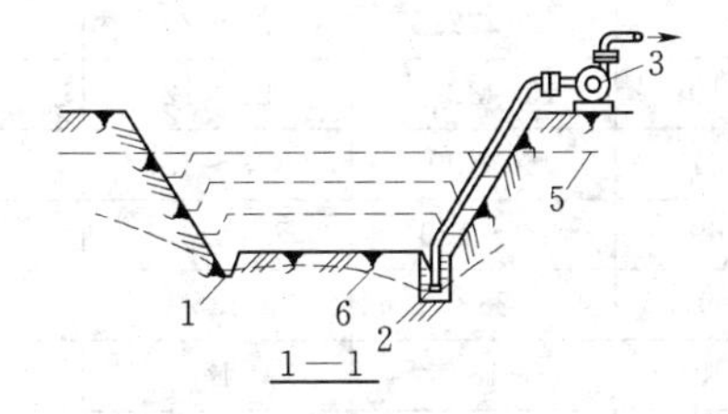


图 5.4.5 明沟、集水井排水方法
1—排水明沟；2—集水井；3—离心式水泵；4—设备建筑物基础边线；5—原地下水位线；6—降低后地下水位线

排水明沟宜布置在拟建建筑基础边 0.4m 以外，沟边缘离开边坡坡脚应不小于 0.3m。排水明沟的底面应比挖土面低 0.3～0.4m。集水井底面应比沟底面低 0.5m 以上。并随基坑的挖深而加深，以保持水流畅通沟，井的截面应根据排水量确定，基坑排水量 $V$ 应满足下列要求：

$$V \geqslant 1.5Q \tag{5.4.18}$$

式中：$Q$ 为基坑总涌水量，按 5.4.4.3 提供的方法计算。

明沟、集水井排水，视水量多少连续或间断抽水，直至基础施工完毕、回填土为止。

当基坑开挖的土层由多种土组成，中部夹有透水性能的砂类土，基坑侧壁出现分层渗水时，可在基坑边坡上按不同高程分层设置明沟和集水井构成明排水系统，分层阻截和排除上部土层中的地下水，避免上层地下水冲刷基坑下部边坡造成塌方（图 5.4.6）。

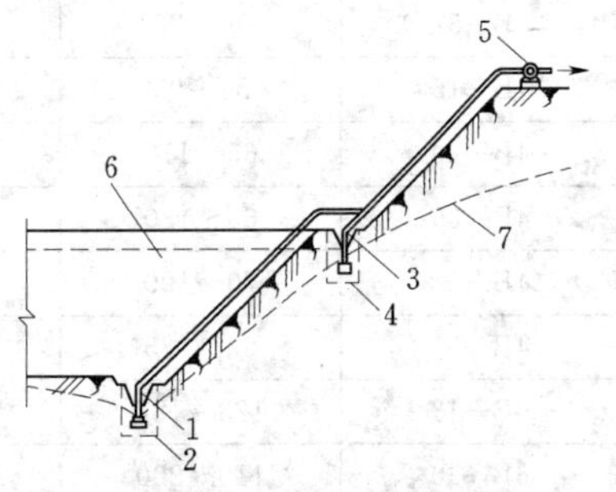


图 5.4.6 分层明沟、集水井排水法
1—底层排水沟；2—底层集水井；3—二层排水沟；4—二层集水井；5—水泵；6—原地下水位线；7—降低后地下水位线

2. 水泵选用

集水明排水是用水泵从集水井中排水，常用的水泵有潜水泵、离心式水泵和泥浆泵，其技术性能见表 5.4.2～表 5.4.5。排水所需水泵的功率按下式计算：

$$N = \frac{K_1 QH}{75\eta_1 \eta_2} \tag{5.4.19}$$

式中：$K_1$ 为安全系数，一般取 2；$Q$ 为基坑涌水量，

$m^3/d$；$H$ 为包括扬水、吸水及各种阻力造成的水头损失在内的总高度，m；$\eta_1$ 为水泵效率，0.4～0.5；$\eta_2$ 为动力机械效率，0.75～0.85。

一般所选用水泵的排水量为基坑涌水量的1.5～2.0倍。

**表 5.4.2　　潜水泵技术性能**

| 型号 | 流量 ($m^3/d$) | 扬程 (m) | 电机功率 (kW) | 转速 (r/min) | 电流 (A) | 重量 (kg) |
|---|---|---|---|---|---|---|
| QY—3.5 | 100 | 3.5 | 2.2 | 2800 | 6.5 | 380 |
| QY—1 | 65 | 7 | 2.2 | 2800 | 6.5 | 380 |
| QY—15 | 25 | 15 | 2.2 | 2800 | 6.5 | 380 |
| QY—25 | 15 | 25 | 2.2 | 2800 | 7.5 | 380 |
| JQB—1.5—6 | 10～22.5 | 28～20 | 2.2 | 2800 | 7.5 | 380 |
| JQB—2—10 | 15～32.5 | 21～12 | 2.2 | 2800 | 7.5 | 380 |
| JQB—4—31 | 50～90 | 8.2～4.7 | 2.2 | 2800 | 7.5 | 380 |
| JQB—5—69 | 80～120 | 5.1～3.1 | 2.2 | 2800 | 7.5 | 380 |
| 7.5JQB8—97 | 288 | 4.5 | 7.5 | — | — | 380 |
| 1.5JQB2—10 | 18 | 14 | 1.5 | — | — | 380 |
| 2Z6 | 15 | 25 | 4.0 | — | — | 380 |
| JTS2—10 | 25 | 15 | 2.2 | 2800 | 5.4 | 380 |

**表 5.4.3　　B型离心式水泵主要技术性能**

| 水泵型号 | 流量 ($m^3/d$) | 扬程 (m) | 吸程 (m) | 电机功率 (kW) | 重量 (kg) |
|---|---|---|---|---|---|
| $1\frac{1}{2}$B—17 | 6～14 | 20.3～14.0 | 6.6～6.0 | 1.5 | 17.0 |
| 2B—31 | 10～30 | 34.5～24.0 | 8.2～5.7 | 4.0 | 37.0 |
| 2B—29 | 11～25 | 21.0～16.0 | 8.0～6.0 | 2.2 | 19.0 |
| 3B—19 | 32.4～52.2 | 21.5～15.6 | 6.2～5.0 | 4.0 | 23.0 |
| 3B—33 | 30～55 | 35.5～28.8 | 6.7～3.0 | 7.5 | 40.0 |
| 3B—57 | 30～70 | 62.0～44.5 | 7.7～4.7 | 17.0 | 70.0 |
| 4B—15 | 54～99 | 17.6～10.0 | 5.0 | 5.5 | 27.0 |
| 4B—20 | 65～110 | 22.6～17.1 | 5.0 | 10.0 | 51.6 |
| 4B—35 | 65～120 | 37.7～28.0 | 6.7～3.3 | 17.0 | 48.0 |
| 4B—51 | 70～120 | 59.0～43.0 | 5.0～3.5 | 30.0 | 78.0 |
| 4B—91 | 65～135 | 98.0～72.5 | 7.1～40.0 | 55.0 | 89.0 |
| 6B—13 | 126～187 | 14.3～9.6 | 5.9～5.0 | 10.0 | 88.0 |
| 6B—20 | 110～200 | 22.7～17.1 | 8.5～7.0 | 17.0 | 104.0 |
| 6B—33 | 110～200 | 36.5～29.2 | 6.6～5.2 | 30.0 | 117.0 |
| 8B—13 | 216～324 | 14.5～11.0 | 5.5～4.5 | 17.0 | 111.0 |
| 8B—18 | 220～360 | 20.0～14.0 | 6.2～5.0 | 22.0 | — |
| 8B—29 | 220～340 | 32.0～25.4 | 6.5～4.7 | 40.0 | 139.0 |

表 5.4.4 **BA型离心式水泵主要技术性能**

| 水泵型号 | 流量 ($m^3$/d) | 扬 程 (m) | 吸 程 (m) | 电机功率 (kW) | 外形尺寸 (mm×mm×mm) (长×宽×高) | 重量 (kg) |
|---|---|---|---|---|---|---|
| $1\frac{1}{2}$BA—6 | 11.0 | 17.4 | 6.7 | 1.5 | 370×225×240 | 30 |
| 2BA—6 | 20.0 | 38.0 | 7.2 | 4.0 | 524×337×295 | 35 |
| 2BA—9 | 20.0 | 18.5 | 6.8 | 2.2 | 534×319×270 | 36 |
| 3BA—6 | 60.0 | 50.0 | 5.6 | 17.0 | 714×368×410 | 116 |
| 3BA—9 | 45.0 | 32.6 | 5.0 | 7.5 | 623×350×310 | 60 |
| 3BA—13 | 45.0 | 18.8 | 5.5 | 4.0 | 554×344×275 | 41 |
| 4BA—6 | 115.0 | 81.0 | 5.5 | 55.0 | 730×430×440 | 138 |
| 4BA—8 | 109.0 | 47.6 | 3.8 | 30.0 | 722×402×425 | 116 |
| 4BA—12 | 90.0 | 34.6 | 5.8 | 17.0 | 725×387×400 | 108 |
| 4BA—18 | 90.0 | 20.0 | 5.0 | 10.0 | 631×365×310 | 65 |
| 4BA—25 | 79.0 | 14.8 | 5.0 | 5.5 | 571×301×295 | 44 |
| 6BA—8 | 170.0 | 32.5 | 5.9 | 30.0 | 759×528×480 | 166 |
| 6BA—12 | 160.0 | 20.1 | 7.9 | 17.0 | 747×490×450 | 146 |
| 6BA—18 | 162.0 | 12.5 | 5.5 | 10.0 | 748×470×420 | 134 |
| 8BA—12 | 280.0 | 29.1 | 5.6 | 40.0 | 809×584×490 | 191 |
| 8BA—18 | 285.0 | 18.0 | 5.5 | 22.0 | 786×560×480 | 180 |
| 8BA—25 | 270.0 | 12.7 | 5.0 | 17.0 | 779×512×480 | 143 |

表 5.4.5 **泥浆泵主要技术性能**

| 泥浆泵型号 | 流量 ($m^3$/d) | 扬 程 (m) | 电机功率 (kW) | 泵口径 (mm) | | 外形尺寸 (mm×mm×mm) (长×宽×高) | 重量 (kg) |
|---|---|---|---|---|---|---|---|
| | | | | 吸入口 | 出口 | | |
| 3PN | 108 | 21 | 22 | 125 | 75 | 0.76×0.59×0.52 | 450 |
| 3PNL | 108 | 21 | 22 | 160 | 90 | 1.27×5.1×1.63 | 300 |
| 4PN | 100 | 50 | 75 | 75 | 150 | 1.49×0.84×1.085 | 1000 |
| $2\frac{1}{2}$MWL3NWL | 25～45<br>55～95 | 5.8～3.6<br>9.8～7.9 | 1.5<br>3 | 70<br>90 | 60<br>70 | 1.247（长）<br>1.677（长） | 61.5<br>63 |
| BW600/30 | (600) | 300 | 38 | 102 | 64 | 2.106×1.051×1.36 | 1450 |
| BW200/30 | (200) | 300 | 13 | 75 | 45 | 1.79×0.695×0.865 | 578 |
| BW200/40 | (200) | 400 | 18 | 89 | 38 | 1.67×0.89×1.6 | 680 |

**注** 流量括号中数量单位为 L/min。

#### 5.4.4.4 降水

降水即在基坑土方开挖之前，用真空（轻型）井点、喷射井点或管井深入含水层内，用不断抽水方式使地下水位下降至坑底以下。同时使土体产生固结以方便土方开挖。

1. 降水井（井点或管井）数量计算

$$n = 1.1\frac{Q}{q} \tag{5.4.20}$$

式中：$Q$ 为基坑总涌水量；$q$ 为设计单井出水量；真空井点出水量可按 36～60m³/d 确定；真空喷射井点出水量按表 5.4.6 确定；管井的出水量 $q$，m³/d，按下述经验公式确定：

$$q = 120\pi r_s l^3 \sqrt{k} \tag{5.4.21}$$

式中：$r_s$ 为过滤器半径，m；$l$ 为过滤器进水部分长度，m；$k$ 为含水层的渗透系数，m/d。

**表 5.4.6　　喷射井点的出水量**

| 型　　号 | 外管直径 (mm) | 喷射管 | | 工作水压力 (MPa) | 工作水流量 (m³/d) | 设计单井出水流量 (m³/d) | 适用含水层渗透系数 (m/d) |
|---|---|---|---|---|---|---|---|
| | | 喷嘴直径 (mm) | 混合室直径 (mm) | | | | |
| 1.5 型并列式 | 38 | 7 | 14 | 0.6～0.8 | 112.8～163.2 | 100.8～138.2 | 0.1～5.0 |
| 2.5 型圆心式 | 68 | 7 | 14 | 0.6～0.8 | 110.4～148.8 | 103.2～138.2 | 0.1～5.0 |
| 4.0 型圆心式 | 100 | 10 | 20 | 0.6～0.8 | 230.4 | 259.2～388.8 | 5.0～10.0 |
| 6.0 型圆心式 | 162 | 19 | 40 | 0.6～0.8 | 720 | 600～720 | 10.0～20.0 |

2. 过滤器长度计算

真空井点和喷射井点的过滤器长度，不宜小于含水层厚度的 1/3。管井过滤器长度宜与含水层厚度一致。

群井抽水时，各井点单井过滤器进水部分长度应符合下述条件：

$$y_0 > l$$

式中：$y_0$ 为单井井管进水长度，按下式计算。

（1）潜水完整井。

$$y_0 = \sqrt{H^2 - \frac{0.732Q}{k}\left(\lg R_0 - \frac{1}{n}\lg n r_0^{n-1} - r_w\right)} \tag{5.4.22}$$

式中：$r_0$ 为基坑等效半径；$r_w$ 为管井半径；$H$ 为潜水含水层厚度；$R_0$ 为基坑等效半径与降水影响半径之和，$R_0 = r_0 + R$；$R$ 为降水井影响半径。

（2）承压完整井。

$$y_0 = \sqrt{H' - \frac{0.366Q}{kM}\left(\lg R_0 - \frac{1}{n}\lg n r_0^{n-1} r_w\right)} \tag{5.4.23}$$

式中：$H'$为承压水位至该承压含水层底板的距离；$M$ 为承压含水层厚度。

当滤管工作部分长度小于 2/3 含水层厚度时，应采用非完整井公式计算。若不满足上式条件，应调整井点数量和井点间距，再进行验算。当井距足够小仍不能满足要求时，应考虑基坑内布井。

（3）基坑中心点水位降低深度计算。

1）块状基坑降水深度计算。

a. 潜水完整井稳定流时：

$$S = H - \sqrt{H^2 - \frac{Q}{0.366k}\left[\lg R_0 - \frac{1}{n}\lg(r_1 r_2 \cdots r_n)\right.} \tag{5.4.24}$$

b. 承压完整井稳定流时：

$$S=\frac{0.366Q}{Mk}\left[\lg R_0-\frac{1}{n}\lg(r_1r_2\cdots r_n)\right] \tag{5.4.25}$$

式中：$S$为基坑中心处地下水位降低深度；$r_1r_2\cdots r_n$为各井距基坑中心或井点中心处的距离。

2）对非完整井或非稳定流，应根据具体情况采用相应的计算方法。

3）当计算出的降深不能满足降水设计要求时，应重新调整井数、布井方式。

3. 井点结构和施工的技术要求

(1) 一般要求。

1）基坑降水宜编制降水施工组织设计，其主要内容为：井点降水方法；井点管长度、构造和数量；降水设备的型号和数量；井点系统布置图；井孔施工方法及设备；质量和安全技术措施；降水对周围环境影响的估计及预防措施等。

2）降水设备的管道、部件和附件等，在组装前必须经过检查和清洗。滤管在运输、装卸和堆放时应防止损坏滤网。

3）井孔应垂直，孔径上下一致。井点管应居于井孔中心，滤管不得紧靠井孔壁或插入淤泥中。

4）井孔采用湿法施工时，冲孔所需的水流压力见表5.4.7。在填灌砂滤料前应把孔内泥浆稀释，待含泥量小于5%时才可灌砂。砂滤料填灌高度应符合各种井点的要求。

表5.4.7 冲孔所需的水流压力

| 土的名称 | 冲水压力(kPa) | 土的名称 | 冲水压力(kPa) |
|---|---|---|---|
| 松散的细砂 | 250～450 | 中等密实黏土 | 600～750 |
| 软质黏土、软质粉土质黏土 | 250～500 | 砾石土 | 850～900 |
| 密实的腐殖土 | 500 | 塑性粗砂 | 850～1150 |
| 原状的细砂 | 500 | 密实黏土、密实粉土质黏土 | 750～1250 |
| 松散中砂 | 450～550 | 中等颗粒的砾石 | 1000～1250 |
| 黄土 | 600～650 | 硬黏土 | 1250～1500 |
| 原状的中粒砂 | 600～700 | 原状粗砾 | 1350～1500 |

5）井点管安装完毕应进行试抽，全面检查管路接头、出水状况和机械运转情况。一般开始出水混浊，经一定时间后出水应逐渐变清，对长期出水混浊的井点应予以停闭或更换。

6）降水施工完毕，根据结构施工情况和土方回填进度，陆续关闭和逐根拔出井点管。土中所留孔洞应立即用砂土填实。

7）如基坑坑底进行压密注浆加固时，要待注浆初凝后再进行降水施工。

(2) 真空井点结构和施工技术要求。

1）机具设备。真空井点系统由井点管（管下端有滤管）、连接管与集水总管和抽水设备等组成。

a. 井点管。井点管为直径38～110mm的钢管，长度为5～7m。管下端配有滤管和管尖。滤管直径与井点管相同，管壁上渗水孔直径为12～18mm。呈梅花状排列，孔隙率应

大于15%；管壁外应设两层滤网，内层滤网宜采用30～80目的金属网或尼龙网，外层滤网宜采用3～10目的金属网或尼龙网；管壁与滤网间应采用金属丝绕成螺旋形隔开，滤网外面应再绕一层粗金属丝。滤管下端装一个锥形铸铁头。井点管上端用弯管与总管相连。

b. 连接管与集水总管。连接管常用透明塑料管。集水总管一般用直径75～110mm的钢管分节连接，每节长4m，每隔0.8～1.6m设一个连接井点管的接头。

c. 抽水设备。根据抽水机组的不同，真空井点分为真空泵真空井点、射流泵真空井点和隔膜泵真空井点，常用者为前两种。

真空泵真空井点由真空泵、离心式水泥、水汽分离器等组成。这种真空井点真空度高(67～80kPa)，带动井点数多，降水深度较大（5.5～6.0m）；但设备复杂，维修管理困难，耗电多，适用于较大的工程降水。

射流泵真空井点设备由离心水泵、射流器（射流泵）、水箱等组成，系由高压水泵供给工作水，经射流泵后产生真空，引射地下水流；设备构造简单，易于加工制造，操作维修方便，耗能少，应用日益广泛。

2）井点布置。井点布置应根据基坑平面形状与大小、地质和水文情况、工程性质、降水深度等而定。当基坑（槽）宽度小于6m，且降水深度不超过6m时，可采用单排井点，布置在地下水上游一侧（图5.4.7）；当基坑（槽）宽度大于6m或土质不良，渗透系数较大时，宜采用双排井点，布置在基坑（槽）的两侧，当基坑面积较大时，宜采用环形井点（图5.4.8）；挖土运输设备出入道可不封闭，间距可达4m，一般留在地下水下游方向。井点管距坑壁不应小于1.0～1.5m，距离太小，易漏气。井点间距一般为0.8～1.6m。集水总管标高宜尽量接近地下水位线并沿抽水水流方向有0.25%～0.5%的上仰坡度，水泵轴心与总管齐平。

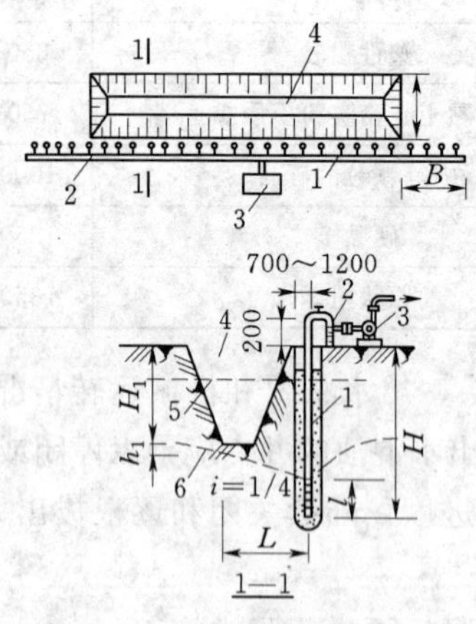


图5.4.7 单排线状井点布置

1—井点管；2—集水总管；3—抽水设备；4—基坑；5—原地下水位线；6—降低后地下水位线；$H$—井点管长度；$H_1$—井点埋设面至基础底面的距离；$h_1$—降低后地下水位至基坑底面的安全距离。一般取0.5～1.0m；$L$—井点管中心至基坑外边的水平距离；$l$—滤管长度；$B$—开挖基坑上口宽度

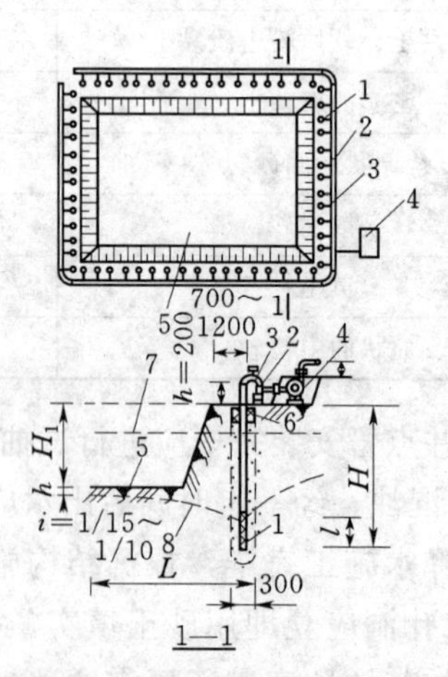


图5.4.8 环形井点布置图

1—井点；2—集水总管；3—弯联管；4—抽水设备；5—基坑；6—填黏土；7—原地下水位线；8—降低后地下水位线；$H$—井点管埋置深度；$H_1$—井点管埋设面至基底面的距离；$h$—降低后地下水位至基坑底面的安全距离，一般取0.5～1.0m；$L$—井点管中心至基坑中心的水平距离；$l$—滤管长度

井点管的入土深度应根据降水深度及储水层所有位置决定，但必须将滤水管埋入含水层内，并且比挖基坑（沟、槽）底深0.9～1.2m，井点管的埋置深度亦可按下式计算：

$$H \geqslant H_1 + h + iL + l \qquad (5.4.26)$$

式中：$H$ 为井点管的埋置深度，m；$H_1$ 为井点管埋设面至基坑底面的距离，m；$h$ 为基坑中央最深挖掘面至降水曲线最高点的安全距离，m，一般为0.5～1.0m，人工开挖取下限，机械开挖取上限；$L$ 为井点管中心至基坑中心的短边距离，m；$i$ 为降水曲线坡度，与土层渗透系数、地下水流量等因素有关，根据扬水试验和工程实测确定，对环状或双排井点可取1/15～1/10；对单排线状井点可取1/4；环状降水取1/10～1/8；$l$ 为滤管长度，m。

井点露出地面高度，一般取0.2～0.3m。

$H$ 计算出后，为安全计，一般再增加1/2滤管长度。井点管的滤水管不宜埋入渗透系数极小的土层。在特殊情况下，当基坑底面处在渗透系数很小的土层时，水位可降到基坑底面以上标高最低的一层，渗透系数较大的土层底面。

一套抽水设备的总管长度一般不大于100～120m。当主管过长时，可采用多套抽水设备；井点系统可以分段，各段长度应大致相等，宜在拐角处分段，以减少弯头数量，提高抽吸能力；分段宜设阀门，以免管内水流紊乱，影响降水效果。

真空泵由于考虑水头损失，一般降低地下水深度只有5.5～6m。当一级轻型井点不能满足降水深度要求时，可采用明沟排水与井点相结合的方法，将总管安装在原有地下水位线以下。或采用二级井点排水（降水深度可达7～10m），即先挖去第一级井点排干的土，然后再在坑内布置埋设第二级井点，以增加降水深度。抽水设备宜布置在地下水的上游，并设在总管的中部。

3）井点管的埋设。井点管的埋设可用射水法、钻孔法和冲孔法成孔，井孔直径不宜大于300mm，孔深宜比滤管底深0.5～1.0m。在井管与孔壁间及时用洁净中粗砂填灌密实均匀。投入滤料数量应大于计算值的85%，在地面以下1m范围内用黏土封孔。

4）井点使用。井点使用前应进行试抽水，确认无漏水、漏气等异常现象后，应保证连续不断抽水。应备用双电源，以防断电。一般抽水3～5天后水位降落漏斗渐趋稳定。出水规律一般是“先大后小、先浑后清”。

在抽水过程中，应定时观测水量、水位、真空度，并应使真空泵保持在55kPa以上。

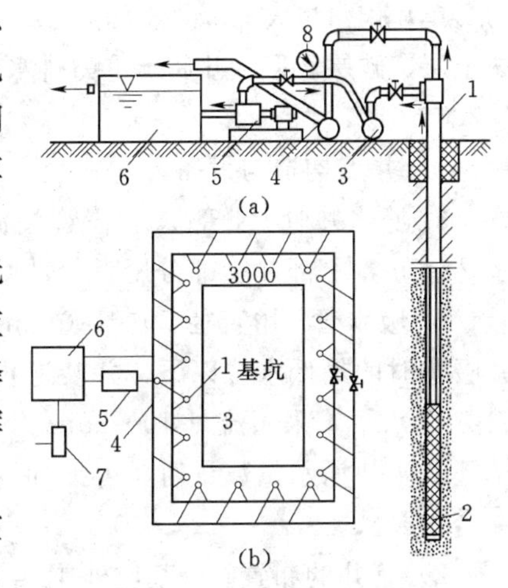


图5.4.9 喷射井点布置图

(a) 喷射井点设备简图；(b) 喷射井点平面布置图

1—喷射井管；2—滤管；3—供水总管；4—排水总管；5—高压离心水泵；6—水池；7—排水泵；8—压力表

(3) 喷射井点的结构及施工技术要求。

1）工作原理与井点布置。喷射井点作用深层降水，其一层井点可把地下水位降低8～20m。其工作原理如图5.4.9所示。喷射井点的主要工作部件是喷射井管内管底端的扬水装置——喷嘴的混合室；当喷射井点工作时，由地面高压离心水泵供应的高压工作水。经过内外管之间的环形空间直达底端，在此处高压工作水由特制内管的两侧进水孔进入至喷嘴喷出，在喷嘴处由于过水断面突然收缩变小，使工作水流具有极高的流速（30～60m/s），在喷口附近造成负压（形成真空），因而将地下水经滤管吸入，吸入的地下水在混合室与工作水混合，然后进入扩散室，水流从动能逐渐转变为位能，即水流的流速相对变小，而水流压力相对增大，把地下水连同工作水一起扬升出地面，经排水管道系统排至集水池或水箱。由此再用排水泵排出。

2）井点管与其布置。井点管的外管直径宜为73～108mm，内管直径宜为50～73mm，滤管直径为89～127mm。井孔直径不宜大于600mm，孔深应比滤管底深1m以上。滤管的构造与真空井点相同。扬水装置（喷射器）的混合室直径可取14mm，喷嘴直径可取6.5mm，工作水箱不应小于$10m^3$。井点使用时，水泵的起动泵压不宜大于0.3MPa。正常工作水压为0.25Pa（扬水高度）。

井点管与孔壁之间填灌滤料（粗砂）。孔口到填灌滤料之间用黏土封填，封填高度为0.5～1.0mm。

每套喷射井点的井点数不宜超过30根。总管直径宜为150mm，总长不宜超过60m。每套井点应配备相应的水泵和进、回水总管。如果由多套井点组成环圈布置，各套进水总管宜用阀门隔开，自成系统。

每根喷射井点管埋设完毕，必须及时进行单井试抽，排出的浑浊水不得回入循环管路系统，试抽时间要持续到水由浑浊变清为止。喷射井点系统安装完毕，亦需进行试抽。不应有漏气或翻砂冒水现象。工作水应保持清洁，在降水过程中应视水质浑浊程度及时更换。

（4）管井的结构及技术要求。管井由滤水井管、吸水管和抽水机械等组成。管井设备较为简单，排水量大，降水较深，水泵设在地面，易于维护。适于渗透系数较大，地下水丰富的土层、砂层。但管井属于重力排水范畴，吸程高度受到一定限制，要求渗透系数较大（1～200m/d）。

1）井点构造与设备。

a. 滤水井管。下部滤水井管过滤部分用钢筋焊接骨架。外包孔眼为1～2mm滤网，长2～3m，上部井管部分用直径200mm以上的钢管、塑料管或混凝土管。

b. 吸水管。用直径50～100mm的钢管或胶皮管，插入滤水井管内，其底端应沉到管井吸水时的最低水位以下，并装逆止阀，上端装设带法兰盘的短钢管一节。

c. 水泵。采用流量$10\sim25m^3/h$离心式水泵。每个井管装置一台，当水泵排水量大于单孔滤水井涌水量数量时。可另加设集水总管将相邻的相应数量的吸水管连成一体，共用一台水泵。

2）管井的布置。沿基坑外围四周呈环形布置或沿基坑（或沟槽）两侧或单侧呈直线形布置，井中心距基坑（槽）边缘的距离，依据所用钻机的钻孔方法而定，当用冲击钻时为0.5～1.5m；当用钻孔法成孔时不小于3m。管井埋设的深度和距离，根据需降水面积和深度及含水层的渗透系数等而定，最大埋深可达10m，间距达10～15m。

3）管井埋设。管井埋设可采用泥浆护壁冲击钻成孔或泥浆护壁钻孔方法成孔。钻孔底部应比滤水井管深200mm以上。井管下沉前应进行清洗滤井，冲除沉渣，可灌入稀泥

浆用吸水泵抽出置换或用空压机洗井法，将泥渣清出井外，并保持滤网的畅通，然后下管。滤水井管应置于孔中心，下端用圆木堵塞管口，井管与孔壁之间用3～15mm砾石填充作过滤层，地面下0.5m内用黏土填充夯实。

水泵的设置标高根据要求的降水深度和所选用的水泵最大真空吸水高度而定，当吸程不够时，可将水泵设在基坑内。

4）管井的使用。管井使用时，应经试抽水，检查出水是否正常，有无淤塞等现象。抽水过程中应经常对抽水设备的电动机、传动机械、电流、电压等进行检查，并对井内水位下降和流量进行观测和记录。井管使用完毕，井管可用倒链或卷扬机将井管徐徐拔出。将滤水井管洗去泥砂后储存备用。所留孔洞用砂砾填实。上部50cm深用黏性土填充夯实。

（5）深井井点。深井井点降水是在深基坑的周围埋置深于基底的井管，通过设置在井管内的潜水泵将地下水抽出，使地下水位低于坑底。该法具有排水量大，降水深（大于15m）；井距大，对平面布置的干扰小；不受土层限制；井点制作、降水设备及操作工艺、维护均较简单，施工速度快；井点管可以整根拔出重复使用等优点；但一次性投资大，成孔质量要求严格。适于渗透系数较大（10～250m/d），土质为砂类土，地下水丰富，降水深，面积大，时间长的情况，降水深可达50m以内。

1）井点系统设备，由深井井管和潜水泵等组成。

a. 井管。井管由滤水管、吸水管和沉砂管三部分组成。可用钢管、塑料管或混凝土管制成，管径一般为300mm，内径宜大于潜水泵外径50mm。

b. 水泵。常用长轴深井泵或潜水泵。每井一台，并带吸水铸铁管或胶管，配上一个控制井内水位的自动开关，在井口安装75mm阀门以便调节流量的大小，阀门用夹板固定。每个基坑井点群应有2台备用泵。

c. 集水井。用$\phi$325～$\phi$500钢管或混凝土管，并设3‰的坡度，与附近下水道接通。

2）深井布置。深井井点一般沿工程基坑周围离边坡上缘0.5～1.5m呈环形布置；当基坑宽度较窄，亦可在一侧呈直线形布置；当为面积不大的独立的深基坑，亦可采取点式布置。井点宜深入到透水层6～9m，通常还应比所需降水的深度深6～8m。间距一般相当于埋深，由10～30m。

3）深井施工。成孔方法可冲击钻孔、回转钻孔、潜水钻或水冲成孔。孔径应比井管直径大300mm，成孔后立即安装井管。井管安放前应清孔，井管应垂直，过滤部分放在含水层范围内。井管与土壁间填充粒径大于滤网孔径的砂滤料。井口下1m左右用黏土封口。

在深井内安放水泵前应清洗滤井，冲洗沉渣。安放潜水泵时，电缆等应绝缘可靠，并设保护开关控制。抽水系统安装后应进行试抽。

4）真空深井井点。真空深井井点是近年来上海等软土地基地区深基坑施工应用较多的一种深层降水设备，主要适应土壤渗透系数较小情况下的深层降水，能达到预期的效果。

真空深井井点即在深井井点系统上增设真空泵抽气集水系统。所以它除去遵守深井井点的施工要点外，还需再增加下述几点。

a. 真空深井井点系统分别用真空泵抽气集水和长轴深井泵或井用潜水泵排水。井管除滤管外应严密封闭以保持真空度，并与真空泵吸气管相连。吸气管路和各个接头均应不漏气。

b. 孔径一般为650mm，井管外径一般为273mm。孔口在地面以下1.5m的一段用黏土夯实。单井出水口与总出水管的连接管路中，应装置单向阀。

c. 真空深井井点的有效降水面积，在有隔水支护结构的基坑内降水。每个井点的有效降水面积约为250m$^2$。由于挖土后井点管的悬空长度较长，在有内支撑的基坑内布置井点管时，宜使其尽可能靠近内支撑。在进行基坑挖土时，要设法保护井点管，避免挖土时损坏。

4. 防止或减少降水影响周围环境的技术措施

在降水过程中，由于会随水流带出部分细微土粒，再加上降水后土体的含水量降低，使土壤产生固结，因而会引起周围地面的沉降。在建筑物密集地区进行降水施工，如因长时间降水引起过大的地面沉降，会带来较严重的后果，在软土地区曾发生过不少事故例子。

为防止或减少降水对周围环境的影响，避免产生过大的地面沉降，可采取下列一些技术措施。

(1) 采用回灌技术：降水对周围环境的影响，是由于土壤内地下水流失造成的。回灌技术即在降水井点和要保护的建（构）筑物之间打设一排井点，在降水井点抽水的同时，通过回灌井点向土层内灌入一定数量的水（即降水井点抽出的水），形成一道隔水帷幕，从而阻止或减少回灌井点外侧被保护的建（构）筑物地下的地下水流失，使地下水位基本保持不变，这样就不会因降水使地基自重应力增加而引起地面沉降。

回灌井点可采用一般真空井点降水的设备和技术，仅增加回灌水箱、闸阀和水表等少量设备，一般施工单位皆易掌握。

采用回灌井点时，回灌井点与降水井点的距离不宜小于6m。回灌井点的间距应根据降水井点的间距和被保护建（构）筑物的平面位置确定。

回灌井点宜进入稳定降水曲面下1m，且位于渗透性较好的土层中。回灌井点滤管的长度应大于降水井点滤管的长度。

回灌水量可通过水位观测孔中水位变化进行控制和调节，通过回灌宜不超过原水位标高。回灌水箱的高度，可根据灌入水量决定。回灌水宜用清水。实际施工时应协调控制降水井点与回灌井点。

许多工程实例证明，用回灌井点回灌水能产生与降水井点相反的地下水降落漏斗，能有效地阻止被保护建（构）筑物下的地下水流失。防止产生有害的地面沉降。

回灌水量要适当，过小无效，过大会从边坡或钢板桩缝隙流入基坑。

(2) 采用砂沟、砂井回灌：在降水井点与被保护建（构）筑物之间设置砂井作为回灌井，沿砂井布置一道砂沟，将降水井点抽出的水。适时、适量排入砂沟、再经砂井回灌到地下，实践证明亦能收到良好效果。

回灌砂井的灌砂量，应取井孔体积的95%，填料宜采用含泥量不大于3%、不均匀系数在3～5之间的纯净中粗砂。

(3) 使降水速度减缓：在砂质粉土中降水影响范围可达80m以上，降水曲线较平缓，为此可将井点管加长，减缓降水速度，防止产生过大的沉降。亦可在井点系统降水过程中，调小离心泵阀，减缓抽水速度。还可在邻近被保护建（构）筑物一侧，将井点管间距

加大，需要时甚至暂停抽水。

为防止抽水过程中将细微土粒带出，可根据土的粒径选择滤网。另外确保井点管周围砂滤层的厚度和施工质量，亦能有效防止降水引起的地面沉降。

在基坑内部降水，掌握好滤管的埋设深度，如支护结构有可靠的隔水性能，一方面能疏干土壤、降低地下水位，便于挖土施工，另一方面又不使降水影响到基坑外面，造成基坑周围产生沉降。上海等地在深基坑工程中降水，采用该方案取得较好效果。

#### 5.4.4.5 截水

截水即利用截水帷幕切断基坑外的地下水流入基坑内部。

截水帷幕的厚度应满足基坑防渗要求，截水帷幕的渗透系数宜小于 $1\times10^{-6}$cm/s。

落底式竖向截水帷幕，应插入不透水层，其插入深度按下式计算：

$$l = 0.2h_w - 0.5b \tag{5.4.27}$$

式中：$l$ 为帷幕插入不透水层的深度；$h_w$ 为作用水头；$b$ 为帷幕宽度。

当地下含水层渗透性较强、厚度较大时，可采用悬挂式竖向截水与坑内井点降水相结合或采用悬挂式竖向截水与水平封底相结合的方案。

截水帷幕目前常用注浆、旋喷法、深层搅拌水泥土桩挡墙等。

#### 5.4.4.6 降水与排水施工质量检验

降水与排水工程质量检验标准见表5.4.8。

表 5.4.8 降水与排水施工质量检验标准

| 序号 | 检查项目 | 允许值或允许偏差 | | 检查方法 |
|---|---|---|---|---|
| | | 单位 | 数值 | |
| 1 | 排水沟坡度 | ‰ | 1～2 | 目测：沟内不积水，沟内排水畅通 |
| 2 | 井管（点）垂直度 | % | 1 | 插管时目测 |
| 3 | 井管（点）间距（与设计相比） | mm | ≤150 | 钢尺量 |
| 4 | 井管（点）插入深度（与设计相比） | mm | ≤200 | 水准仪 |
| 5 | 过滤砂砾料填灌（与设计值相比） | % | ≤5 | 检查回填料用量 |
| 6 | 井点真空度 | kPa | >60 | 真空度表 |
| | 真空井点喷射井点 | kPa | >93 | 真空度表 |
| 7 | 电渗井点阴阳极距离 | mm | 80～100 | 钢尺量 |
| | 真空井点喷射井点 | mm | 120～150 | 钢尺量 |

### 5.4.5 职业活动训练

1. 组织学生学习某典型工程基坑降水方案或参观基坑降水过程。
2. 依据某工程施工图编制地下水控制方案。

## 学习单元5.5 基坑工程监测

### 5.5.1 学习目标

通过本单元的学习，会支护结构监测，能进行周围环境检测，会进行基坑工程监测方案编制。

### 5.5.2 学习任务

根据学习目标，熟悉支护结构监测，熟悉周围环境的监测，掌握监测方案编制。

### 5.5.3 任务分析

支护结构监测是本单元学习的基础，周围环境监测是本单元学习的主要内容，监测方案编制是本单元学习的重点。

### 5.5.4 任务实施

#### 5.5.4.1 支护结构监测

支护结构的设计，虽然根据地质勘探资料和使用要求进行了较详细的计算，但由于土层的复杂性和离散性，勘探提供的数据常难以代表土层的总体情况，土层取样时的扰动和试验误差亦会产生偏差；荷载和设计计算中的假定和简化会造成误差；挖土和支撑装拆等施工条件的改变，突发和偶然情况等随机困难等亦会造成误差。为此，支护结构设计计算的内力值与结构的实际工作状况往往难以准确的一致。所以，在基坑开挖与支护结构使用期间，对较重要的支护结构需要进行监测。通过对支护结构和周围环境的监测，能随时掌握土层和支护结构内力的变化情况，以及邻近建筑物、地下管线和道路的变形情况，将观测值与设计计算值进行对比和分析，随时采取必要的技术措施，以保证在不造成危害的条件下安全地进行施工。

支护结构和周围环境的监测的重要性，正被越来越多的建设和施工单位所认识，它作为基坑开挖和支护结构工作期间的一项技术，已被列入支护结构设计。

1. 支护结构监测项目与监测方法

基坑和支护结构的监测项目，根据支护结构的重要程度、周围环境的复杂性和施工的要求而定。要求严格则监测项目增多，否则可减之，表5.5.1所列之监测项目为重要的支护结构所需监测的项目，对其他支护结构可参照之增减。

**表 5.5.1　　支护结构监测项目与监测方法**

| 监测对象 | | 监测项目 | 监测方法 | 备　注 |
|---|---|---|---|---|
| 支护结构 | 围护墙 | 侧压力、弯曲应力、变形 | 土压力计、孔隙水压力计、测斜仪、应变计、钢筋计、水准仪等 | 验证计算的荷载、内力、变形时需监测的项目 |
| | 支护（锚杆） | 轴力、弯曲应力 | 应变计、钢筋计、传感器 | 验证计算的内力 |
| | 腰梁（围檩） | 轴力、弯曲应力 | 应变计、钢筋计、传感器 | 验证计算的内力 |
| | 立柱 | 沉降、抬起 | 水准仪 | 观测坑底隆起的项目之一 |

2. 支护结构监测常用仪器及其应用

支护结构的监测，主要分为应力监测与变形监测。应力监测主要用机械系统和电气系统的仪器；变形监测主要用机械系统、电气系统和光学系统的仪器。

(1) 变形监测仪器。变形监测仪器除常用的经纬仪、水准仪外，主要是测斜仪。测斜仪是一种测量仪器轴线与沿垂线之间夹角的变化量。进行测量围护墙或土层各点水平位移的仪器（图5.5.1）。使用时，沿挡墙或土层深度方向埋设测斜管（导管），让测斜仪在测

斜管内一定位置上滑动，就能测得该位置处的倾角，沿深度各个位置上滑动，就能测得围护墙或土层各标高位置处的水平位移。

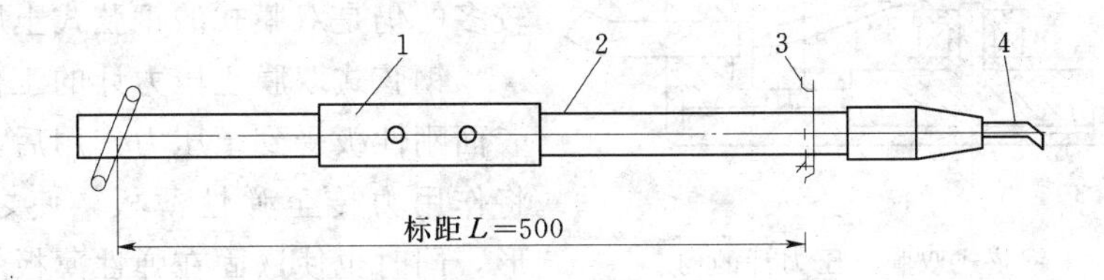


图 5.5.1 测斜仪

1—敏感部件；2—壳体；3—导向轮；4—引出电缆

测斜仪最常用者为伺服加速度式和电阻应变片式。伺服加速度式测斜仪精度较高，但造价亦高；电阻应变片式测斜仪造价较低。精度亦能满足工程的实际需要。BC型电阻应变片式测斜仪的性能见表5.5.2。

**表 5.5.2　　BC型电阻应变片式测斜仪的性能**

| 规　格 | | BC—5 | BC—10 |
|---|---|---|---|
| 尺寸参数 | 连杆直径（mm） | 36 | 36 |
| | 标　距（mm） | 500 | 500 |
| | 总　长（mm） | 650 | 650 |
| 量程 | | ±5° | ±10° |
| 输出灵敏度（μν/ν） | | ≈±1000 | ≈±1000 |
| 率定常数（1/με） | | ≈9″ | ≈18″ |
| 线性误差（FS） | | ≤±1% | ≤±1% |
| 绝缘电阻（MΩ） | | ≥100 | ≥100 |

测斜管可用工程塑料、聚乙烯塑料或铝质圆管。内壁有两个对互成90°的导槽，如图5.5.2所示。

测斜管的埋设视测试目的而定。测试土层位移时，是在土层中预钻$\phi$139的孔，再利用钻机向钻孔内逐节加长测斜管，直至所需深度，然后，在测斜管与钻孔之间的空隙中回填水泥和膨润土拌和的灰浆；测试支护结构挡墙的位移时，则需与围护墙紧贴固定。

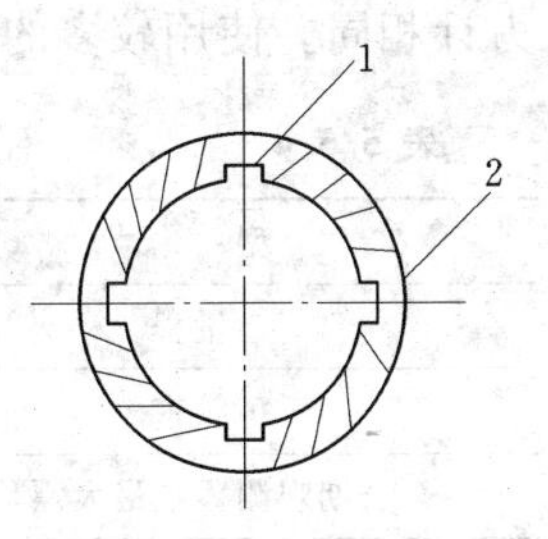


图 5.5.2 测斜管断面

1—导向槽；2—管壁

(2) 应力监测仪器。

1) 土压力观测仪器。在支护结构使用阶段，有时需观测随着挖土过程的进行，作用于围护墙上土压力的变化情况，以便了解其与土压力设计值的区别，保证支护结构的安全。

测量土压力主要采用埋设土压力计（亦称土压力盒）的方法。土压力计有液压式、气压平衡式、电气式（有差动电阻式、电阻应变式、电感式等）和钢弦式。其中应用较多的为钢弦式土压力计。

钢弦式土压力计有单膜式、双膜式之分。单膜式者受接触介质的影响较大，由于使

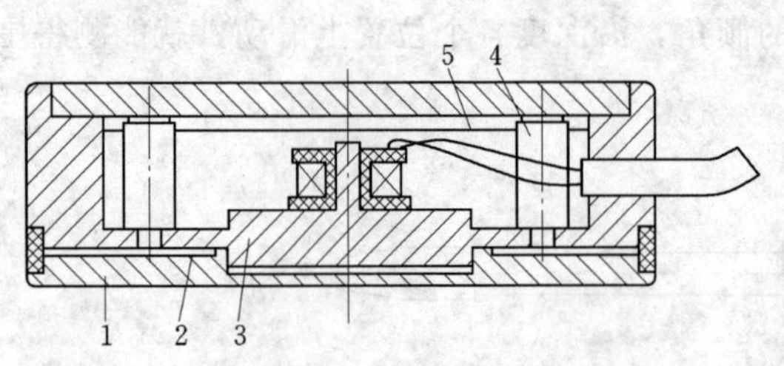


图 5.5.3　钢弦式双膜土压力计的构造
1—刚性板；2—弹性薄板；3—传力轴；
4—弦夹；5—钢弦

用前的标定要与实际土壤介质完全一致往往难以做到，故测量误差较大。所以目前使用较多的仍是双膜式的钢弦式土压力计。

钢弦式双膜土压力计的工作原理是：当表面刚性板受到土压力作用后，通过传力轴将作用力传至弹性薄板，使之产生挠曲变形，同时也使嵌固在弹性薄板上的两根钢弦柱偏转、使钢弦应力发生变化，钢弦的自振频率也相应变化，利用钢弦频率仪中的激励装置使钢弦起振并接收其振荡频率，使用预先标定的压力—频率曲线，即可换算出土压力值。钢弦式双膜土压力计的构造如图 5.5.3 所示。

钢弦式土压力计的规格见表 5.5.3。它同时配有 SS—2 型袖珍数字式频率接收仪。

**表 5.5.3　　　钢弦式土压力计的技术性能**

| 型　号 | | JXY—2、LXY—2（单膜式） | JXY—4、LXY—4（双膜式） |
|---|---|---|---|
| 规格（N/mm²） | | 0.1，0.2，0.3，0.4，0.5，0.6，0.8，1.0，1.5，2.0，2.5，3.0，4.0，5.0，6.0 | 0.1，0.2，0.3，0.4，0.5，0.6，0.8，1.0，1.5，2.0，2.5，3.0，4.0，5.0，6.0，8.0 |
| 主要技术指标 | 零点漂移 | 3～5Hz/3 个月 | 3～5Hz/3 个月 |
| | 重复性 | <0.5%FS | <0.5%FS |
| | 得合误差 | <2.5%FS | <2.5%FS |
| | 温度—频率特性 | 3～4Hz/10℃ | 3～4Hz/10℃ |
| | 使用环境温度 | −10～+50℃ | −10～+50℃ |
| | 外形尺寸 | ϕ114×28mm | ϕ114×35mm |

2）孔隙水压力计。测量孔隙水压力用的孔隙水压力计，其形式、工作原理皆与土压力计相同。使用较多的亦为钢弦式孔隙水压力计。其技术性能见表 5.5.4。

**表 5.5.4　　　钢弦式孔隙水压力计的技术性能**

| 型　号 | JXS—1 | JXS—2 |
|---|---|---|
| 量程 | 0.1～1.0N/mm² | |
| 频带 | 450Hz | |
| 长期观测零点最大漂移 | <±1%FS | |
| 滞后性 | <±0.5 0，6FS | |
| 满负荷徐变 | <−0.5%FS | |
| 使用环境温度 | 4～60℃ | |
| 温度—频率特性 | 0.15Hz/℃ | |
| 封闭性能 | 在使用量程内不泄漏 | |
| 外形尺寸 | ϕ60×140mm | ϕ60×260mm |

孔隙水压力计宜用钻孔埋设，待钻孔至要求深度后，先在孔底填入部分干净的砂。将测头放入，再于测头周围填砂。最后用黏土将上部钻孔封闭。

3）支撑内力测试。支撑内力测试方法。常用的有下列几种：

a. 压力传感器。压力传感器有油压式、钢弦式、电阻应变片式等多种。多用于型钢或钢管支撑。使用时把压力传感器作为一个部件直接固定在钢支撑上即可。

b. 电阻应变片。亦多用于测量钢支撑的内力。选用能耐一定高温、性能良好的箔式应变片。将其贴于钢支撑表面，然后进行防水、防潮处理并做好保护装置，支撑受力后产生应变，由电阻应变仪测得其应变值进而可求得支撑的内力。应变片的温度补偿宜用单点补偿法。电阻应变仪宜用抗干扰、稳定性好的应变仪，如 YJ－18 型、YJD－17 型等电阻应变仪。

c. 千分表位移量测装置。测量装置如图 5.5.4 所示。量测原理是：当支撑受力后产生变形，根据千分表测得的一定标距内支撑的变形量，和支撑材料的弹性模量等参数，即可算出支撑的内力。

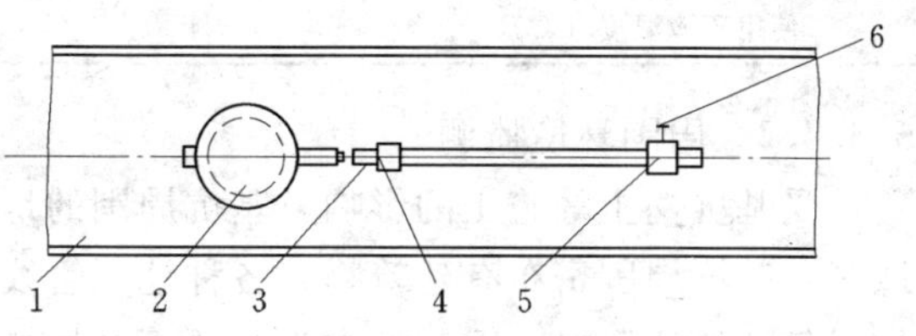


图 5.5.4 T—分表量测装置

1—钢支撑；2—千分表；3—标杆；4、5—支座；6—紧固螺丝

d. 应力、应变传感器。该法用于量测钢筋混凝土支撑系统中的内力。对一般以承受轴力为主的杆件，可在杆件混凝土中埋入混凝土计，以量测杆件的内力。对兼有轴力和弯矩的支撑杆件和围檩等。则需要同时埋入混凝土计和钢筋计，才能获得所需要的内力数据。为便于长期量测，多用钢弦式传感器，其技术性能见表 5.5.5、表 5.5.6。

应力、应变传感器的埋设方法，钢筋计应直接与钢筋固定，可焊接或用接驳器连接。混凝土计则直接埋设在要测试的截面内。

表 5.5.5　　JxG—1 型钢筋计的技术性能

| 规格 | $\phi$12 | $\phi$14 | $\phi$16 | $\phi$18 | $\phi$20 | $\phi$22 | $\phi$25 | $\phi$28 | $\phi$30 | $\phi$32 | $\phi$36 |
|---|---|---|---|---|---|---|---|---|---|---|---|
| 最大外径（mm） | 32 | 32 | 32 | 32 | 34 | 35 | 38 | 42 | 44 | 47 | 55 |
| 总长（mm） | 783 | 783 | 783 | 785 | 785 | 785 | 785 | 795 | 795 | 795 | 795 |
| 最大拉力（kN） | 22 | 30 | 40 | 50 | 60 | 80 | 100 | 120 | 140 | 160 | 200 |
| 最大压力（kN） | 11 | 15 | 20 | 25 | 30 | 40 | 50 | 60 | 70 | 80 | 100 |
| 最大拉应力（MPa） | 200 | | | | | | | | | | |
| 最大压应力（MPa） | 100 | | | | | | | | | | |
| 分辨率（%FS） | ≤0.2 | | | | | | | | | | |
| 零漂（Hz/3 个月） | 3～5 | | | | | | | | | | |
| 温度漂移（Hz/10℃） | 3～4 | | | | | | | | | | |
| 使用环境温度（℃） | －10～＋50 | | | | | | | | | | |

**表 5.5.6　　JXH—2 型混凝土应变计的技术性能**

| 规 格（MPa） | 10 | 20 | 30 | 40 |
|---|---|---|---|---|
| 等效弹性模量（MPa） | 1.5×104 | 3.0×104 | 4.5×104 | 6.0×104 |
| 总应变（με） | 800～1000 | | | |
| 分辨率（%FS） | ≤0.2 | | | |
| 零漂（Hz/3 个月） | 3～5 | | | |
| 总 长（mm） | 150 | | | |
| 最大外径（mm） | 35.68 | | | |
| 承压面积（$mm^2$） | 1000 | | | |
| 温度漂移（Hz/10℃） | 3～4 | | | |
| 使用环境温度（℃） | −10～+50 | | | |

#### 5.5.4.2　周围环境监测

受基坑挖土等施工的影响，基坑周围的地层会发生不同程度的变形。如工程位于中心地区，基坑周围密布有建筑物、各种地下管线以及公共道路等市政设施，尤其是工程处在软弱复杂的地层时，因基坑挖土和地下结构施工而引起的地层变形，会对周围环境（建筑物、地下管线等）产生不利影响。因此在进行基坑支护结构监测的同时，还必须对周围的环境进行监测。监测的内容主要有：坑外地形的变形；临近建筑物的沉降和倾斜；地下管线的沉降和位移等。

建筑物和地下管线等监测涉及到工程外部关系，应由具有测量资质的第三方承担，以使监测数据可靠而公正。测量的技术依据应遵循中华人民共和国现行的《城市测量规范》（GJJ 8—1985）、《建筑变形测量规程》（JGJ/T 8—1997）、《工程测量规范》（GB 50026—1993）等。

1. *坑外地层变形*

基坑工程对周围环境的影响范围大约有 1～2 倍的基坑开挖深度，因此监测测点就考虑在这个范围内进行布置。对地层变形监测的项目有：地表沉降、土层分层沉降和土体测斜以及地下水位变化等。

（1）地表沉降。地表沉降监测虽然不是直接对建筑物和地下管线进行测量，但它的测试方法简便，可以根据理论预估的沉降分布规律和经验，较全面地进行测点布置，以全面地了解基坑周围地层的变形情况。有利于建筑物和地下管线等进行监测分析。

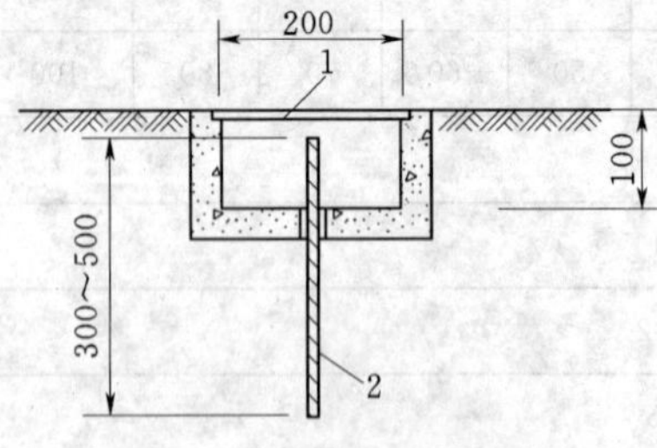

图 5.5.5　地表沉降测点埋设示意图（单位：mm）
1—盖板；2—20 钢筋（打入原状土）

监测测点的埋设要求是，测点需穿过路面硬层，伸入原状土 300mm 左右，测点顶部做好保护，避免外力产生人为沉降。图 5.5.5 为地表沉降测点埋设示意图。量测仪器采用精密水准仪，以二等水准作为沉降观测的首级控制，高程系可联测城市或地区的高程系，也可以用假设的高程系。基准点应设在通视好，不受施工及其他外界因素影响的地方。基坑开挖前设点，

并记录初读数。各测点观测应为闭合或附合路线，水准每站观测高差中误差 $M_0$ 为 0.5mm，闭合差 $F_w$ 为 $\pm\sqrt{N}$mm（$N$ 为测站数）。

地表沉降测点可以分为纵向和横向。纵向测点是在基坑附近，沿基坑延伸方向布置，测点之间的距离一般为 10～20m；横向测点可以选在基坑边长的中央，垂直基坑方向布置，各测点布置间距为，离基坑越近，测点越密（取 1m 左右），远一些的地方测点可取 2～4m，布置范围约 3 倍的基坑开挖深度。

每次量测提供各测点本次沉降和累计沉降报表，并绘制纵向和横向的沉降曲线，必要时对沉降变化量大而快的测点绘制沉降速率曲线。

（2）地下水位监测。如果围护结构的截水帷幕没有完全达到止水要求，则在基坑内部降水和基坑挖土施工时，有可能使坑外的地下水渗漏到基坑内。渗水的后果会带走土层的颗粒，造成坑外水、土流失。这种水、土流失对周围环境的沉降危害较大。因此进行地下水位监测就是为了预报由于地下水位不正常下降而引起的地层沉陷。

测点布置在需进行监测的建（构）筑物和地下管线附近。水位管埋设深度和透水头部位依据地质资料和工程需要确定，一般埋深 10～20m 左右。透水部位放在水位管下部。水位管可采用 PVC 管。在水位管透水头部位用手枪钻钻眼，外绑铝网或塑料滤网。埋设时，用钻机钻孔，钻至设计埋深，逐节放入 PVC 水位管，放完后，回填黄砂至透水头以上 1m，再用膨润土泥丸封孔至孔口。水位管成孔垂直度要求小于 5/1000。埋设完成后，应进行 24h 降水试验，检验成孔的质量。

测试仪器采用电测水位仪，仪器由探头、电缆盘和接收仪组成。仪器的探头沿水位管下放，当碰到水时，上部的接收仪会发生蜂鸣声，通过信号线的尺寸刻度，可直接测得地下水位距管的距离。

2. 临近建（构）筑物沉降和倾斜监测

建筑物变形监测主要内容有 3 项：即建筑物的沉降监测；建筑物的倾斜监测和建筑物的裂缝监测。在实施监测工作和测点布置前，应先对基坑周围的建筑进行周密调查，再布置测点进行监测。

（1）周围建筑物情况调查。对建筑物的调查主要是了解地面建筑物的结构型式、基础型式、建筑层数和层高、平立面形状以及建筑物对不同沉降差的反应。

各类建筑物对差异沉降的承受能力可参阅表 5.5.7 和表 5.5.8 的规定，确定相应的控制标准。对重要、特殊的建筑结构应作专门的调研。然后决定允许的变形控制标准。

**表 5.5.7　　差异沉降和相应建筑物的反应**

| 建筑结构类型 | $\frac{\delta}{L}$（$L$ 为建筑物长度，$\delta$ 为差异沉降） | 建筑物反应 |
| --- | --- | --- |
| 一般砖墙承重结构，包括有内框架的结构；建筑物长高比小于 10；有圈梁；天然地基（条形基础） | 达 1/150 | 分隔墙及承重砖墙发生相当多的裂缝<br>可能发生结构性破坏 |
| 一般钢筋混凝土框架结构 | 达 1/150<br>达 1/500 | 发生严重变形<br>开始出现裂缝 |

续表

| 建筑结构类型 | $\frac{\delta}{L}$（$L$为建筑物长度，$\delta$为差异沉降） | 建筑物反应 |
|---|---|---|
| 高层刚性建筑（箱型基桩、桩基） | 达 1/250 | 可观察到建筑物倾斜 |
| 有桥式行车的单层排架结构的厂房天然地基或桩基 | 达 1/300 | 桥式行车运转困难，不调整轨面水平难运行，分隔墙有裂缝 |
| 有斜撑的框架结构 | 达 1/600 | 处于安全极限状态 |
| 对沉降差反应敏感的机器基础 | 达 1/850 | 机器使用可能会发生困难，处于可运行的极限状态 |

1）框架结构有多种基础形式。包括：现浇单独基础、现浇条形基础、现浇片筏基础、现浇箱形基础、装配式单独基础、装配条形基础以及桩基。不同基础形式的框架对沉降差的反应也不同。表 5.5.7 只提出了一般框架结构对差异沉降的反应，因此对重要框架结构在差异沉降下的反应，还要仔细调研其基础形式和使用要求，以确定允许的差异沉降量。

2）各种基础形式的高耸烟囱、化工塔罐、气柜、高炉、塔桅结构（如电视塔）、剧院、会场空旷结构等特别重要的建筑设施要做专门调研，以明确允许差异沉降值。

3）内框架（特别是单排内框架）和底层框架（条形或单独基础）的多层砌体建筑结构，对不均匀沉降很敏感，亦应专门调研。

**表 5.5.8　　建筑物的基础倾斜允许值**

| 建筑物类别 | | 允许倾斜 |
|---|---|---|
| 多层和高层建筑的整体倾斜 | $H\leqslant 24$m | 0.004 |
| | 24m$<H\leqslant 60$m | 0.003 |
| | 60m$<H\leqslant 100$m | 0.0025 |
| | $H>100$m | 0.002 |
| 高耸结构基础的倾斜 | $H\leqslant 20$m | 0.008 |
| | 20m$<H\leqslant 60$m | 0.006 |
| | 60m$<H\leqslant 100$m | 0.005 |
| | 100m$<H\leqslant 150$m | 0.004 |
| | 150m$<H\leqslant 200$m | 0.003 |
| | 200m$<H\leqslant 250$m | 0.002 |

在对周围建筑物进行调查时，还应对各个不同时期的建筑物裂缝进行现场踏勘；在基坑施工前。对老的裂缝进行统一编号、测绘、照相，对裂缝变化的日期、部位、长度、宽度等进行详细记录。

（2）建筑物沉降监测。

1）根据周围建筑物的调查情况，确定测点布置部位和数最。房屋沉降量测点应布置在墙角、柱身（特别是代表独立基础及条形基础差异沉降的柱身）、外形突出部位和高低相差较多部位的两侧，测点间距的确定，要尽可能充分反映建筑物各部分的不均匀沉降。

2）沉降观测点标志和埋设。

a. 钢筋混凝土柱或砌体墙用钢凿在柱子±0.000标高以上100～500mm处凿洞，将直径20mm以上的钢筋或铆钉，制成弯钩形，平向插入洞内，再以1：2水泥砂浆填实。

b. 钢柱将角钢的一端切成使脊背与柱面成50°～60°的倾斜角，将此端焊在钢柱上；或者将铆钉弯成钩形，将其一端焊在钢柱上。

（3）建筑物沉降观测技术要求。建筑物沉降观测的技术要求同地表沉降观测要求，使用的观测仪器一般也为精密水准仪，按二等水准标准。

每次量测提交建筑物各测点本次沉降和累计沉降报表；对连在一线的建筑物沉降测点绘制沉降曲线；对沉降量变化大又快的测点，应绘制沉降速率曲线。

（4）建筑物倾斜监测。测定建筑物倾斜的方法有两类：一类是直接测定建筑物的倾斜；另一类是通过测量建筑物基础相对沉降的方法来确定建筑物倾斜。下面介绍建筑物倾斜直接观测的方法。

在进行观测之前，首先要在进行倾斜观测的建筑物上设置上、下两点线或上、中、下三点标志，作为观测点，各点应位于同一垂直视准面内。如图5.5.6所示，$M$、$N$为观测点。如果建筑物发生倾斜，$MN$将由垂直线变为倾斜线。观测时，经纬仪的位置距离建筑物应大于建筑物的高度，瞄准上部观测点$M$，用正倒镜法向下投点得$N'$，如$N'$与$N$点不重合，则说明建筑物发生倾斜，以$a$表示$N'$、$N$之间的水平距离。$a$即建筑物的倾斜值。若以$H$表示其高度。则倾斜度为：

$$i=\frac{a}{H}$$

高层建筑物的倾斜观测，必须分别在互成垂直的两个方向上进行。

通过倾斜观测得到的建筑物倾斜度，同建筑物基础倾斜允许值进行比较，比判别建筑物是否在安全范围内。

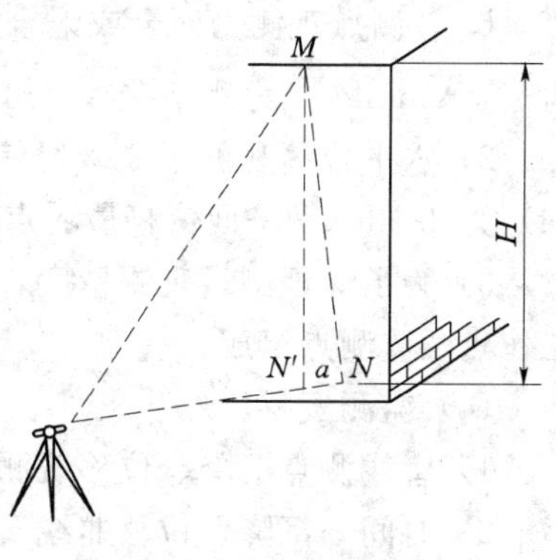

图 5.5.6 倾斜观测

（5）建筑物裂缝监测。在基坑施工中。对已详细记录的老的裂缝进行追踪观测，及时掌握裂缝的变化情况，并同时注意在基坑施工中，有无新的裂缝产生。如发现新的裂缝，应及时进行编号、测绘、照相。

裂缝观测方法用厚10mm，宽约50～80mm的石膏板（长度视裂缝大小而定），在裂缝两边固定牢固。当裂缝继续发展时，石膏板也随之开裂，从而观察裂缝继续发展的情况。

3. 临近地下管线沉降与位移监测

城市的地下市政管线主要有：煤气管、上水管、电力电缆、电话电缆、雨水管和污水管等。地下管道根据其材性和接头构造可分为刚性管道和柔性管道。其中煤气管和上水管是刚性压力管道，是监测的重点，但电力电缆和重要的通信电缆也不可忽视。

（1）周围地下管线情况调查。首先向有关部门索取基坑周围地下管线分布图，从中了

解基坑周围地下管线的种类、走向和各种管线的管径、壁厚和埋设年代，以及各管线距基坑的距离。然后进行现场踏勘，根据地面的管线露头和必要的探挖，确认管线图提供的管线情况和埋深。必要时还需向有关部门了解管道的详细资料，如管子的材料结构、管节长度和接头构造等。

(2) 测点布置和埋设。

1) 优先考虑煤气管和大口径上水管。它们是刚性压力管，对差异沉降较敏感，接头处是薄弱环节；

2) 根据预估的地表沉降曲线，对影响大的管线加密布点，影响小的管线兼顾；

3) 测点间距一般为 10～15m。最好按每节管的长度布点，能真实反映管线（地基）沉降曲线；

4) 测点埋设方式有两种：直接测点和间接测点，直接测点是用抱箍把测点做在管线本身上；间接测点是将测点埋设在管线轴线相对应的地表。直接测点。具有能真实反映管线沉降和位移的优点，但这种测点埋设施工较困难，特别在城市干道下的管线难做直接测点。有时可以采取两种测点相结合的办法，即利用管线在地面的露头作直接测点，再布置一些间接测点；

5) 地下管线测点的编号应遵守有关部门的规定，如上海市管线办公室制定的统一编号为煤气管（M），上水管（S），电力电缆（D），电话电缆（H）等。

(3) 测试技术要求。

1) 沉降观测用精密水准仪，按二等水准要求。

a. 基准点与国家水准点定期进行联测。

b. 各测点观测为闭合或附合路线，水准每站观测高差误差 $M_0$ 为±5mm，闭合差 $F_w$ 为$\pm\sqrt{N}$mm（$N$ 为测站数）。

2) 水平位移观测用 2″级经纬仪，技术要求如下。平面位移最弱点观测中误差 $M$（平均）为 2.1mm，平面位移最弱点观测变形量中误差 $M$（变）为±3.0mm；

3) 为了保证测量观测精度，平面位移和垂直位移监测应建立监测网，由固定基准点、工作点及监测点组成。

(4) 监测资料。

1) 管线测点沉降、位移观测成果表（本次累计变化量）。

2) 时间—沉降、位移曲线，或时间—合位移曲线。

3) 上述报表必须及时送交业主、监理和施工总包单位，同时函递管线部门。若日变量出现报警，应当场复测，核实后立即汇报业主及监理并电话通知管线部门。

(5) 报警处理。地下管线是城市的生命线，因此对管线的报警值控制比较严格，上海地区的要求如下。

当监测中达到下列数据时应及时报警：

1) 沉降日变量 3mm，或累计 10mm。

2) 位移日变量 3mm。或累计 10mm。

实际工程中，地下管线的沉降和位移达到此报警值后，并不一定就破坏，但此时业主、监理、设计、施工总包单位应会同管线部门一起进行分析，商定对策。

#### 5.5.4.3 监测方案编制

1. 编制内容

基坑工程监测方案的编制内容如下：

（1）工程概况。

（2）监测目的及监测项目。

（3）各监测项目的测点布置。

（4）各种监测测点的埋设方法。

（5）测试仪器（测试技术）及精度。

（6）监测进度、频率、人员安排和监测资料。

（7）监测项目的报警值。

2. 编制方法

编制监测方案时，要根据工程特点、周围环境情况、各地区有关主管部门的要求，对上述内容详细加以阐述。并取得建设单位和监理单位的认可。工程监测多由有资质的专业单位负责进行。有关监测数据要及时交送有关单位和人员，以便及时研究处理监测中发现的问题。

### 5.5.5 职业活动训练

（1）组织学生学习某典型工程基坑工程监测方案。

（2）依据某工程施工图编制深基坑监测方案。

# 学习情境6　地基处理及桩基工程施工

## 学习单元6.1　地基加固处理

### 6.1.1　学习目标

通过本单元的学习，初步认识地基与基础的概念，能根据具体情况选择地基加固方案，能组织地基加固处理。

### 6.1.2　学习任务

根据学习目标，熟悉建筑地基与基础的基本概念，熟悉地基加固处理的分类及其适应条件，掌握常见的地基加固处理施工工艺。

### 6.1.3　任务分析

对地基与基础概念的理解和熟悉地基加固处理的分类是本单元学习的基础，常见的地基加固处理施工工艺是本单元学习的重点与难点。

### 6.1.4　任务实施

建筑物的全部荷载都由它下面的地层来承担，地基就是指建筑物荷载作用下基底下方产生的变形不可忽略的那一部分地层，而基础就是建筑物向地基传递荷载的下部结构。

地基基础应满足的两个基本条件：

(1) 要求作用于地基的荷载不超过地基的承载能力，保证地基在防止整体破坏方面有足够的安全储备。

(2) 控制基础沉降使之不超过地基的变形允许值，保证建筑物不因地基变形而损坏或影响其正常使用。

通常把埋置深度不大，只需经过挖槽、排水等施工的普通程序就可以建造起来的基础统称为浅基础，如独立柱基础、筏板基础等。反之，若浅层土质条件差，必须把基础埋置于深处的好土层时，需要考虑借助于特殊的施工方法来建造的基础即为深基础。如桩基础、沉井和地下连续墙等。地基若不加处理就可以满足要求的，称为天然地基，否则，就叫人工地基。如换土垫层、深层密实、排水固结等方法处理的地基。

当建筑物下的土层为软弱土时，为保证建筑物地基的强度、稳定性和变形要求，以及结构的安全和正常使用，就必须采用适当的地基处理方法。其目的是改善地基土的工程性质，达到满足建筑物对地基稳定和变形要求的目的，包括改善地基土的变形特性和渗透性，提高其抗剪强度和抗液化能力，消除其他的不利影响。

#### 6.1.4.1　地基处理方法分类

近年来，工程建设的发展推动了地基处理技术的迅速发展，地基处理的方法越来越多。根据地基处理方法的原理，基本上分为表6.1.1所示的几类。表6.1.1虽已列出多种地基处理的方法，仍有一些最新的方法没有纳入。下面介绍几种最常用的方法。

表 6.1.1　　　地基处理方法分类

| 序号 | 分类 | 作用原理 | 处理方法 | 适用范围 |
| --- | --- | --- | --- | --- |
| 1 | 碾压及夯实 | 利用压实原理，通过机械碾压、夯击，使表层地基土密实；强夯法则是利用强大的夯击能在土中产生强大的冲击波和应力波，使土动力固结密实 | 重锤夯实、机械碾压、振动压实、强夯法 | 碎石土、砂土、粉土、低饱和度的黏性土、杂填土等 |
| 2 | 换土垫层 | 以较高强度的材料置换地基表层软弱土，提高地基的承载力，扩散应力，减小压缩量 | 砂石垫层、素土垫层、灰土垫层、矿渣垫层 | 适用于处理暗沟、暗塘等软弱土地基 |
| 3 | 排水固结 | 在地基中设置竖向排水体，加速地基的固结和强度增长，提高地基的稳定性，加速沉降发展，提高地基承载力 | 天然地基堆载预压、砂井预压、塑料排水板预压、降水法、真空预压 | 适用于处理饱和软弱土，对于渗透性极低的泥炭土要慎重 |
| 4 | 振密、挤密 | 通过振动或挤密，使土的孔隙减少，强度提高，必要时，在振动挤密过程中，回填砂、石、灰土等，形成复合地基，从而提高承载力，减小沉降量 | 振冲挤密、灰土挤密桩、砂桩、石灰桩，爆破挤密 | 适用于松砂、粉土、杂填土及湿陷性黄土 |
| 5 | 置换、拌入 | 以砂、碎石等材料置换地基中部分软弱土，或在部分软弱土中掺入水泥、石灰或砂浆等形成加固体，与原土组成复合地基，提高承载力，减小沉降量 | 振冲置换（碎石桩）、深层搅拌、高压喷射注浆（旋喷法） | 适用于软弱黏性土、冲填土、粉土、细砂等 |
| 6 | 加筋 | 在地基中埋入土工聚合物、钢片等加筋材料，使地基土能承受拉力，从而提高地基的承载力，改善变形特性 | 土工聚合物加筋、锚固技术、树根桩、加筋土 | 适用于软弱土地基、填土及陡坡填土、砂土 |
| 7 | 其他 | 通过独特的技术处理软弱土地基 | 灌浆、冻结、托换技术、纠偏技术 | 根据实际情况 |

### 6.1.4.2　换土垫层法施工

换土垫层法是先将基础底面以下一定范围内的软弱土层挖去，然后回填强度较高、压缩性较低，并且没有侵蚀性的材料，如中粗砂、碎石或卵石、灰土、素土、石屑、矿渣等，再分层夯实，作为地基的持力层。它的作用在于提高地基的承载力，并通过垫层的应力扩散作用，减小垫层下天然土层所承受的压力，这样就可以减小基础的沉降量。如在软土上采用透水性较好的垫层（如砂垫层）时，软土中的水分可以通过它较快地排出去，能够有效地缩短沉降稳定时间。实践证明，换土垫层法对于解决荷载较大的中小型建筑物的地基问题比较有效。这种方法取材方便，无须特殊的机械设备，施工简便，造价低廉，因此得到广泛的应用。

垫层的宽度应满足基础底面应力扩散的要求，可按下式计算或根据当地经验确定：

$$b' \geqslant b + 2z\tan\theta$$

式中：$b'$为垫层底面宽度；$b$为矩形基础或条形基础底面的宽度；$z$为基础底面下垫层的厚度；$\theta$为垫层的压力扩散角，可按表 6.1.2 采用，当 $z/b<0.25$ 时，仍按表中 $z/b=0.25$ 取值。

表 6.1.2　　压力扩散角

| $z/b$ | 换填材料 | | |
|---|---|---|---|
| | 中砂、粗砂、砾砂<br>卵石、碎石（0） | 黏性土和粉土<br>（$8<J_p<14$）（0） | 灰　土<br>（0） |
| 0.25 | 20 | 6 | |
| ≥0.50 | 30 | 23 | 30 |

整片垫层的宽度可根据施工的要求适当放宽，且垫层顶面每边宜超出基础底边不小于300mm，或从垫层底面两侧向上按当地开挖基坑经验的要求放坡。

1. *砂垫层地基*

砂垫层和砂石垫层统称砂垫层，是用夯（压）实的砂或砂石垫层替换基础下部一定厚度的软土层，以起到提高基础下地基承载力、减少沉降、加速软土层的排水固结作用。一般适用于处理有一定透水性的黏性土地基，但不宜用于湿陷性黄土地基和不透水的黏性土地基，以免聚水而引起地基下沉和降低承载力。

（1）材料要求。砂垫层和砂石垫层所用材料，宜采用颗粒级配良好、质地坚硬的中砂、粗砂、砾砂、碎（卵）石、石屑或其他工业废料。如采用其他工业废料作为地基材料，应经试验合格后方可使用。在缺少中、粗砂和砾砂的地区，也可采用细砂，但宜同时掺入一定数量的碎石或卵石，其掺量应符合设计规定（含石量不应大于50%）。所用砂和砂石材料，不得含有草根、垃圾等有机杂物。用做排水固结地基的材料除应符合上述要求外，含泥量不宜超过3%。碎石或卵石最大粒径不宜大于50mm。

（2）施工要点。

1）施工前应验槽，先将浮土清除，基槽（坑）的边坡要稳定，必须防止塌方。槽底和两侧如有孔洞、沟、井和墓穴等，应在未做垫层前加以局部处理。

2）人工级配的砂、石材料，应按级配拌和均匀，再进行铺填捣实。

3）砂垫层和砂石垫层的底面宜铺设在同一标高上，如深度不同时，施工应按先深后浅的程序进行。土面应挖成台阶或斜坡搭接，搭接处应注意捣实。

4）分段施工时，接头处应做成斜坡，每层错开0.5～1.0m，并应充分捣实。

5）采用碎石垫层时，为防止基坑底面的表层软土发生局部破坏，应在基坑底部及四侧先铺一层砂，然后再铺碎石垫层。

6）垫层应分层铺垫，分层夯（压）实，每层的铺设厚度不宜超过表6.1.3规定数值。分层厚度可用样桩控制。垫层的捣实方法可视施工条件按表6.1.3选用。捣实砂层应注意不要扰动基坑底部和四侧的土，以免影响和降低地基强度。每铺好一层垫层，经密实度检验合格后方可进行上一层施工。

表 6.1.3　　砂垫层和砂石垫层每层铺设厚度及最佳含水量

| 捣实方法 | 每层铺设厚度（mm） | 施工时最佳含水量（%） | 施工说明 | 备　注 |
|---|---|---|---|---|
| 平振法 | 200～250 | 15～20 | 1. 用平板式振捣器往复振捣，往复次数以简易测定密实度合格为准；<br>2. 振捣器移动时，每行应搭接1，1，3，以防振动面不搭接 | 不宜使用细砂或含泥量较大的砂铺筑砂垫层 |

续表

| 捣实方法 | 每层铺设厚度（mm） | 施工时最佳含水量（%） | 施工说明 | 备注 |
|---|---|---|---|---|
| 插振法 | 振捣器插入深度 | 饱和 | 1. 用插入式振捣器；<br>2. 插入间距可根据机械振幅大小确定；<br>3. 不应插至下卧黏性土层；<br>4. 插入振捣完毕所留的孔洞，应用砂填实；<br>5. 应有控制地注水和排水 | 不宜使用细砂或含泥量较大的砂铺筑垫层 |
| 水撼法 | 250 | 饱和 | 1. 注水高度略超过铺设面层；<br>2. 用钢叉摇撼振实，插入点间距100mm左右；<br>3. 应有控制地注水和排水；<br>4. 钢叉分四齿，齿的间距30mm、长300mm、木柄长900mm、重4kg | 湿陷性黄土、膨胀土、细砂地基上不得使用 |
| 夯实法 | 150～200 | 8～12 | 1. 用木夯或机械夯；<br>2. 木夯重40kg，落距400～500mm；<br>3. 一夯压半夯，全面夯实 | 适用于砂石垫层 |
| 碾压法 | 150～350 | 8～12 | 6～10t压路机往复碾压，碾压次数以达到要求密实度为准 | 适用于大面积的砂石垫层，不宜用于地下水位以下的砂垫层 |

7）冬季施工时，不得采用夹有冰块的砂石作垫层，并应采取措施防止砂石内水分冻结。

（3）质量检查。在捣实后的砂垫层中，用容积不小于200cm$^3$的环刀取样，测定其干密度，以不小于通过试验所确定的该砂料在中密状态时的干密度数值为合格。如系砂石垫层，可在垫层中设置纯砂检查点，在同样施工条件下取样检查。中砂在中密状态的干密度一般为1.55～1.60g/cm$^3$。

2. *灰土垫层*

灰土垫层是用石灰和黏性土拌和均匀，然后分层夯实而成的。采用的体积配合比一般为2∶8或3∶7（石灰：土），其承载力可达300kPa。适用于一般黏性土地基加固。

（1）材料要求。灰土的土料宜采用就地基槽中挖出的土，但不得含有有机物，使用前应过筛，粒径不宜大于15mm。用做灰土的熟石灰应过筛，其粒径不得大于5mm，熟石灰中不得夹有未熟化的生石灰，也不得含有过多的水分。

（2）施工要点。

1）施工前应验槽，将积水、淤泥清除干净，待干燥后再铺灰土。

2）灰土施工时，应适当控制其含水量，以用手紧握土料成团，落地开花为宜，如土料水分过多或不足时可以晾干或洒水润湿；灰土应拌和均匀，颜色一致，拌好后应及时铺好夯实。铺土应分层进行，每层铺土厚度可参照表6.1.4确定。厚度由槽（坑）壁预设标钎控制。

表 6.1.4　　灰土最大虚铺厚度

| 项次 | 夯实机具种类 | 重量 | 厚度（mm） | 备　注 |
|---|---|---|---|---|
| 1 | 小木夯 | 5～10kg | 150～200 | 人力送夯，落高 400～500mm，一夯压半夯 |
| 2 | 石夯、木夯 | 40～80kg | 200～250 | |
| 3 | 轻型夯实机具 | 80～100kg | 200～250 | 蛙式打夯机、冲击式打夯机 |
| 4 | 压路机 | 6～10t（机重） | 200～300 | |

3）每层灰土的夯打遍数，应根据设计要求的干密度在现场试验确定。一般夯打（或碾压）不少于 4 遍。

4）灰土分段施工时，不得在墙角、柱墩及承重窗间墙下接缝，上下相邻两层灰土的接缝间距不得小于 0.5m，接缝处的灰土应充分夯实。当灰土垫层地基高度不同时，应做成阶梯形，每阶宽度不小于 0.5m。

5）在地下水位以下的基槽、坑内施工时，应采取排水措施，使在无水状态下施工。入槽的灰土，不得隔日夯打。夯实后的灰土 3 天内不得受水浸泡。

6）灰土夯打完后，应及时进行基础施工，并及时回填土，否则要临时遮盖，防止日晒雨淋。刚夯打完毕或尚未夯实的灰土，如遭受雨水浸泡，应将积水及松软灰土除去并补填夯实，受浸湿的灰土应在晾干后再使用。

7）冬季施工时，不得采用冻土或夹有冻土的土料，并应采取有效的防冻措施。

（3）质量检查。可用环刀取样，测定其干密度。质量标准可按压实系数（即施工时实际达到的干密度 $\rho_d$ 与其最大干密度 $\rho_{d\max}$ 之比）鉴定，一般为 0.93～0.95，也可按表 6.1.5 之规定执行。

表 6.1.5　　灰土质量标准

| 项　次 | 土料种类 | 灰土最大干密度（g/cm³） |
|---|---|---|
| 1 | 粉土 | 1.55 |
| 2 | 粉质黏土 | 1.50 |
| 3 | 黏土 | 1.45 |

#### 6.1.4.3　重锤夯实地基施工

重锤夯实的锤重 1.5～3t，用起重机械将其提升到一定高度后，自由下落，落距为 2.45～4.5m，夯击基土表面，一般为 8～12 遍，使浅层地基受到压密加固，加固深度一般为 1.2t。适用于处理离地下水位 0.8m 以上稍湿的黏性土、砂土、湿陷性黄土、杂填土和分层填土地基。但当夯击对邻近建筑物有影响时，或地下水位高于有效夯实深度时，不宜采用夯锤形状为一截头圆锥体（图 6.1.1），可用 C20 钢筋混凝土制作，其底部可采用 20mm 厚钢板，以使重心降低。锤底直径一般为 1.3～1.5m。锤重与底面积的关系应符合锤重在底面上的单位静压力 1.5～2.0N/cm²。地基重锤夯实前，应在现场进行试夯，选定夯锤重量、底面直径和落距，以便确定最后下沉量及相应的最少夯击遍数和总下沉量。试夯及地基夯实时，必须使土保持最优含水量范围。基槽（坑）的夯实范围应大于基础底面，每边应比设计宽度加宽 0.3m 以上，以便于底面边角夯打密实。基槽（坑）边坡应适当放缓。夯实前，槽、坑底面应高出设计标高，预留土层的厚度可为试夯时的总下沉量再加 50～100mm。在大面积基坑或条形基槽内夯打时，应一夯挨一夯顺序进行。在一次循环中同一夯位应连夯两击，下一循环的夯位应与前一循环错开 1/2 锤底直径（图 6.1.2），落锤应平稳，夯位应准确。在独

立柱基基坑内夯打时，一般采用先周边后中间或先外后里的跳夯法（图 6.1.3）。夯实完后，应将基槽（坑）表面修整至设计标高。

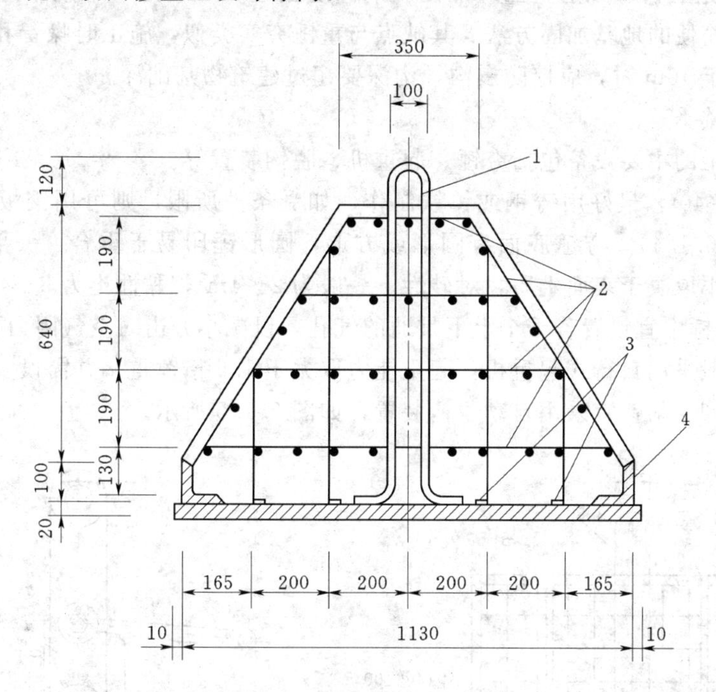


图 6.1.1 1.5t 钢筋混凝土夯锤（单位：mm）

1—吊环Φ30；2—Φ8 钢筋网 100×100；

3—锚钉Φ10；4—角钢 100×100×10

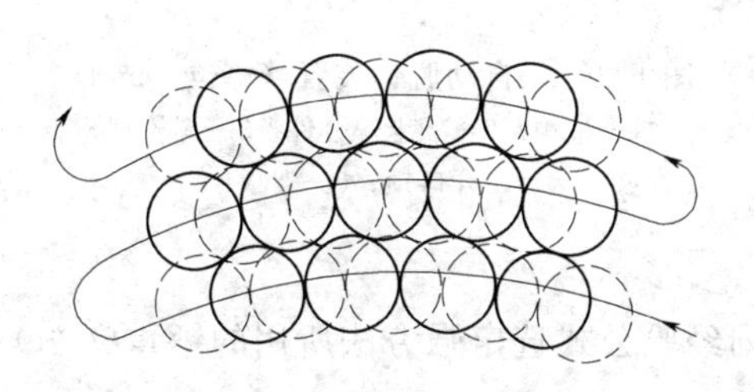

图 6.1.2 夯位搭接示意图

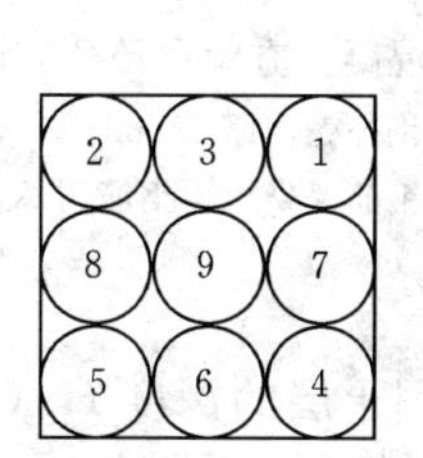


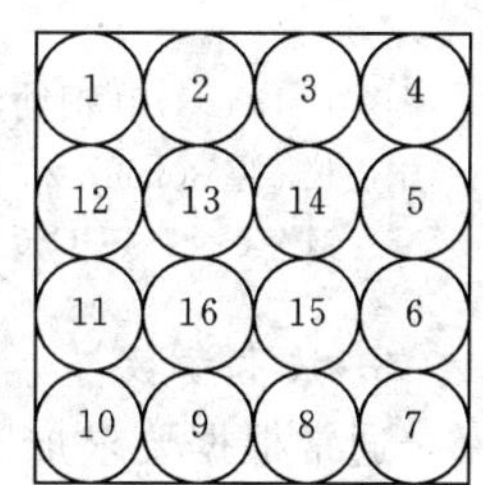


图 6.1.3 打顺序图

重锤夯实后，应检查施工记录，除应符合试夯最后下沉量的规定外，还应检查基槽（坑）表面的总下沉量，以不小于试夯总下沉量的 90%为合格。

#### 6.1.4.4 强夯地基施工

1. 原理及适用条件

强夯法是用起重机械将 8～ 40t 的夯锤吊起，从 6～30m 的高处自由下落，对土体进行强力夯实的地基加固方法。强夯法是在重锤夯实法的基础上发展起来的，但在作用机理上，又与它有很大区别。强夯法属高能量夯击，是用巨大的冲击能量（一般为 500～800kJ）使土体中出现冲击波和很大的应力，迫使土颗粒重新排列，排除孔隙中的气和水，从而提高地基强度，降低其压缩性。强夯适用于碎石土、砂土、黏性土、湿陷性黄土及杂

填土地基的深层加固。地基经强夯加固后，承载能力可以提高2～5倍，压缩性大幅度降低，其影响深度在10m以上，国外加固影响深度已达40m，是一种效果好、速度快、节省材料、施工简便的地基加固方法。其缺点与重锤夯实类似，施工时噪音和震动很大，当距离建筑物小于10m时，应挖防震沟，沟深要超过建筑物基础深。

2. 机具设备

强夯法施工的主要设备包括夯锤、起重机、脱钩装置等。

夯锤重8～40t，最好用铸钢或铸铁制作，如受条件所限，则可用钢板外壳内浇筑钢筋混凝土（图6.1.4），夯锤底面有圆形或方形，圆形锤印易于重合，一般多采用圆形。锤的底面积大小取决于表面土质，对砂性土一般为2～4m²，黏性土为3～4m²，淤泥质土为4～6m²。夯锤中宜设置若干个上下贯通的气孔，以减小夯击时空气阻力。

起重机一般采用自行式起重机，起重能力取大于1.5倍锤重，并需设安全装置，防止夯击时臂杆后仰。吊钩宜采用自动脱钩装置，如图6.1.5所示。

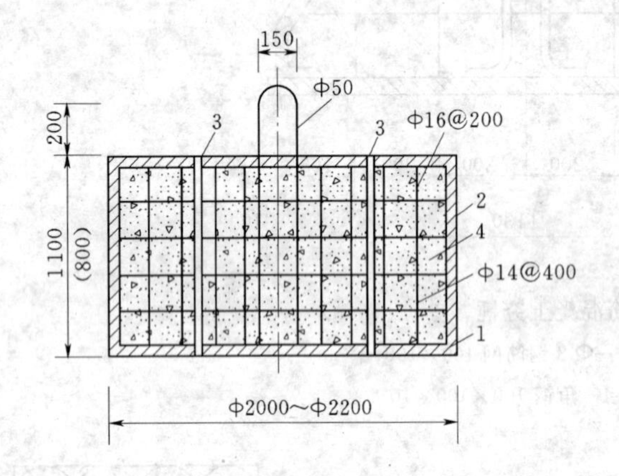


图6.1.4　12t钢筋混凝土夯锤（单位：mm）

1—钢底板，厚30mm；2—钢外壳，厚18mm；3—Φ159×5钢管6个；4—C30钢筋混凝土，钢筋用$A_3F$

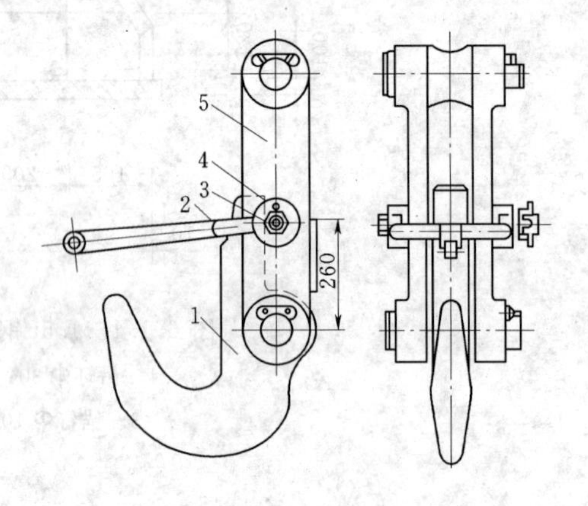


图6.1.5　自动脱钩装置（单位：mm）

1—吊钩；2—锁卡焊合件；3—螺栓；4—开口锁；5—架板

3. 技术参数

通常根据要求加固土层的深度$H$（m），按下列经验公式选定强夯法所用的锤重$Q$（t）和落距$h$（m）：

$$H \approx K\sqrt{Qh} \tag{6.1.1}$$

式中：$K$为经验系数，一般取0.4～0.7。

夯击点布置，一般按正方形或梅花形网格排列。其间距根据基础布置、加固土层厚度和土质而定，一般为5～15m。

夯击遍数通常为2～5遍，前2～3遍为“间夯”，最后一遍为低能量的“满夯”。每个夯击点的夯击数一般为3～10击。最后一遍只夯1～2击。

两遍之间的间隔时间一般为1～4周。对于黏性土或冲积土常为3周，若地下水位在5m以下，地质条件较好时，可隔1～2天就进行连续夯击。

对于重要工程的加固范围，应比设计的地基长、宽各加一个加固深度$H$；对于一般建筑物，在离地基轴线以外3m布置一圈夯击点即可。

4. 施工要求

(1) 强夯施工前，应试夯，做好强夯前后试验结果对比分析，确定正式施工的各项参数。

(2) 强夯施工，必须按试验确定的技术参数进行。以各个夯击点的夯击数为施工控制数值，也可采用试夯后确定的沉降量控制。

(3) 夯击时，重锤应保持平稳，夯位准确，如错位或坑底倾斜过大，宜用砂土将坑底整平，再进行下一次夯击。

(4) 每夯击一遍完成后，应测量场地平均下沉量，然后用土将夯坑填平，方可进行下一遍夯击。最后一遍的场地平均下沉量必须符合要求。

(5) 雨天施工，夯击坑内或夯击过的场地有积水时，必须及时排除。冬天施工，首先应将冻土击碎，然后再按各点规定的夯击数施工。

(6) 应做好施工记录。

5. 质量检查

应检查施工记录及各项技术参数，并应在夯击过的场地选点进行检验。一般可采用标准贯入、静力触探或轻便触探等方法，符合试验确定的指标时即为合格。检查点数，每个建筑物的地基不少于3处，检测深度和位置按设计要求确定。

**6.1.4.5 振冲地基施工**

1. 加固原理及适用条件

振冲地基是以起重机吊起振冲器，启动潜水电机带动偏心块，使振冲器产生高频振动，同时开动水泵通过喷嘴喷射高压水流。在振动和高压水流的联合作用下，振冲器沉到土中的预定深度，然后经过清孔工序，用循环水带出孔中稠泥浆，此后就可以从地面向孔中逐段添加填料（碎石或其他粒料），每段填料均在振动作用下被振挤密实，达到所要求的土体密实度，适用于处理黏粒含量小于10%的细砂、中砂地基。

2. 机具设备

设备主要有振冲器、起重机械、水泵及供水管道、加料设备和控制设备等。振冲器为立式潜水电机直接带动一组偏心块，产生一定频率和振幅的水平向振力的专用机械。压力水通过振冲器空心竖轴从下端喷口喷出，其构造如图6.1.6所示。用附加垂直振动式或附加垂直冲击式的振冲器则效果更好。

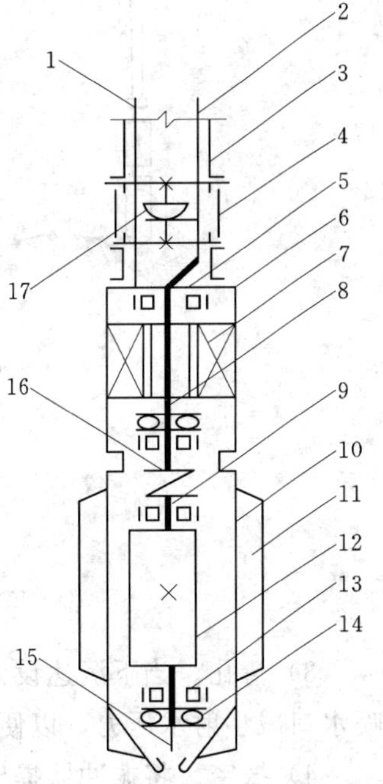


图6.1.6 ZCQ系列振冲器构造示意图

1—电缆；2—水管；3—吊罐；4—减振器；5—电机垫板；6—潜水电机；7—转子；8—电机轴；9—中空轴；10—壳体；11—翼板；12—偏心体；13—向心轴承；14—推力轴承；15—射水管；16—联轴节；17—万向节

加料可采用起重机吊自制吊斗或用翻斗车，其能力必须符合施工要求。

3. 施工工艺

(1) 振冲试验。施工前应先在现场进行振冲试验，以确定其施工参数，如振冲孔间距、达到土体密实密实度后提升振冲器。再于第二段重复上述操作，如此直至地面，从而在地基中形成一根大直径的密实桩体，与原地基构成复合地基，提高地基承载能力和改善土体的排水降压通道，并对可能发生液化的砂土产生预振效应，防止液化。在黏性土中，振冲主要起置换作用，故称振冲置换；在砂性土中，振冲起挤密作用，故称振冲挤密。不加填料的振冲挤密仅度时的密实电流值、成孔速度、留振时间、填料量等。

(2) 制桩。碎石桩成桩施工过程包括定位、成孔、清孔和振密等。

1) 定位。振冲前，应按设计图定出冲孔中心位置并编号。

2) 成孔。振冲器用履带式起重机或卷扬机悬吊，对准桩位，打开下喷水口，启动振冲器［图 6.1.7 (a)］。水压可用 400～600kPa，水量可用 200～400 L/min。此时，振冲器在其自身重量和在振动喷水作用下，以 1～2m/min 的速度徐徐沉入土中，每沉入 0.5～1.0m，宜留振 5～10s 进行扩孔，待孔内泥浆溢出时再继续沉入，直达设计深度为止。在黏性土中应重复成孔 1～2 次，使孔内泥浆变稀，然后将振冲器提出孔口，形成直径 0.8～1.2m 的孔洞。

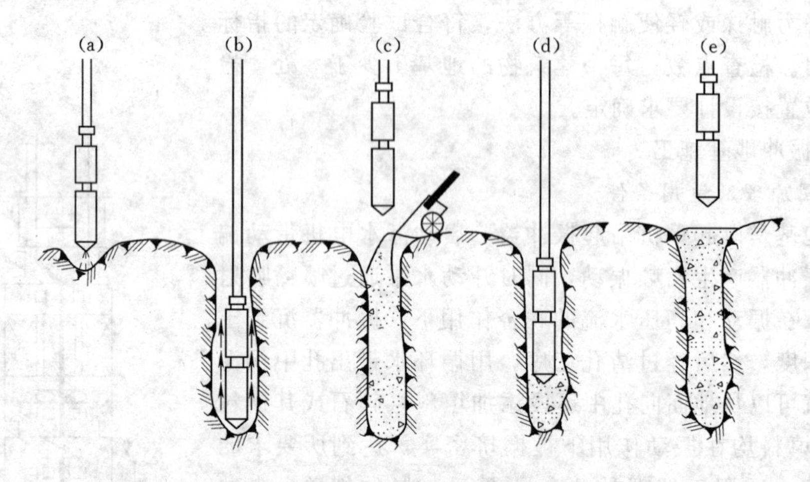

图 6.1.7　碎石桩制桩步骤

(a) 定位；(b) 振冲下沉 (c) 加填料；(d) 振密；(e) 成桩

3) 清孔。当下沉达设计深度时，振冲器应在孔底适当留振并关闭下喷水口，打开上喷水口减小射水压力，以便排除泥浆进行清孔［图 6.1.7 (b)］。

4) 振密。将振冲器提出孔口，向孔内倒入一批填料，约 1m 堆高［图 6.1.7 (c)］，将振冲器下降至填料中进行振密［图 6.1.7 (d)］，待密实电流达到规定的数值后，将振冲器提出孔口。如此自下而上反复进行直至孔口，成桩操作即告完成［图 6.1.7 (e)］。

(3) 排泥。在施工场地上应事先开设排泥水沟系统，将成桩过程中产生的泥水集中引入沉淀池。定期将沉淀池底部的厚泥浆挖出，运至存放地点。沉淀池上部较清的水应重复使用。

(4) 成桩顺序。桩的施工顺序一般为“由里向外”或“一边推向另一边”的方式，因为这种方式有利于挤走部分软土。对抗剪强度很低的软黏土地基，为减少制桩时对原土的

扰动，宜用间隔跳打的方式施工。

(5) 振冲地基表面的处理。振冲地基表面0.1～1.0m的范围内密实度较差，一般应予挖除，如不挖除，则应加填碎石进行夯实或压路机碾压密实。

4. 质量控制与检查

(1) 振冲法加固土体，用密实电流、填料量和留振时间来控制。用ZCQ—30型振冲器加固黏性土地基的密实电流为50～55A，砂性土为45～50A；直径为0.8m时，每米桩体填料量为0.6～0.7$m^3$，土质差时填料量应多些。

(2) 桩位偏差不得大于0.2$d$（$d$为桩孔直径）。

(3) 桩位完成半个月（砂土）或一个月（黏性土）后，方可进行载荷试验或动力触探试验来检验桩的施工质量。如在地震区进行抗液化加固地基，尚应进行现场孔隙水压力试验。

**6.1.4.6 深层搅拌地基施工**

1. 加固基本原理及适用条件

深层搅拌法是用于加固饱和软黏土地基的一种新方法，它是利用水泥、石灰等材料作为固化剂，通过特制的深层搅拌机械，在地基深处就地将软土和固化剂（浆液）强制搅拌利用固化剂和软土之间所产生的一系列物理、化学反应，使软土硬结成具有整体性、水稳定性和一定强度的地基。深层搅拌法还常作为重力式支护结构用来挡土、挡水。

2. 施工工艺

深层搅拌法的施工工艺流程如图6.1.8所示。

(1) 定位。起重机（或用塔架）悬吊深层搅拌机到达指定桩位，对中。当地面起伏不平时，应使起吊设备保持水平。

(2) 预拌下沉。待深层搅拌机的冷却水循环正常后，启动搅拌机电机，放松起重机钢丝绳，使搅拌机沿导向架搅拌切土下沉，下沉速度可由电机的电流监测表控制。工作电流

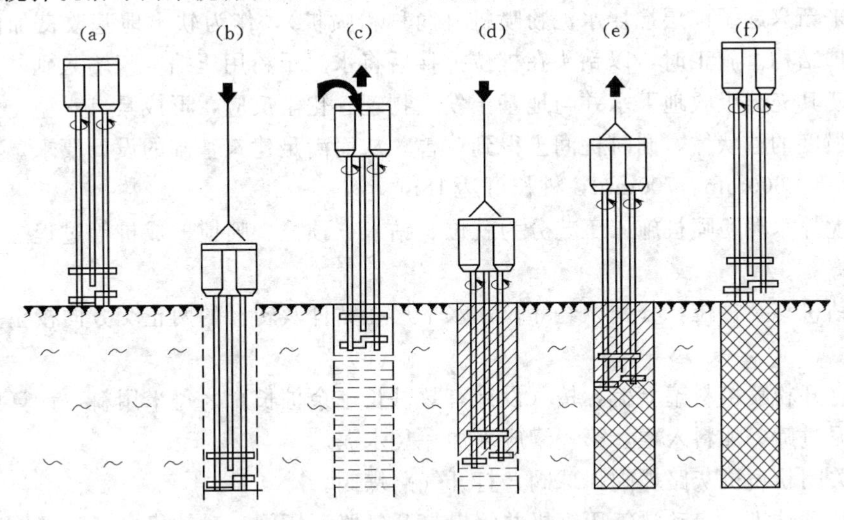


图6.1.8 深层搅拌法施工工艺流程

(a) 定位；(b) 预拌下沉；(c) 喷浆、搅拌机上升；(d) 重复搅拌下沉；
(e) 重复搅拌上升；(f) 完毕

不应大于70A。如果下沉速度太慢，可从输浆系统补给清水以利钻进。

(3) 制备水泥浆。待深层搅拌机下沉到一定深度时，即开始按设计确定的配合比拌制水泥浆，在压浆前将水泥浆倒入集料斗中。

(4) 喷浆、搅拌和提升。深层搅拌机下沉到达设计深度后，开启灰浆泵将水泥浆压入地基中，并且边喷浆、边旋转，同时严格按照设计确定的提升速度提升深层搅拌机。

(5) 重复上、下搅拌。深层搅拌机提升至设计加固深度的顶面标高时，集料斗中的水泥浆应正好排空。为使软土和水泥浆搅拌均匀，可再次将搅拌机边旋转边沉入土中至设计加固深度后再将搅拌机提升出地面。

(6) 清洗。向集料斗中注入适量清水，开启灰浆泵，清洗全部管路中残存的水泥浆直至基本干净。并将黏附在搅拌头的软土及浆液清洗干净。

(7) 移位。重复上述步骤 (1) ～ (6)，进行下一根桩的施工。

考虑到搅拌桩顶部与上部结构的基础或承台接触部分受力较大，通常还可对桩顶1.0～1.5m范围内再增加一次输浆，以提高其强度。

3. 质量检测

施工前应标定深层搅拌机械的灰浆泵输浆量、灰浆经输浆管到达搅拌机喷浆口的时间和起吊设备提升速度等施工参数，并根据设计要求通过成桩试验，确定搅拌桩的配合比和施工工艺。施工过程中应严格按规定的施工参数进行。随时检查施工记录，对每根桩进行质量评定。

搅拌桩应在成桩后7天内用轻便触探器钻取桩身加固土样，观察搅拌均匀程度，同时根据轻便触探击数用对比法判断桩身强度。检验桩的数量应不少于已完成桩数的2%。

对于对桩身强度有怀疑的桩、场地复杂或施工有问题的桩，或对相邻桩搭接要求严格的工程，尚应分别考虑取芯、单桩载荷试验或开挖检验。

4. 深层搅拌水泥粉喷桩施工

近年来新兴起了深层搅拌水泥粉喷桩（简称粉喷桩），作为软土地基改良加固方法和重力式支护结构。施工时，以钻头在桩位搅拌后将水泥干粉用压缩空气输入到软土中，强行拌和，使其充分吸收地下水并与地基土发生物理、化学反应，形成具有水稳定性、整体性和一定强度的柱状体，同时桩间土得到改善，从而满足建筑基础的设计要求。其桩径一般为500mm、600mm、700mm，桩长可达18m。

深层搅拌水泥粉喷桩施工工艺分为就位、钻入、预搅、喷搅、成桩等过程。具体方法如下：

(1) 钻机移至桩位，分别以经纬仪、水平尺在钻杆及转盘的两正交方向校正垂直度和水平度。

(2) 打开粉喷机料罐上盖，按（设计有效桩长＋余桩长）×每米用料，计算出水泥用量。将水泥过筛，加料入罐，第一罐应多加一袋水泥。

(3) 关闭粉喷机灰路蝶阀、球阀，打开气路蝶阀。

(4) 开动钻机，启动空气压缩机并缓慢打开气路调压阀，对钻机供气，视地质及地下障碍物情况采用不同转速正转下钻，宜用慢挡先试钻。

(5) 观察压力表读数，随钻杆下钻压力增大而调节压差，使后阀较前阀大0.02

~0.05MPa。

(6) 钻头钻到设计桩长底标高，关闭气路蝶阀，并开启灰路蝶阀，反转提升，打开调速电机，视地质情况调整转速，喷灰成桩。

(7) 钻机正转下钻复搅，反转提钻复喷。根据地质情况及余灰情况重复数次，保证桩体水泥土搅拌均匀。

(8) 钻头提至桩顶标高下0.5m时，关闭调速电机，停止供灰，充分利用管内余灰喷搅。

(9) 原位旋转钻具2min，脱开减速箱、离合器，将钻头提离地面0.2m。

(10) 打开球阀，减压放气，打开料罐上盖，检查罐内余灰。

(11) 钻机移位，进入下一个成桩桩位。

粉喷施工场地要求平整，并及时清理地下障碍物。正式打桩前宜按设计要求的施打工艺试桩，以确定各地层和平面区域内钻杆提升速度和喷灰速度、喷灰量等。粉体喷射机灰罐应按理论计算量投一次料，打一根桩，以确保桩的质量。若因机械操作原因，灰罐及灰管内无灰，而桩顶未达设计标高，应加灰复搅重喷；灰罐内余灰过多，应视具体情况由断桩、空头、缺灰或土质软弱断面复搅重喷。钻机预搅下钻时，应尽量不用冲水下钻，当遇较硬土层下沉太慢时方可适量冲水。施工中应经常测量电压，检查钻具、流量计、分水滤气器、送粉蝶阀和胶管灰路工作情况。

### 6.1.5 职业活动训练

(1) 组织学生学习某典型工程地基加固与处理方案与参观地基处理施工过程。

(2) 依据某工程施工图及地质勘察报告编制地基加固与处理方案。

## 学习单元6.2　桩基础施工

### 6.2.1 学习目标

通过本单元的学习，会对桩基础进行分类，能进行预制混凝土桩的制作、运输、堆放、打桩及检测，能进行混凝土灌注桩的施工。

### 6.2.2 学习任务

根据学习目标，熟悉桩基础的作用与分类，掌握钢筋混凝土预制桩的施工工艺，掌握钢筋混凝土灌注桩的施工工艺，熟悉桩基础的质量检验。

### 6.2.3 任务分析

桩基础的作用与分类是本学习单元的基础，钢筋混凝土预制桩施工与灌注桩的施工是本学习单元的重点学习内容。

### 6.2.4 任务实施

#### 6.2.4.1 桩基础的作用与分类

桩是指深入土层的柱形构件，称基桩。由基桩与连接桩顶的承台组成桩基础，简称桩基。桩基的主要作用是将上部结构的荷载传递到深部较坚硬、压缩性小的土层或岩层。由于桩基具有承载力高、稳定性好、沉降及差异变形小、沉降稳定快、抗震性能强以及能适应各种复杂地质条件等特点而得到广泛应用。

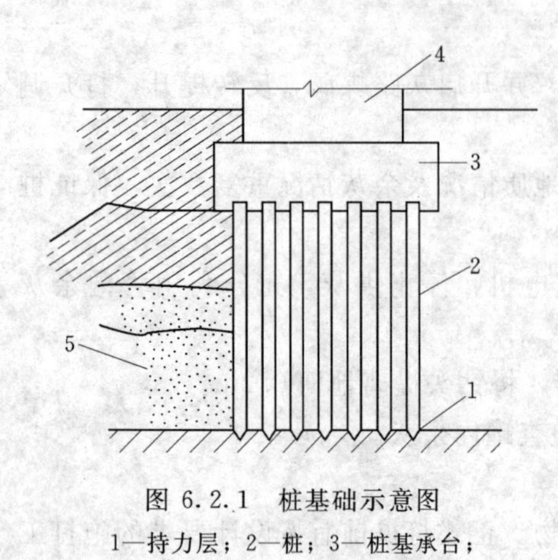


图 6.2.1　桩基础示意图
1—持力层；2—桩；3—桩基承台；
4—上部建筑物；5—软弱层

桩按荷载传递方法不同可分为端承型桩和摩擦型桩。端承型桩是穿过软弱土层到达坚硬土层的桩，施工时以控制贯入度为主。端承型桩有可分为端承桩（在极限承载力状态下，桩顶荷载由桩端阻力承受）和摩擦端承桩（在极限荷载状态下，桩顶荷载主要由校端阻力承受）。摩擦型桩是进入软弱土层一定深度的桩，施工时以控制桩入深度（可通过测桩顶标高或测孔深）为主。摩擦型桩又可分为摩擦桩（在极限荷载力状态下，桩顶荷载由桩侧阻力承受）和端承摩擦桩（在极限承载力状态下，桩顶荷载主要由桩侧阻力承受），如图 6.2.1 所示。桩按材料不同可分为：木桩、钢筋混凝土桩、钢桩；按使用功能不同可分为竖向抗压桩、竖向抗拔桩、水平荷载桩或复合受荷桩；按制作工艺不同可分为预制桩和现场灌注桩。

**6.2.4.2　钢筋混凝土预制桩施工**

钢筋混凝土预制桩是目前工程上应用最广的工程桩之一。钢筋混凝土桩有实心桩和空心桩。实心桩可以在现场预制，也可以在构件厂生产。实心桩大多做成正方形截面（又称方桩），其截面尺寸从 200mm×200mm，至 550mm×550mm 几种。单根桩的最大长度取决于设计要求和拉架高度等，一般不超过 27m，最长不超过 30m。桩是一种长细比很大的构件，为防止长细比过大，一般校长不超过桩截面边长或外直径的 50 倍。较短的桩一般可以在构件厂生产，为了便于制作，起吊和运输等，过长的设计校长，可以分段预制，在打桩过程中再接长。

空心桩一般为先张法预应力管桩，是以先张法将桩内主筋张拉并锚固在钢模两端的钢柱帽上，用离心法成桩。采用常压蒸养或高压蒸养的养护方法。现在常用的管桩有 PC 桩和 PHC 桩，PC 桩的混凝土等级可达到 C50，使用时须满 14 天龄期；PHC 桩的混凝土等级可达到 C80，使用时只要混凝土达到设计强度即可。管桩的长度为定制，以米为单位。

钢筋混凝土预制桩施工包括：预制、起吊、运输、堆放、打桩、接桩、截桩等过程。

1. 桩的制作、起吊、运输和堆放

(1) 桩的制作。这里主要介绍方桩的工艺要求。制作方桩的方法有并列法、间隔法和重叠法等。现场制作由于受条件限制，采用重叠法较多。因此在现场安排临时制桩场地时应满足：平整、足够的刚度和强度，且为防雨水影响场地，应做好防水排水设施。

现场预制桩多采用工具式木模和钢模板。钢筋制作时应注意：桩的主筋应一贯通至最上一层钢筋网下。主筋的连接应采用焊接接头，在同一截面的钢筋接头应不得超过 50%，钢筋接头位置应满足错开 30$d$（主筋直径），且不小于 500mm。钢筋扎丝方向朝桩中心。桩身混凝土保护层一般控制为 25mm 左右。桩顶混凝土保护层应适当调整，一般最上一层钢筋网离桩顶混凝土面不小于 40mm，主筋离桩顶混凝土面不小于 70mm。桩混凝土的等级不应低于 C30。浇筑混凝土对应由桩顶向桩尖连续进行，不得中断。

采用重叠法制桩时，应考虑地面承载力。一般叠放不宜超过四层、桩与桩之间要做好

隔离层，以免吊桩时相互黏结。浇筑上层桩混凝土应在相邻桩和下层桩的混凝土强度达到30%以上方可进行。在预制完成的桩上标明编号和制作日期，并必须根据规范要求做好混凝土养护工作，即浇水养护不少于7天。

预制桩的质量要求：桩的制作及其外形尺寸、形状应符合设计要求和规范允许偏差的规定。还应符合下列要求：桩表面应平整，密实，棱角破损的深度不应超过10mm，表面蜂窝和掉角的缺损总面积不得超过该桩全部表面积的0.5%，且不得过于集中。混凝土收缩产生的裂缝深度不得大于20mm，宽度不得大于0.25mm。横向裂缝长度不得超过边长或管径的一半，不得有贯穿裂缝。桩顶和桩尖处不得有蜂窝、麻面、裂缝和掉角。

(2) 桩的起吊、运输和堆放。顶制混凝土桩的同条件养护试块的混凝土强度达到设计强度等级的100%以上方可起吊。桩上吊环在制作时按设计要求放置，若设计无要求，可按图6.2.2所示设置吊点起吊。如无吊环，须在桩身绑扎点处加衬垫。起吊应平稳提升，采取措施保护桩身质量，防止撞击和受震动，不得拖桩。

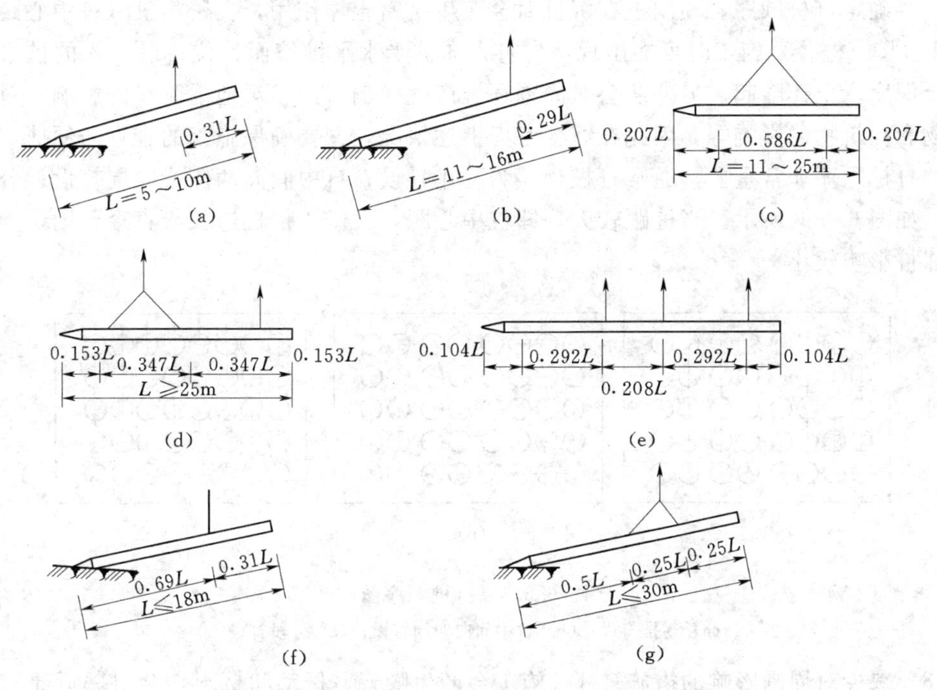


图 6.2.2 预制桩吊点位置

(a) 一点吊法；(b) 二点吊法；(c) 三点吊法；(d)、(e) 四点吊法；
(f) 预应力管桩一点吊法；(g) 预应力管桩二点吊法

桩运输时的强度应达到设计强度标准值的100%。桩的运输可用平板拖车，桩下宜设活动支座，运助时做到平稳并不得损坏桩。桩在经过运输之后，还须对其外形进行检查。

预制桩的堆放场地应平整、坚实、不得产生不均匀沉降。每层桩应有垫木垫起，边木位置应与吊点在同一垂直线。堆放皮数不得超过四层。管桩的底部加三角木。不同规格的桩应分垛堆放。

2. 沉桩前的准备工作

(1) 根据设计要求和现场特点，编制分部工程施工设计或施工方案。

(2) 清除障碍物。包括高空（电线等）、地面、地下（管线、旧基础），特别要注意地表浅埋层中有无大块硬物或软土坑，如桩位处土质相差较大会导致沉桩位移。

(3) 平整场地。为使沉桩机架垂直和桩机移动方便，宜在建筑物外4～6m所形成的区域内，进行平整并做好排水措施。

(4) 进行打桩试验。施工前应按总设计桩数的1%且不少于3根；总桩数少于50根时，不应少于2根，做打桩工艺试验（可在建筑物附近，也可在工程桩内定），用以了解桩的沉入时间、最后贯入度、持力层的强度、桩的承载力以及施工过程中可能出现的各种异常情况等。

(5) 设置水准点。为确保对桩的入土深度的控制，在不受施工影响，且便于观测的建筑物或构筑物上设置数量不少于2个的临时水准点，并经常进行校核。

(6) 定桩位。按设计要求根据建筑物的轴线放出桩位，可以用小木桩或撒石灰粉的方法标出桩位，或用龙门板拉线法定出桩位。已定的桩位在正式订桩前须进行复核。

(7) 确定打桩顺序。预制桩在沉桩时会产生挤密土体作用，在密集桩（桩中心距小于4倍桩边长或桩径）施工时可能出现：先打入的桩受水平推挤而偏位；后打入的桩难以达到入土深度；土体隆起。另外还会对周围环境产生影响，如：对地下管线的影响；对邻近建筑物和构筑物的影响等。因此在综合考虑上述情况，又要确保施工的合理与便捷，选取适当的打桩顺序非常重要。通常打桩顺序为逐排打设；自中间向两侧或四周打设；分段打设等，如图6.2.3所示。当桩距较大，即桩中心距，大于4倍桩边长或直径，则认为打桩时对邻桩影响较小。

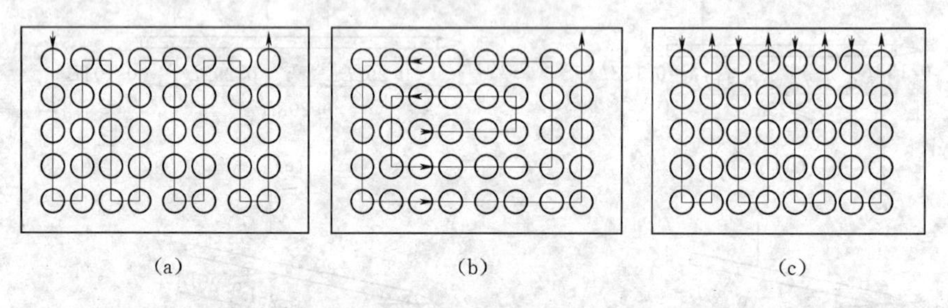

(a)　(b)　(c)

图6.2.3 打桩顺序图

(a) 逐排打设；(b) 自中间向四周打设；(c) 分段打设

(8) 减少对周围影响的措施。打桩施工会产生噪音、振动和挤土，会对邻近建筑、管线和周围环境产生较大影响。为使打桩对周围影响减至最小，可以采取以下方法：钻孔排土后再进行沉桩；在打桩区域外设板桩或挖防振沟；用静压桩减少噪音等方法。考虑到打桩对地下管线的影响，在订桩前应在傍线位置标出管线的水平位置和高程，以便在打桩施工时，对管线的偏移进行监控。一旦到警戒线就应采取相应措施。

3. 钢筋混凝土预制桩的沉桩

钢筋混凝土预制桩的沉桩方法一般有两种：锤击法、静力压桩法。

(1) 锤击法。锤击法是利用桩锤的冲击力克服土对桩的阻力将桩尖送到设计深度。

1) 打桩设备。打桩设备包括桩锤、桩架和动力装置。

桩锤有落锤、单动汽锤、双动汽锤、柴油锤和振动锤等多种。其中柴油锤应用较多，

柴油锤是利用锤击时柴油燃烧爆炸，气体体积突然膨胀产生的压力将锤抬起，然后自由下落，如此反复循环，把桩打入土中。但在过软的土中由于沉桩量过大，使对桩锤的反作用过小，柴油不能爆炸，桩锤反跳不起来。桩锤有导杆式和筒式。柴油锤冲击部分的重量有0.12t，0.6t，1.2t，1.8t，2.5t，4.0t，6.0t等数种。桩锤重量的选择是决定沉桩顺利进行和沉桩质量的重要因素。桩锤过重，所需动力设备也大，不经济；桩锤过轻，锤落距也加大（轻锤高击），锤击次数和频率加大，锤击功能很大部分被桩身吸收，桩不易打入，桩顶、校身混凝土可能受损、开裂、直至断裂。应选择稍重的锤，用重锤轻击和重锤快击的方法施工。锤重也可按桩重的1.5～2倍选取。

桩架的形式一般有：滚筒式桩架、多功能桩架和履带式桩架。

滚筒式桩架：行走靠两根钢滚筒在垫木上滚动，优点是结构比较简单、制作容易，但平面转弯、调头不灵活，须人工与动力装置配合［图6.2.4（a）］。

多功能桩架：机动性和适应性较好，在水平方向可任意回转，导架可前后倾斜、伸缩，底盘在轨道上行车［图6.2.4（b）］。

履带式桩架：性能灵活、移动方便。目前应用较广［图6.2.4（c）］。

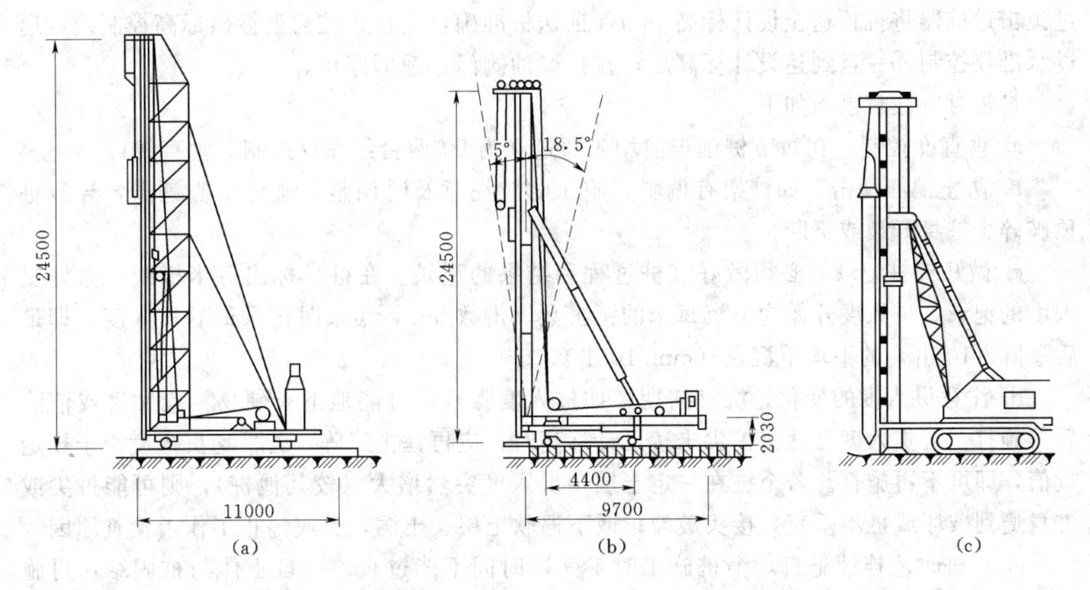


图6.2.4 桩架形式（单位：mm）

（a）滚筒式桩架（b）多功能桩架；（c）履带式桩架

桩架高度由桩长、锤高、桩帽厚度及所用滑轮组的高度来决定。此外，还应留1～2m作为桩锤的伸缩余地。决定桩架高度的主要因素是桩长，单桩过长须配置相对应的桩架。而桩架过高，难以保证其垂直度，因桩锤是设在桩架上的，所以桩架不垂直对锤击桩顶的位置和桩入土垂直度有一定影响，在施工中应随时监控和调整。

打桩机中的动力装置及辅助设施主要根据所选用的桩锤性能确定。

2）打桩施工。打桩须在桩的混凝土强度达到设计标准值（同条件养护）后进行沉桩。超500击的锤击桩应符合桩体强度及28天龄期的二项条件后方可施工。

打桩的工艺流程为：吊桩就位，绑桩，接桩，送桩。

桩架就位后，由起重机将桩运至桩架下，利用桩架上动力装置提升桩至直立，将桩尖准确地对在桩位上，放下桩帽套入桩顶。利用互为90°的两台经纬仪检查桩的垂直度，偏差不得超过0.5%，在桩自重和锤重作用下，将桩压入土一定深度后，再检查一次桩的垂直度，即可进行打桩。为防止击碎桩顶，应在桩锤与桩帽、桩帽与桩之间放上硬木、粗草纸或麻袋等校垫作为缓冲。

打桩初时，因地层软，贯入度较大。宜低锤轻打。随着桩正常地沉入土层后再酌情提高锤落距。施工时应“重锤轻击”，随时观察桩锤反弹和贯入度变化，如出现贯入度突增或桩锤回弹异常，应暂停锤击，查明情况。

当为多段桩时，常用的接桩方法为电焊接桩。将上节桩对准下节桩，且检查桩身垂直度无误时，电焊连接角铁临时固定上下桩，再对桩进行检查，无误后进行焊接。一般由两人对称焊，焊缝要求饱满。方桩通过角铁焊接连接上下桩，管桩是在上下桩钢帽接口凹槽中，环状焊接连接。为保证桩身传力完整，当上下桩接口处有缝隙时，打入铁楔并焊接。

送桩，一般桩基础的桩顶标高均在自然地坪以下。为使桩能顺利、准确地沉到设计要求，须用送桩器（一种金属的铁杆），将送桩器下端放在上节桩顶，上端安放进桩帽。通过锤击送桩器将桩顶送至设计标高，为保证送桩准确，应在送桩器上标出标高控制线，通过水准仪控制，一旦到达设计标高后，拉掉柴油阀门，锤即停止。

打桩时应注意事项如下。

a. 垂直度控制。在每节桩锤击前均应通过互为90°两台经纬仪控制其垂直线；

b. 防止偏心锤击。如桩架有偏斜，施工时应注意及时调整，避免偏心锤击，导致桩顶破碎、桩身开裂或折断；

c. 做好打桩记录。必须做好沉桩过程和结果的记录。在桩身标出每米横线，做好贯入度的记录。贯入度开始为下沉每米的锤击数（击数/m），结束时记录最后贯入度，即最后一阵（10击）的平均下沉量（mm/10击）。

d. 注意贯入度的变化。沉桩初期，如贯入度骤减，可能地下有硬物，应钻透或清除后再施打。若贯入度已达但桩尖未达设计标高时，应再锤击三阵，若平均贯入度小于规定数值，即可不再施打。若个桩在一定土层中贯入度突然增大（较其他桩），则可能桩尖或桩身遭到破坏或桩不垂直，接头破裂；或下遇软土层、土洞，也应停止工作，检查原因。

e. 打桩时应连续施打，个桩施工时，间歇时间不能过长。一旦土体与桩固结，再施打将很困难。

（2）静力压桩法。

1）静力压桩法的特点包括：

a. 无噪音，无振动。

b. 节约材料：锤击桩为克服锤击应力，须提高混凝土强度，主筋和局部钢筋须加强。静压桩的混凝土强度和钢筋配置仅须满足吊、远、压桩和使用要求即可。

c. 提高施工质量：不会造成桩顶和桩身混凝土开裂、破损。周围土体隆起和水平挤动也比锤击桩影响小。

d. 局限性：只限于压垂直桩及在软土地基施工。

2）静力压桩分类及工艺流程。压桩机有两种类型：机械静力压桩机、液压静力压

桩机。

a. 机械静力压桩机。将桩运至桩位附近，利用桩架上起重设备将桩吊起、对准桩位调直，将桩帽套住桩顶，校正垂直度。通过安置在压桩机上的卷扬机的牵引，由钢丝绳、滑轮及压梁，将整个桩机的自重大（800～1500kV）反压在桩顶，克服桩身下沉时与土的摩擦力，迫使预制桩下沉。

b. 液压静力压桩机。用起重机将桩吊入压桩夹头，桩尖对准桩位后调整垂直，用夹紧千斤顶夹紧预制桩、开动液压千斤顶，两个液压千斤顶同时加压，将夹头连同预制桩一并压入土中。沉桩约1.8m（一个冲程）后，松开夹紧千斤顶，夹头上提，再压第二个冲程，如此反复，直至将桩全部压入土层。

3）压桩施工要点。

a. 压桩应连续进行，因故停歇时间不宜过长，否则压桩力将大幅度增长而导致桩压不下去或桩机被抬起。

b. 压桩的终压控制很重要。一般对纯摩擦桩，终压时桩顶标高必须满足设计要求，对大于14m的端承摩擦型静压桩，终压时以控制桩顶标高为主，终压力值为对照；对一些设计承载又较高的桩基，终压力值宜尽量接近压桩机满载值；对长14～21m的静压桩，应以终压力为终压控制条件；对桩周土质较差且设计承载力较高的，宜采用连续复压的方法。

c. 静力压桩单桩竖向承载力。可通过桩的终止压力值大致判断。如判断的终止压力值不能满足设计要求，应立即采取送桩加深处理或补桩。

4. 预制桩的质量检查

桩按规范进行承载力检验外，还须按规范所要求的比例对桩身质量进行检验。基坑开挖后，还需对照设计图纸测出实际桩位偏差值，绘制桩位竣工图。对超过允许偏差的桩，应采取措施。打压入桩预制混凝土方桩、先张法预应力管桩、钢桩的桩位偏差，必须符合表6.2.1的规定。

**表6.2.1　预制桩（钢桩）定位的允许偏差**　单位：mm

| 序号 | 项　目 | 数　值 |
|---|---|---|
| 1 | 盖有基础梁的桩<br>（1）垂直基础梁的中心线<br>（2）沿基础梁的中心线 | <br>$100+0.01H$<br>$150+0.01H$ |
| 2 | 桩数为1～3根桩基中的桩 | 100 |
| 3 | 桩数为4～6根桩基中的桩 | 1/2桩径或边长 |
| 4 | 桩数大于16根桩基中的桩<br>（1）最外边的桩<br>（2）中间桩 | <br>1/3桩径或边长<br>1/2桩径或边长 |

注　$H$为施工现场地面标高与桩的设计标高的距离。

#### 6.2.4.3　混凝土与钢筋混凝土灌注桩施工

现浇混凝土桩（灌注桩）是直接在现场桩位成孔，然后在孔内放入钢筋笼，浇筑混凝土而成的桩。根据成孔方法的不同，灌注桩可分为钻成孔灌注桩、沉管成孔灌注桩、人工

成孔灌注桩和爆扩灌注桩等。

**6.2.4.3.1** 钻成孔灌注桩

钻成孔灌注桩是指利用钻孔机械钻出桩孔，吊入钢筋笼，浇筑混凝土而成的桩。根据钻孔机械钻头的不同，又可分为螺旋钻成孔灌注桩和泥浆护壁成孔灌注桩两种施工方法。

1. 泥浆护壁成孔灌注桩

泥浆护壁成孔灌注桩适用于地下水位较高的地质条件，施工时无挤土，噪音小、经济指标较好。

(1) 施工前的准备工作。

1) 钻孔顺序的确定。灌注桩中，混凝土的硬化过程是在成桩以后的现场，为避免成桩施工过程中，对相邻的刚成桩混凝土的影响，施工时，应保证其与邻桩有一定的安全距离（不宜小于4倍桩径)，或在邻桩成孔后36h后施工。现场较常用的方法为间隔打。

2) 泥浆池、沉淀池的准备。在施工前应根据桩孔容积，泵组设备确定泥浆池、沉淀池、循环池的数量和容积。泥浆池容积一般不小于钻孔容积的1.2倍。

3) 材料准备。

水泥：宜采用硅酸盐水泥、普通硅酸盐水泥、矿渣硅酸盐水泥等。但严禁采用快硬性水泥（根据浇筑速度可掺入缓凝剂)，水泥标号不宜低于42.5。对出厂超过3个月的水泥，在未用前应复试。不同种类、不同标号和不同生产厂家的水泥不能用于同一根桩。

粗骨料：宜选用坚硬碎石或卵石。粒径不应大于40mm，且不宜大于钢筋笼主筋最小间距的1/3，宜优先采用5～25mm的级配粗骨料。

细骨料：应选用级配合理，质地坚硬，颗粒洁净的天然中粗砂。

混凝土：泥浆护壁成孔灌注桩的成孔属水下浇筑混凝土，应具备良好的和易性和流动性，坍落度要求在16～22mm，混凝土初凝时间应为正常灌注时间的两倍。施工用混凝土强度应比设计桩身强度提高15%～25%，通常提高一级。每立方混凝土中，胶凝材料的用量应在380～500kg。含砂率为40%～50%。

钢筋笼制作：应根据来料钢筋长度和起重设备的有效高度等因素来确定钢筋笼的分段制作的长度。钢筋笼应采用环形模制作，主筋与环形箍筋应采用点焊连接；主筋与螺旋箍筋的连接可采用铁丝绑扎并间隔点焊固定，或直接点焊固定。成形的钢筋笼应平卧地放在平整干净的地面上，堆放不超过两层。为保证保护层厚度，钢筋笼上应设保护层垫块，每段钢筋笼不应少于2组，长度大于12m时，中间应增设一组垫块。每组垫块不得少于3块，应均匀分布在同一截面的主筋上。垫块可采用混凝土块，也可采用扁钢定位环。

(2) 泥浆护壁灌注桩施工。泥浆护壁成孔灌注桩施工工艺流程如图6.2.5所示。

1) 埋设护筒。护筒是用4～8mm厚钢板制成的圆筒，其内径应大于钻头直径

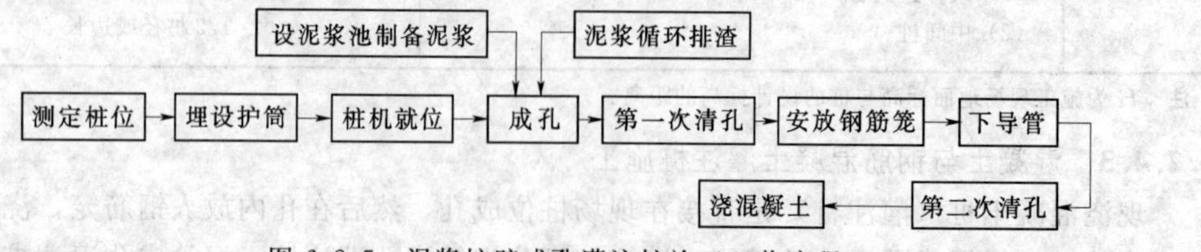


图6.2.5 泥浆护壁成孔灌注桩施工工艺流程

100mm，其上部宜开设1～2个溢浆孔。埋设护筒时，护筒中心与桩位中心的偏差不得大于20mm，且应垂直。护筒与坑壁之间用黏土填实。护筒埋置深度应超过杂质填土深度，埋进原土不小于0.2mm，在黏土中埋置深度不宜小于1.0m，在砂土中不宜小于1.5mm。护筒顶面应高于地面0.4～0.6m，施工时应保持孔内泥浆面高出地下水位1m以上。护筒的作用是固定桩孔位置、防止地面水流入、保护孔口、增高桩孔内水压力、防止塌孔和引导钻头方向。

2）制备泥浆：对于在黏土地基施工，可使用原土造浆的方法；对于其他土质性黏土或膨润土。

a. 泥浆的作用。

吸附孔壁的作用：将土壁上孔隙填渗密实避免孔内壁漏水；

固壁防坍的作用：泥浆比量大，加大孔内水压力，可以固壁防坍；

携沙排土的作用：泥浆有一定黏度，通过循环泥浆可将切削碎的泥石碴屑悬浮后排出；

冷却润滑的作用：能保证钻头正常工作。

b. 制备泥浆的方法。

原土造浆：在黏性土中成孔时可在孔内注入清水，钻机旋转切削上屑形成泥浆；

人工造浆：在砂性土层、砂夹卵石土质，选用高塑性黏土或膨润土投入孔中。

c. 泥浆比重控制。

黏性土中，泥浆比重应控制在1.1～1.2；在砂土和较厚的夹砂层中，泥浆比重为1.1～1.3；在砂夹卵石层或容易塌孔的土层，泥浆比重应控制在1.3～1.5。施工中要经常测定泥浆比重，并定期测定黏度、含砂率和胶体率等指标。

3）成孔。成孔的机械有回转钻机、潜水钻机、冲击销等。成孔方法是由钻头切削土壤，通过泥浆循环携土、排砂后成孔。根据泥浆循环的方式，分为正循环排渣和反循环排渣。

a. 正循环排渣：由空心钻杆内部通入泥浆或高压水，从钻杆底部喷出，携带钻下的土渣沿孔壁向上流动，由孔口将土渣带出流入泥浆池。

b. 反循环排渣：泥浆或清水由钻杆与孔壁间的环状间隙流入钻孔，然后，由吸泥泵等在钻杆内形成真空使之携带钻下的土渣由钻杆内腔返回地面流向泥浆池。

c. 验孔成孔后须对成孔质量进行检查。实际孔深比设计孔深只深不浅，允许偏差为+300mm，端承型桩的孔深控制，应满桩尖进入持力层不少于500mm；摩擦型桩的孔深控制，应满足设计要求的入土深度。桩身垂直度不大于1%。桩径允许偏差为50mm。

当钻孔达到设计要求深度，应清除孔底沉渣、淤泥，以减少桩基的沉降量，提高承载能力。常用的清孔方法有正循环清孔和反循环清孔。以原土造浆的钻孔，清孔可用射水法，钻具提1～2m后，只转不进，待泥浆比重降到1.1左右即认为清孔合格；注入制备泥浆的钻孔，可采用换浆法清孔，至换出泥浆的比重小于1.15时方为合格，在特殊情况下可以放宽到1.25。

清孔后，孔底应满足端承桩的沉渣厚度不大于50mm；端承摩擦桩和摩擦端承桩的沉渣厚度不大于100mm，摩擦桩沉渣厚度不大于50mm。

4）放入钢筋笼。清孔完毕后，应立即吊放钢筋笼，钢筋笼吊运及安装时，应采取措施防止变形，起吊吊点宜设在加强掖筋部位。钢筋笼安装，应持垂直状态，慢慢放下，避免碰撞孔壁。当下节钢筋笼沉至尚超出操作平台1m左右时，停止下放，临时固定。起吊上节钢筋笼，使其上下笼均处垂直状态，主筋须对齐，对主筋进行焊接，焊接时宜两边对称施焊。上下笼焊接完毕后，补焊连接部位箍筋，然后下放。钢筋笼安装深度应符合设计要求，允许偏差为100mm。钢筋笼全部安装入孔内，在确认符合要求后，将钢筋笼吊筋进行固定，以使钢筋笼定位，避免浇灌混凝土时钢筋笼上拱。如遇钢筋笼放不下，可能出现局部偏孔，不得强行下按，应将钢筋笼取出，放入钻杆进行扫孔，扫孔应至孔底，清孔至规定要求后，再次吊放钢筋笼。

5）下导管和第二次清孔。泥浆护壁成钻灌注桩浇筑混凝土采用导管法。导管的壁厚不宜小于3mm，直径且为200～250mm，直径制作偏差不应超过2mm。导管分节长度应根据设计桩长要求确定，底管长度不宜小于4m。导管间的接头宜有法兰或双螺纹方口快速接头。接头要求严密、不漏浆、不进水。使用前应试拼装、试压，试压水压力为0.6～1.0MPa。

下导管时，逐节安装后沉入孔中，导管底部送至距孔底0.3～0.5m，导管顶部高于孔内泥浆面3～4m。整个导管安置在起重设备上，可以升降。

完成导管下放后，即进行第二次清孔。在导管顶部输入比重小于1.15的泥浆循环清孔。清孔过程中用泥浆比重仪检测泥浆比重。清孔后泥浆密度应小于1.15。清孔后再次测定孔底沉渣和淤泥厚度，要求同前。若浇混凝土在清孔30min后，应再次检测沉淤厚度，超过规定重新清孔。

6）浇筑水下混凝土。在清孔完成后即可浇筑混凝土。

a. 拌制混凝土。泥浆护壁灌注桩宜采用商品混凝土。在受条件限制下，采用现场拌制时，应严格控制原材料计量。对粗、细骨料的含水率应经常测定，雨天施工应增加测定次数。配合比应根据骨料的实测含水率以调整，以保证各种材料的投入量和混凝土实际水灰比符合要求。

混凝土原材料计量允许偏差：水泥、外掺混合材料重量比例允许偏差为2%，粗、细骨料重量比例允许偏差为3%；水、外加剂溶液重量比例允许偏差为2%。

原材料投放时，应先投粗骨料，不得先投水泥和外加剂。混凝土应采用机械搅拌。搅拌时间应根据搅拌机类型和溶剂合理确定。拌制好的混凝土应以最短距离运至灌注点，以免混凝土运输过程而产生离析。一旦出现离析应重拌。

大直径灌注桩宜采用商品混凝土、采用商品混凝土或自拌混凝土都应按规定做好坍落度的测试。

b. 浇筑水下混凝土。混凝土灌注是确保成桩质量的关键工序，应保证混凝土灌注能连续紧凑地进行，成孔完毕至灌注混凝土的间隔应不大于24h。单桩灌注时间不宜超过8h。

在导管上口安设灌斗，灌斗应有足够的刚度，宜用4～6m钢板制作，灌斗下部锥体夹角不宜大于80°，与导管的连接应可靠。灌斗容量应能满足混凝土的初灌量要求。

在灌斗下口应安置隔水栓。隔水栓可采用预制混凝土块、橡胶球胆或软木球（前者一

次性使用，后两者可回收重复使用)。隔水栓用钢丝可靠悬挂于上方。在灌斗内先灌入0.1～0.2$m^3$的1∶1.5水泥砂浆，然后再灌入混凝土。混凝土初灌量应保证混凝土灌入后，导管埋入混凝土深度不少于0.8～1.3m，导管内混凝土柱和管外泥浆柱平衡。待初灌量满足要求后，截断隔水栓上铁丝，混凝土通过自重灌至孔底。混凝土灌注过程中导管应始终埋在混凝土中，严禁将导管提出混凝土面。导管埋入混凝土面的深度为3～10m；最小理入深度不得小于2m。导管应勤提勤拆，一次提管拆管不得超过6m。在灌注时防止钢筋笼上拱，在混凝土接近钢筋笼底端时，导管埋入混凝土面的深度宜保持3m左右，灌注速度应适当放慢，当混凝土进入钢筋笼底端1～2m后，可适当提升导管。导管提升要平稳，避免出料冲击过大或钩带钢筋笼。混凝土灌注中应经常测定和控制混凝土面上升情况。

c. 混凝土质量检查。

坍落度测定：单桩混凝土量小于25$m^3$的，每根桩测2次（前后各一次）；大于25$m^3$每根桩测3次（前中后各一次）。

试块制作：单桩一每灌注50$m^3$必须有1组试件，小于50$m^3$的桩，每根桩必须有1组试件。

试块应取实际灌入的混凝土，应有代表性，同组（三块）试块应取自同拌或同车混凝土。试块应进行标准养护。当混凝土试块强度达不到规定要求时，可从桩体中钻取混凝土样芯进行强度试验，或采取非破损检验方法进行进一步检验。

2. 螺旋钻成孔灌注桩（干作业成孔）

用螺旋钻机在桩位处钻孔，然后在孔中放入钢筋笼，再浇筑混凝土成桩。干作业成孔灌注桩适用于地下水位以上的各种软硬土中成孔。

螺旋钻机就位后，钻杆垂直对准桩位中心，钻孔时，先慢后快，如发现钻杆摇晃、移动、偏斜或难以钻时，可能遇到坚硬夹杂物，应立即停车检查，妥善处理。钻孔偏位时，应提起钻头上下反复打钻几次。钻进过程中应随时清理孔口积土，遇到地下水、缩孔、坍孔等异常现象，应会同有关单位研究处理。

钻孔至要求深度后，可用钻机在原处空转清土，然后停止回转，提升钻杆卸土。如孔底虚土超过允许厚度，可用辅助掏土工具或二次投钻清底。

桩成孔并清孔后，先吊放钢筋笼，应及时浇筑混凝土，从成孔至混凝土浇筑时间间隔也不得超过24h。混凝土强度等级不得低于C15，坍落度一级采用80～100mm，混凝土应连续浇筑，分层捣实，每层高度不得大于1.5m。当混凝土浇筑到桩顶时，应适当超过桩顶标高，以保证在凿除浮浆后，使桩顶标高和质量能符合设计要求。

**6.2.4.3.2** 混凝土灌注桩的其他形式

钻成孔混凝土灌注桩是混凝土灌注桩最常用的施工工艺，另外还有沉管成孔灌注桩、爆扩成孔灌注桩、人工挖孔灌注桩等。

1. 沉管成孔灌注桩

沉管成孔灌注桩是目前常用的一种灌注桩。其施工方法有锤击灌注桩，振动沉管灌注桩、静压沉管灌注桩、沉管夯扩灌注桩和振动冲击沉管灌注桩等。这类灌注桩是使用锤击式桩锤或振动式桩锤将一定直径的钢管沉入土中成孔，然后放钢筋笼，浇筑混凝土，最后拔出钢管，使形成所需要的灌注桩。它和打入桩一样，对周围有噪音、振动、挤土等有影响。

2. 爆扩成孔灌注桩

爆扩成孔灌注桩是先用干作业成孔或爆扩法成孔，孔底放入炸药，再灌入适量混凝土，然后引爆，使孔底形成扩大头，放置钢筋笼，浇筑桩身混凝土而制成的灌注桩。它适用于地下水位在桩底以下的黏性土质。

3. 人工挖孔灌注桩

人工挖孔灌注桩是指在桩位用人工挖空孔，每挖一段即施工一段支护结构，如此反复向下挖至设计标高，然后放下钢筋笼，浇筑混凝土而成桩。人工挖孔灌注桩适用于地下水位在桩底以下。桩径除满足承载力还须满足人工操作的要求。桩径不得小于800mm，一般不小于1200mm。桩底一般都扩大。人工挖孔需注意孔内通风、照明和排水，在地下水位高的软土地区开挖，要注意隔水。

**6.2.4.3.3　灌注桩的检测和验收**

1. 桩基检测

成桩的质量检验也须进行静载试验法检测和动测法检测。

静载试验是采取接近桩的实际工作条件，通过静载加压，确定桩的极限承载力，通常采用的是单桩竖向抗压静载试验，单桩竖向抗拔静载试验和单桩水平静载试验。

灌注桩做静载实验应在桩身混凝土强度达到设计等级的前提下，对砂类土不少于10天；对一般黏性上不少于20天；对淤泥或淤泥质土不少于30天，才能进行试验。在同一条件下的试桩数量不宜少于总桩数的1%，且不应少于3根，工程总桩数在50根以内时，不应少于2根。灌注桩的平面位置和垂直度的允许偏差见表6.2.2。

动测法是检测桩基承强力及桩身质量的一项技术，作为静载试验的补充。其中桩身质量检测通常采用应力波反射法，又称低（小）应变法。其原理是根据一维杆件弹性反射理论（波动理论）采用锤击振动力法检测桩身的完整性，即以波在不同阻抗和不同约束条件下的传播特性来判别桩身质量。桩身质量检查应在开挖到设计标高，桩顶处理到设计标高并凿平后进行。

2. 桩基验收

桩基工程验收应待开挖到设计标高后，并将桩顶处理到设计标高后进行。除了对灌注初的混凝土强度、承载能力、桩身质量进行检测以外，还须对桩实际位置进行验收，见表6.2.2。画出桩位起工图。若超出允许范围，须与有关部门商讨处理方法。

**表 6.2.2　　灌注桩的平面位置和垂直度的允许偏差**

| 序号 | 成孔方法 | | 桩径允许偏差（mm） | 垂直度允许偏差（%） | 桩位允许偏差 | |
|---|---|---|---|---|---|---|
| | | | | | 1～3根、单排桩基垂直于中心线方向和群桩基础的边缘 | 条形桩基础沿中心线方向和群桩基础的中间桩 |
| 1 | 泥浆护壁灌注桩 | $D\leqslant 1000$mm | ±50 | <1 | $D/6$，且不大于100 | $D/4$，且不大于150 |
| | | $D>1000$mm | | | $100+0.01H$ | $150+0.01H$ |

续表

| 序号 | 成孔方法 | | 桩径允许偏差（mm） | 垂直度允许偏差（%） | 桩位允许偏差 | |
|---|---|---|---|---|---|---|
| | | | | | 1～3根、单排桩基垂直于中心线方向和群桩基础的边缘 | 条形桩基础沿中心线方向和群桩基础的中间桩 |
| 2 | 沉管成孔灌注桩 | $D \leqslant 500$mm | −20 | <1 | 70 | 150 |
| | | $D > 500$mm | | | 100 | 150 |
| 3 | 干作业成孔灌注桩 | | −20 | <1 | 70 | 150 |
| 4 | 人工挖孔灌注桩 | 混凝土护壁 | ±5 | <0.5 | 50 | 150 |
| | | 钢套管护壁 | | <1 | 100 | 200 |

注 1. 桩径允许偏差的负值是指个别断面。
2. 采用复打、反插法施工的桩，其桩径允许偏差不受上表限制。
3. $H$ 为施工现场地面标高与桩顶设计标高的距离，$D$ 为设计桩径。

### 6.2.5 职业活动训练

（1）组织学生学习某典型工程桩基施工方案与参观桩基施工过程。

（2）依据某工程施工图编制混凝土灌注桩施工方案。

# 参 考 文 献

[1] 中华人民共和国国家标准．建筑地基基础工程施工质量验收规范（GB 50202—2002）．北京：中国计划出版社，2002.

[2] 中华人民共和国行业标准．建筑基坑支护技术规程（JGJ 120—99）．北京：中国建筑工业出版社，l999.

[3] 赵志缙、应惠清主编．简明深基坑工程设计施工手册．北京：中国建筑工业出版社，2000.

[4] 《实用建筑施工手册》编写组．实用建筑施工手册．北京：中国建筑工业出版社，1999.

[5] 刘建杭、侯学渊主编．基坑工程手册．北京：中国建筑工业出版社，1997.

[6] 中国工程建设标准化协会．基坑土钉支护技术规程（CECS 96：97）．北京：中国工程建设标准化协会，1997.

[7] 上海市勘察设计协会．基坑工程设计规程．上海：上海市勘察设计协会，1997.

[8] 赵志缙主编．高层建筑施工手册（第二版）．上海：同济大学出版社，1997.

[9] 《建筑施工手册》（第三版）编写组．建筑施工手册（第三版）．北京：中国建筑工业出版社，1997.